古塔抗震性能研究

袁建力 著

科学出版社

北京

内 容 简 介

中国古塔是世界建筑遗产的重要组成部分，具有宝贵的历史、艺术和科学研究价值。本书针对文物保护和科技发展的需要，基于科学研究和工程实践成果，对古塔的抗震性能及鉴定加固方法进行了系统的归纳提炼和运用分析。

全书以砖石古塔的抗震性能为主线，对古塔的地震灾害及损坏规律进行了统计归纳，分析了建筑类型、结构构造和场地对古塔抗震能力的影响，介绍了古塔动力特性的理论分析方法和无损测试技术，探讨了基于动力特性的古塔有限元建模方法以及弹塑性时程分析方法，给出了古塔水平地震作用和竖向地震作用分析方法，提供了古塔抗震鉴定和加固方法以及嵌筋加固塔体的抗震承载力验算方法。书中论述的古塔抗震性能研究成果，既遵循了文物保护和结构安全的原则，也体现了传统工艺和现代科学技术的兼容性，其基本方法和技术可推广至同类砖石、砖木古建筑的抗震研究与保护。

本书内容丰富、资料翔实、示例明晰，注重理论知识与工程实践的结合，具有很好的学习指导和实用价值，可作为城市建设和抗震管理部门、文物管理保护部门和古建园林公司科研与工程技术人员的专业用书，也可作为土木工程、建筑学等专业研究生的参考教材。

图书在版编目(CIP)数据

古塔抗震性能研究/袁建力著. —北京：科学出版社，2018.9
ISBN 978-7-03-058707-7

Ⅰ.①古… Ⅱ.①袁… Ⅲ.①古塔-抗震性能-研究-中国 Ⅳ.①TU352.1

中国版本图书馆 CIP 数据核字(2018) 第 204223 号

责任编辑：惠 雪 曾佳佳／责任校对：彭 涛
责任印制：张克忠／封面设计：许 瑞

科 学 出 版 社 出版

北京东黄城根北街 16 号
邮政编码：100717
http://www.sciencep.com

三河市春园印刷有限公司 印刷

科学出版社发行　各地新华书店经销

*

2018 年 9 月第 一 版　开本：720×1000　1/16
2018 年 9 月第一次印刷　印张：17
字数：342 000

定价：159.00 元
(如有印装质量问题，我社负责调换)

前　　言

　　中国自汉代开始建造宝塔，目前存世的古塔大多已有数百年甚至上千年历史，具有极高的历史、艺术和科学研究价值，是人类宝贵的文化遗产。屹立在神州大地上的古塔，以其高耸挺拔的造型和精致典雅的结构展示着历史建筑的特有功能，体现了中华传统文化艺术和建筑技术的高度成就。

　　在两千多年的发展历程中，我国建造的古塔累计不少于万座，但因自然灾害、人为损坏和材料老化，大部分古塔已经消失；据历史资料考证，地震是损毁古塔的主要灾害。古塔是高耸建筑物，且采用密度较大的砖石材料建造，对地震作用较其他古建筑更为敏感；通过文献资料的查阅可以发现，每一次强烈地震，都有一批古塔遭到破坏，甚至倒塌而消失；地震区现今尚存的重要古塔，大部分经历过地震的破坏且经过修复以后才保持了目前的状态。在近代发生的大地震中，调查统计数据更加清晰地证明了地震对古塔的严重危害性，如 1976 年 7 月 28 日的唐山 7.8 级大地震中，位于烈度Ⅵ～Ⅷ度区的 19 座古塔，中度破坏及严重破坏的古塔 8 座，倒塌的古塔 4 座；在 2008 年 5 月 12 日汶川 8.0 级大地震中，位于四川省地震烈度Ⅵ～Ⅹ度区的 61 座古塔，中度破坏及严重破坏的古塔 28 座，完全毁坏的古塔 4 座。

　　对古塔的地震灾害及损坏规律进行调查统计，归纳古塔在地震中的破坏特征和影响因素，结合理论分析和科学试验开展古塔抗震性能研究，掌握古塔在地震作用下的动力性能和抵抗能力，以有效地对现存古塔进行抗震鉴定和加固，是保护文化遗产的重要基础性工作。

　　随着我国经济建设和社会文明的发展，政府和社会各界对古塔保护的关注度不断提高，经费的投入在逐步增加；各级文物管理部门、科研院所和高等学校，已积极开展了包括古塔在内的古建筑保护研究工作，并取得了较为丰富的成果。进一步提炼完善古塔的抗震保护理论和方法，对古塔实施系统的科学性保护，将有效地提升我国古建筑保护科学的理论和实践水平，并产生相应的经济价值和重要的社会意义。

　　在国家自然科学基金项目 "砖石古塔地震损伤机理与分析模型"、国家自然科学基金国际合作项目 "地震损伤对砖石古塔动力特性的影响"、科技部中国-意大利政府间合作项目 "Measure Technology and Modeling Method on Dynamical Behavior of Ancient Buildings"、"The Chinese Pagodas and the Italian Middle Age Towers: Monitoring, Models and Structural Analysis of Some Emblematic Cases"、江苏省社会发展基金项目 "虎丘塔纠偏加固与监控技术研究"、扬州市自然科学基金项目 "砖木古塔修缮加固技术与抗震能力鉴定的系统方法"、江苏省研究生创新工程项

目 "古塔抗震加固结合体的耐久性与可更新技术" 等支持下，扬州大学古建筑保护课题组通过二十多年的科学研究和工程实践，在古塔抗震性能研究领域获得了系列性成果。结合文物保护和现代科学技术发展的需求，本书作者基于国内外科学研究和工程实践成果，对古塔抗震理论和技术进行了归纳提炼和运用分析，撰写了专著《古塔抗震性能研究》。

本书由 8 章组成。在第 1 章中，对砖石古塔的主要建筑类型与结构特征进行了分析，讨论了古塔的空间刚度、质量分布和连接构造对古塔抗震性能的影响。在第 2 章中，依据历史灾害文献和现代地震灾害调研资料，统计分析了古塔的地震损坏特征和规律。在第 3 章中，介绍了古塔动力计算模型的构建和动力特性的理论分析方法，结合现代无损测试技术的应用，讨论了古塔动力特性的现场测试方法。在第 4 章中，结合计算机模拟分析技术的应用，讨论了基于动力特性的古塔有限元建模方法，以及古塔在地震作用下的弹塑性时程分析方法。在第 5 章中，借鉴我国现行《建筑抗震设计规范》的基本方法，提出了适用于古塔的水平地震作用和竖向地震作用的分析方法。在第 6~8 章中，通过对我国现有抗震鉴定与加固实践经验的归纳总结，提出了古塔抗震鉴定和加固的规范方法，以及嵌筋加固塔体的抗震承载力验算方法。书中论述的古塔抗震性能研究成果，既遵循了文物保护和结构安全的原则，也体现了传统工艺和现代科学技术的兼容性，其基本方法和技术可推广至同类砖石、砖木古建筑的抗震研究与保护。

本书的成果属于扬州大学古建筑保护课题组集体所有，课题组其他主要成员李胜才教授、樊华副教授、刘殿华副教授、凌代俭副教授、沈达宝总工程师、王仪讲师等以及课题组的众多研究生，在古塔的资料收集、现场测试、模型试验、计算机模拟分析、修缮加固等方面进行了大量细致有效的工作，为本书成果的形成做出了重要的贡献。意大利 University of Rome Tor Vergata 的 Donato Abruzzese 教授、Lorenzo Miccoli 博士和英国 University College London 的 Dina D' Ayala 教授在国际合作项目中也做出了卓越的贡献。江苏省文物局、四川省文物局、山西省文物局等及相关的县市文物管理部门的领导和技术专家，为本书所依据科研项目的实施，提供了有益的支持和帮助。国家强震动台网中心为本书的研究项目提供了汶川 8.0 级地震强震动记录。在此，对本书基础成果的贡献者和支持者致以诚挚的谢意。

由于本书基本资料形成的时间跨度较长，一些应用实例给出的内容和数据尚保留了当时的原始状况，为了保持原真性，并未进行更新替换；此外，现代科学技术的发展日新月异，国内外一些最新的研究成果也未能及时反映在本书中；对于书中存在的问题和不足之处，热忱地希望读者和同行专家给予批评指正。

作　者

2018 年 4 月于扬州大学

目 录

第1章 古塔的建筑类型与结构特征

中国自汉代开始造塔,塔的早期造型受印度佛教墓塔"窣堵波"的影响,为"窣堵波"与中国亭阁、楼阁式建筑的结合。随着社会经济、宗教文化和科学技术的发展,塔的建筑造型、结构和材料在不断地完善,中国塔在近两千年的建造历程中,形成了丰富多样的类型。

现存古塔按建筑造型可分为楼阁式塔、密檐式塔、覆钵式塔、金刚宝座塔等;按建筑材料可分为砖塔、砖木混合塔、石塔等。塔的结构可分为下部结构和上部结构两大部分,自下而上由基础、地宫、基座、塔身、塔顶和塔刹组成,塔的结构特征主要由塔身的构造、外伸构件的连接构造、地基与基础的构造表达。

古塔的建筑类型、用材和结构特征,决定了古塔的空间刚度和质量的分布形式、力学性能和整体稳定性,也决定了古塔的动力特性和抗震性能,是建立古塔动力计算模型、进行抗震分析和鉴定的基本依据。

1.1 古塔的建筑类型

1.1.1 古塔按建筑造型分类

1. 楼阁式塔

楼阁式塔体型高大、数量众多,是古塔中最具代表性的建筑类型。在佛教传入之前的战国、秦、汉时期,我国木结构技术已经发展到一个相当高的水平,修建了大量的多层、高层楼阁。印度墓式佛塔传入中国后,首先与先进的造楼技术相结合,产生了楼阁式的木塔。唐代以后,随着砖结构技术的发展,砖木结构和砖石仿木构的楼阁式塔成为古塔的主要类型。

楼阁式塔一般具有以下特征:①每一层之间的高度较大,一层塔身相当于一层楼阁的高度;②每层均设有门、窗、柱、枋、斗栱等,与木楼阁相仿;③塔檐大都仿照木结构房檐建造,砖木结构的楼阁式塔在转角处有悬挑较大的飞檐;④塔体大多为中空结构,内部一般都设有楼梯,能够登临眺望。

现存的著名楼阁式砖石古塔有:陕西西安大雁塔、苏州云岩寺塔(虎丘塔)、浙江杭州六和塔、福建泉州开元寺双塔等。修建于唐长安年间(701~704 年)的西安大雁塔,为 7 层方形楼阁式砖塔(图 1-1),高 64.5m,是我国盛唐时期遗留的佛教胜迹。始建于北宋开宝三年(970 年)的杭州六和塔,高 59.89m,内部砖石结构 7

层, 外部木结构八面 13 层, 是我国古代砖木建筑艺术的杰出作品 (图 1-2)。

图 1-1   西安大雁塔   图 1-2   杭州六和塔

2. 密檐式塔

密檐式塔是多层古塔中的一种主要类型, 大多建造于辽代, 分布在我国的北方地区。密檐式塔基本采用砖砌筑, 运用 “叠涩” 工艺构造出密接的塔檐。

密檐式塔的主要特点如下: ①第一层塔身特别高大, 其上每层之间的距离很小, 塔檐紧密相连, 形似重檐楼阁的重檐。②第一层塔身开设门窗, 其上各层塔身不开门窗或设置假窗。少数密檐式塔为了内部采光的需要, 在各层塔檐之间开设了少量的采光小孔。③辽、金时期的密檐式塔大多为实心塔体, 不能登临眺望。在此之前建造的一些空心筒壁密檐式塔, 如北魏时期的嵩岳寺塔、唐代的小雁塔等, 也不适合于登临眺望之用。④仿木建筑的密檐式塔, 塔身第一层大多有佛龛、佛像、门窗、柱子、斗栱等装饰。

现存的著名密檐式砖石古塔有: 河南登封嵩岳寺塔、陕西西安小雁塔、云南大理崇圣寺千寻塔、北京天宁寺塔等。建于北魏正光元年 (520 年) 的河南登封嵩岳寺塔 (图 1-3), 高 15 层 41m, 采用砖砌空心筒体结构, 外部造型为十二角尖锥体, 是我国年代最久的密檐式塔。建于辽天庆九年 (1119 年) 的天宁寺塔是北京地区年代最久的古建筑 (图 1-4), 塔高 57.8m, 为八角 13 层密檐式实心砖塔, 塔檐逐层收减, 呈现出丰富有力的卷刹。

图 1-3 登封嵩岳寺塔 图 1-4 北京天宁寺塔

3. 覆钵式塔

覆钵式塔的外形与印度佛塔的形制非常接近，塔的下部为一高大的基座，其上砌筑瓶式或钵式塔身，塔身之上为逐层收缩的相轮，顶上设有华盖和宝刹。由于塔身的造型类似一个倒置的喇嘛教化缘钵，故在造型上称之为"覆钵式"塔。覆钵式塔为砖砌实心体建筑，外表粉刷成白色，以示圣洁、纯净。

元代时期喇嘛教在我国广泛传播，其中尤以西藏最盛，覆钵式塔逐渐成为喇嘛教建塔的基本形式，所以通称为喇嘛塔。覆钵式塔在内地发展的过程中，结合了高层楼阁式塔和密檐式塔的建筑成就，塔的形体更加高大雄伟。现存全国最大的覆钵式喇嘛塔——北京妙应寺白塔 (图 1-5)，高 59m，建于元朝至元八年 (1271 年)，由尼泊尔工匠阿尼哥主持设计，是我国建造最早的大型覆钵式塔。明清时期喇嘛教继续发展，覆钵式塔修建得更多，而且成为高僧墓塔的主要形式。覆钵式塔有时也被作为园林的点缀，如北京北海琼华岛白塔、江苏扬州瘦西湖白塔等。

4. 金刚宝座塔

这种塔在佛教上属于密宗一派，以五方佛为代表，象征须弥山五形。金刚宝座塔在造型上结合了我国古代高层建筑的特点，把台座修建得十分高大，以显示非凡的气势。

现存金刚宝座塔的实物不多，大都是明清时期建造的。建于明成化九年 (1473 年) 的北京真觉寺金刚宝座塔 (图 1-6)，为五座密檐方形石塔，石造金刚宝座高 7.7m，中心宝塔高 8m，是我国早期的大型金刚宝座塔。

图 1-5   北京妙应寺白塔   图 1-6   北京真觉寺金刚宝座塔

5. 亭阁式塔

亭阁式塔的塔身通常为单层的方形、六角形、八角形或圆形的亭子，下建台基，顶部冠以塔刹；也有的在塔顶上加一小阁，上置塔刹。古代高僧墓塔常采用亭阁式塔的造型，山西五台山佛光寺的祖师塔是一种特殊形制的亭阁式塔 (图 1-7)，塔室之上小阁的高度较大、构造精美，也可视为两层的楼阁式塔。

6. 花塔

花塔的造型起源于亭阁式塔，即在亭阁式塔的塔顶之上加上几层大型仰莲花瓣为装饰，形似花束。修建于金大定年间 (1161~1189 年) 的河北正定县广惠寺花塔 (图 1-8) 是现存最大的花塔；该塔由主塔和附属小塔组成，高 40.5m，造型奇特，结构富于变化，是我国砖塔中造型最为奇异、装饰最为华丽的塔。

7. 其他形式的塔

自塔在我国出现以来，古代匠师在传统建筑艺术的基础上，结合地域和民族的特点创造出了多种表现形式和建筑风格的塔。除上述主要建筑类型的塔之外，还有以石材建造为主的经幢式塔、宝箧印塔、五轮塔等经塔和墓塔，具有特殊造型的圆柱式塔、球形塔、多顶塔，兼具楼阁式、密檐式和覆钵式特征的组合式塔，以及多种类型塔并列组合而成的塔群、塔林等。各具特色、形式多样的塔体造型，既丰富了古塔的建筑类型，也扩大了中国古塔在世界建筑遗产中的整体影响。

图 1-7　五台山佛光寺祖师塔

图 1-8　河北正定县广惠寺花塔

1.1.2　古塔按建筑材料分类

1. 砖塔

由于砖取材方便、制作简单，且具有较好的耐久性和防火性，自唐代以来，砖已取代木材成为建塔的主要材料。现存的古塔中砖塔的数量最多，并分布于全国各地。其中宋代建造的河北定州开元寺塔高 84m(图 1-9)、明代建造的陕西泾阳县崇文塔高 87m(图 1-10)，均代表了中国古代高层建筑的杰出建造水平。

建造砖塔时砖壁表面的砌砖方式主要有两种：一种是在表皮部位用"长身砌"，称为"层层错缝长身砌法"；第二种为"长身、丁头法"，即"层层一长一顺错缝砌法"。塔壁内部一般采用非规则的填砌方式，这种方式既可以满足塔身尺寸逐层收分的要求，又能将有损坏和断裂的砖都运用到塔上以充分利用材料。

建造砖塔所用砖的尺度不尽相同，有的塔用砖薄而小，有的则厚而大。产生此种情况，既有时代原因，又有地区差异。砌砖塔时用的灰浆，各时代、各地方也不相同；唐代砖塔基本上以黄土为浆，其黏结性稍差；宋、辽、金时期的塔，在泥浆内掺入了少量的石灰以增加黏结力；明、清两代砌建塔时，则全部改用白灰浆，有效地提高了黏结力。

在工艺方面，用砖材可砌出各种形状的构件以及仿木的造型结构，可以采用叠涩方式砌出楼层以表达楼阁式建筑的特征。砖塔的缺点为自重较大，对地基的变形以及对地震的反应均较为敏感；此外，砖塔上容易生长植物，破坏塔的坚固性。

图 1-9　河北定州开元寺塔　　　　　　图 1-10　陕西泾阳县崇文塔

2. 砖木混合塔

砖木混合塔的塔身仍然用砖砌筑，但具有木结构特征的构件 (如斗栱、角梁、平座、栏杆、楼盖、塔檐等) 使用木材建造。与纯砖塔相比，砖木混合塔在木构件的制作方面较省工，但需要对木构件涂刷油漆进行长期保护。

砖木混合塔可充分发挥砖、木材料在结构受力和构件造型方面的优势，体现楼阁式塔的特征，这在当时的历史条件下是建筑艺术的发展。然而，砖、木材料的耐久性差异很大，当年代久远后，安插在砖砌体中的木构件先腐烂、毁坏。如若进行维修，需在砖壁上的洞中进行填补、固定，施工较为不便。

砖木混合塔有较强的地域性，大多在长江以南地区采用，以满足南方塔在造型上有较大塔檐和平座的需要。浙江杭州六和塔、上海松江兴圣教寺塔、江苏苏州报恩寺塔和瑞光寺塔都是著名的砖木混合塔，其中，江苏苏州瑞光寺塔是宋代早期南方砖木混合塔的代表作，该塔为 7 层八面砖木结构楼阁式塔，塔身为砖石砌筑，塔檐和平座栏杆均为木构 (图 1-11)。砖木混合塔在北方的数量较少，现存的有河北正定县天宁寺塔、甘肃张掖木塔、内蒙古呼和浩特万部华严经塔等；其中，甘肃张掖木塔的 1~7 层采用砖壁，外檐是木结构，8~9 层则是完全的木结构 (图 1-12)。

图 1-11　苏州瑞光寺塔

图 1-12　甘肃张掖木塔

3. 石塔

我国石塔建造历史悠久，数量很多，分布于全国各地；尤其在石质较好的山区，或临近山区的地方，石塔数量更多。石材质地坚硬、耐久性好，建造的石塔易于保存。

石材建造的塔，以小型塔为多，如造像塔、经幢式塔、宝箧印塔、法轮塔、五轮塔、多宝塔等。墓地或塔林中的各式各样墓塔，多数采用石材建造。

福建泉州开元寺东、西两座石塔 (图 1-13)，是大型楼阁式石塔的代表。西塔称仁寿塔，建于南宋嘉熙元年 (1237 年)，高 44.06m；东塔称镇国塔，建于南宋淳祐十年 (1250 年)，高 48.27m，是我国现存最高的石塔。两座石塔均采用大型石块建造，需吊装到 40m 以上高的部位，并雕琢拼缝、安装，显示了高超的设计水平与施工技术能力。扬州古木兰院石塔于唐开成三年 (838 年) 建造，南宋嘉熙年间、清康熙年间重修，1979 年开筑石塔路将石塔原地保留在路中 (图 1-14)。塔为 5 层六面仿楼阁式，通高 (塔身高度加上基座高度)10.09m，青石构筑，塔基为须弥座，塔身嵌小佛像，塔顶六角攒尖，整体造型稳重挺秀。

　　石塔可做成方形、六角形、八角形或圆形，塔身可采用石块、石条砌筑，石塔上的雕刻图案通常较多，有佛像、佛生故事、佛礼图、佛说法等。

图1-13　泉州开元寺双塔

图1-14　扬州古木兰院石塔

4.砖石混合塔

　　对非山石产地而言，石材资源较为紧缺，造塔一般较少选用石材；此外，与砖砌体相比，石砌体的制作工艺也较为复杂，仅用于非常重要的古塔；对一些较为重要的古塔，将石材和砖搭配运用，促成了砖石混合式塔的出现。

　　石材一般用在砖石混合塔的重要部位，以发挥其强度高、耐久性和装饰性强的特点。砖石混合塔的台基、台阶均采用石材砌筑，以达到防潮、防水和提高耐磨性的效果；塔的檐角、斗栱、门窗也常采用石材砌筑，以增强塔的美观性。

1.2　古塔的结构特征

1.2.1　古塔的结构组成

　　中国塔因类型和功能的不同，在外形上有很大的差异，但作为多层和高层建筑的一个特定的种类，其结构仍可归纳为下部结构和上部结构两大部分。结合古塔的建筑特征，其主体结构自下而上由基础、地宫、基座、塔身、塔顶和塔刹组成，如图1-15所示。

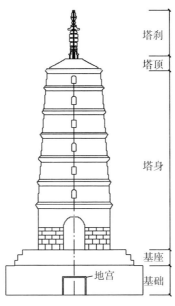

图 1-15 古塔的结构组成

1. 基础

基础是建筑物的根基。相对于其他古建筑而言,古塔塔体较为高大,基础占地面积相对较小;塔的地基基础承受的荷载,比一般建筑物要大得多。因此,塔的地基基础比其他建筑的基础更为重要。

建塔首先要选择地势较好和地质条件良好的地方作为塔址。我国佛寺大都建在山区,建在平原地区的也都选择地势高、土质坚硬地点建造,所以,佛塔大都能满足上述两个条件。然而,大多数风水塔难以具备上述条件,一是风水塔的建造地点是依据风水学说确定;二是风水塔多位于城镇的低洼地区。

塔的地基基础依据其建造场地可归纳为三类:①在石山上建塔,其基础大多直接坐落在山石之上;②在平原的土地上建塔,其基础大多为夯实的土基;③在水边建塔,基础大多采用木桩加固处理。

2. 地宫

地宫是我国佛塔构造特有的部分,是佛塔埋藏佛舍利之用与中国古代深藏制度的结合。地宫是用砖石砌成的方形、六角形、八角形或圆形的地下室;地宫大都埋入地面之下,也有下半部埋入地下、上半部在基座之中的。地宫中除了安置石函、金银、木制棺椁盛放舍利之外,还放有经书等其他物品。中华人民共和国成立之后清理和维修的许多古塔中,都发现了地宫,其中有的还埋藏有舍利及文物,如江苏镇江甘露寺铁塔、北京西长安街庆寿寺双塔、云南大理崇圣寺千寻塔等,为古塔地宫形制与结构的研究提供了可靠的实物资料。

3. 基座

塔的基座覆盖在地宫之上，通常从基座正中向下即可探到地宫。早期的塔基一般都比较低矮，高度只有几十厘米，如北魏时期的嵩岳寺塔和东魏时期的四门塔，塔基都非常低矮，均是用素平砖石砌成。到了唐代，为了显示塔的高耸，建造了高大的基座，如西安唐代的小雁塔、大雁塔等。唐代以后，塔基有了急剧的发展，明显地分成基台与基座两部分。基台一般比较低矮，装饰简朴；基座则较为高大，表面饰有精美雕刻，成了整个塔中最为华丽的部分。辽、金时期塔的基座大都为须弥座的形式，象征佛教中佛与菩萨居住的须弥山，以须弥为名表示稳固之意。北京天宁寺塔的须弥座为八角形 (图 1-4)，基座高约为塔高的 1/5，是全塔的重要组成部分。此后，其他类型塔的基座也往高大华丽的方向发展；如喇嘛塔的基座建造得非常高大 (图 1-5)，几乎占了全塔的大部分体量，高度约为塔体的 1/3；金刚宝座塔的基座已经成为塔身的主要部分 (图 1-6)，基座比上部的塔身还要高大。塔基座部分的发展，与我国建筑中重视台基的传统有着密切联系，它不仅增强了古塔庄严雄伟的气势，而且保证了塔身的牢固稳定。具有高大基座的古塔，通常配有较为坚实的地基基础，其整体抗震稳定性也较好。

4. 塔身

塔身是塔的结构主体，由于建筑类型不同，塔身的形式各异，但从平截面形状来看，塔身主要为方形、六边形、八边形和圆形截面。塔身的高度对塔的高耸造型有明显的影响，从塔身的高度与塔的总高之比来看，楼阁式塔、密檐式塔的比例较大，喇嘛塔、金刚宝座塔的比例较小。塔身的结构类型可根据内部的构造情况分实心结构和中空结构两种，大多数密檐式塔和喇嘛塔为实心塔身，楼阁式塔多为中空塔身。

5. 塔刹

塔刹梵文名 "刹多罗"，意思是土田，代表佛国。塔刹立于塔的顶端，冠盖全塔，至为重要，因此以 "刹" 为名。

从建筑艺术上讲，塔刹是宝塔艺术处理的顶峰，用以表达全塔的形象，通常给予非常突出和精致的处理，使之高插云天或玲珑挺拔。然而，与坚固厚实的塔身相比，高耸挺拔的塔刹刚度较小，在地震作用下易产生 "鞭梢效应"，将显著增大塔刹的变形和地震内力。

在建筑结构的作用上，塔刹也很重要，是作为收结顶盖用的部件。木制塔顶多为方形或六角形、八角形的屋盖，各个屋面的椽子、望板、瓦垄都汇集到塔顶的中心点。塔刹的作用是固定住屋盖汇集的构件，并防止雨水下漏。

塔刹的造型可视为一小型的佛塔,其结构可分为刹座、刹身、刹顶三个部分(图 1-16),内部用刹杆直贯串连。刹座覆盖在塔顶上,压着屋盖构件和瓦垄,并包砌刹杆;刹身贯套在刹杆上,由相轮、宝瓶等构成;刹顶位于顶端,由仰月、宝盖、宝珠等组成。刹杆采用铜铁或优质木材制作,通贯塔刹的中轴,用于串连和支固塔刹的各个部分;一些较为高大的塔刹,常用铁链将刹杆与屋脊相连,以增加其稳定性能,如图 1-17 所示的扬州文峰塔的塔刹。

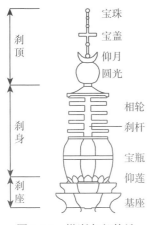

图 1-16　塔刹各部构造

图 1-17　扬州文峰塔的塔刹

1.2.2　塔身的结构特征

从结构受力性能和分析方法考虑,通常将塔身分为实心结构和中空结构两大类型。按照塔身内部空间是否设置墙或柱,又可分为空筒式、筒中筒或混合式中空结构塔身。

1. 实心结构塔身

实心结构塔身的外壁一般按照建筑外形要求,用规则的砖石砌筑一定厚度的筒壁,然后在筒壁之内用非规则碎砖填砌或用土和碎石夯填,以节省材料和工时,如图 1-18 所示的辽宁义县广胜寺塔,其塔身即由筒壁和填充材料两部分组合而成。辽代建造的密檐式佛塔大多为实心结构,如辽宁锦州大广济寺塔、北京天宁寺塔等;唐代建造的一些以佛教瞻仰为目的的楼阁式塔也采用实心结构塔身,如陕西西安兴教寺玄奘塔、眉县净光寺塔等。

需要注意的是,与砌筑密实的筒壁相比,塔身中填充材料的密实性和强度都较低;一些古塔塔身的钻探实验表明,塔心填充部位的钻速明显高于塔壁砌体的钻速;若按照筒壁的材料性能指标建立整体塔身的计算模型,则高估了塔身的刚度和承载能力,导致分析结果与实际不符。此外,一些实心结构的塔身,在底层开有门洞并设置塔室,用于祭祀或礼拜;由于底层开洞形成中空结构,其刚度小于上部塔层的实心结构,在地震中易成为薄弱部位。

 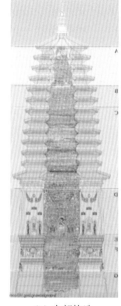

(a) 塔身外观　　　　　　　　　　(b) 内部构造

图 1-18　辽宁义县广胜寺塔构造示意图

2. 空筒式结构塔身

空筒式结构塔身采用砖砌筒壁形成空筒式结构,再根据塔层的高度和门窗的位置安设内部木楼盖。早期的楼阁式或密檐式砖塔大多为这种结构,如陕西西安大雁塔和小雁塔、江苏苏州罗汉院双塔等均为砖壁木楼层塔身。空筒式塔身在砌筑砖筒壁的过程中,预先留出安设楼板木枋的位置,并挑出半皮砖块作为搁放木枋的支座,有些塔还在内部角隅部位砌筑砖柱以承托楼板。空筒式塔身的楼梯一般紧靠塔壁设置,盘旋而上至各楼层。

砖壁木楼层塔身的结构简单,但木制楼盖对砖壁的拉结性能较弱,塔身一般可视为空筒式结构分析;当木楼盖年久腐朽或遭遇火灾毁坏后,整个塔身就成为名副其实的砖壁空筒,如图 1-19 所示的上海天马山护珠塔木楼盖损毁的空筒塔身。

空筒式结构塔身没有复杂的内壁和楼层,从基座到塔顶为一简单的筒体,设计和施工都很简洁。但塔身在横向缺乏坚固的拉结,遇到地震时极易损坏,当门窗部位开裂形成通缝后,筒体易断裂和倒塌。

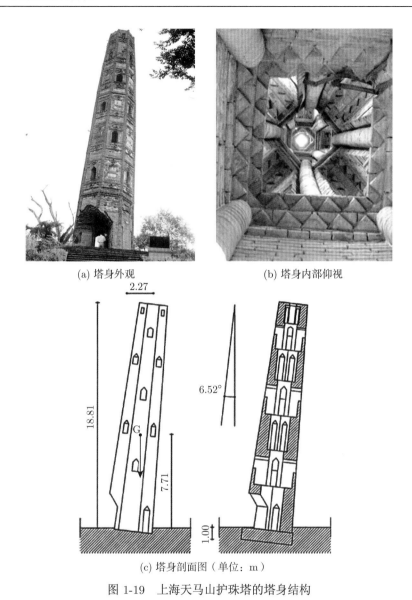

(a) 塔身外观

(b) 塔身内部仰视

(c) 塔身剖面图（单位：m）

图 1-19　上海天马山护珠塔的塔身结构

　　在宋代建造的空筒式砖塔中，已较多地采用砖砌楼盖代替木制楼盖，并将楼盖与筒壁整体砌筑，增加了塔身的抗震能力。一些空筒式塔壁的厚度增大，在塔壁之中设置"蹬道"，沿塔身墙面折上至各楼层，形成"壁内折上式"结构，如图 1-20 所示。

　　对于塔壁中设置蹬道的塔身，可根据蹬道的位置和尺寸建立较为精确的空间分析模型；由于蹬道在塔身平截面中并未贯通塔壁（图 1-20(b)），为简化计算，塔身仍可取塔壁的厚度进行单筒结构分析，但需对截面刚度进行适当的折减。

(a) 塔壁中的"蹬道"

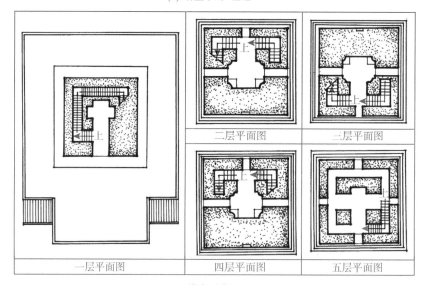

一层平面图　　　　四层平面图　　　　五层平面图

(b) 塔身平截面图

图 1-20　四川德阳龙护舍利塔的 "壁内折上式" 结构

3. 筒中筒结构塔身

筒中筒塔身结构是我国古代砖石结构发展到高峰的产物，在塔的主体结构上完全摆脱了以木材作为辅助构件的结构方法。塔身全部为砖砌，楼梯、楼板、回廊、塔檐等用砖石砌成一个整体，结构复杂但刚度很大。塔的中心是一个自顶至底的砖石筒或柱，每一楼层的楼板均为中心筒 (柱) 与外壁横向联系的构件，使中心筒与外壁结为一体，形成整体性很强的筒中筒结构，具有很好的抗震性能。

　　筒中筒结构塔身的内筒与外壁之间设有回廊，楼梯有两种形式：一种是沿着塔心筒的外侧转折上登，每层均有塔心室，如河南开封祐国寺塔、陕西扶风法门寺塔等；另一种是穿过塔心筒后转折上登，如重庆大足北山多宝塔，河北定州开元寺料敌塔等。这些塔大多建于宋、明时期，楼层的砌法分拱券和叠涩两种，在砖石结构技术上达到了相当高的水平。建于五代时期的苏州虎丘塔 (云岩寺塔) 是早期塔心筒 (柱) 砖塔的代表，图 1-21 为其双筒式塔身结构。

 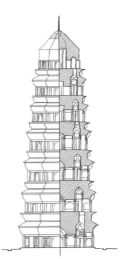

(a) 虎丘塔外貌　　　　　　　　(b) 塔身立面、剖面

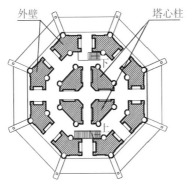 

(c) 塔身平剖面　　　　　　　(d) 内外壁之间的斗栱与叠涩构造

图 1-21　苏州虎丘塔的塔身结构

4. 上单下双筒体结构塔身

上单下双筒体结构塔身多用于高度较大且层数较多的古塔，由于砖石塔的自重较大，在塔身的下部设置双层筒壁，是提高结构承载能力的有效方法。建于清代道光年间的四川省都江堰奎光塔，为 17 层六边形砖砌古塔 (图 1-22)，是我国层数最多的古塔。该塔第 1~10 层为双筒塔身，内外筒用砖砌楼面连接成整体，外筒壁内设置人行蹬道直至第 10 层楼面；第 11~17 层为单筒塔身，内部构造简单，无楼面板，仅设爬梯用于维修。

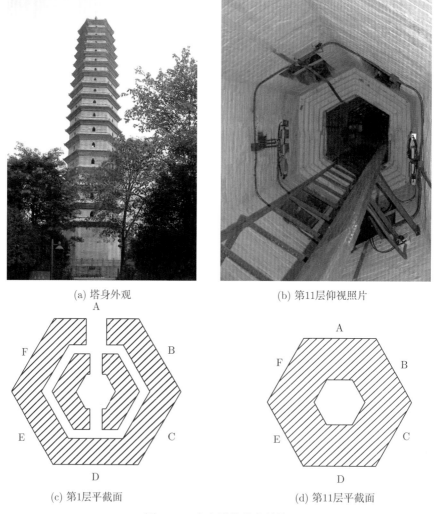

(a) 塔身外观

(b) 第11层仰视照片

(c) 第1层平截面

(d) 第11层平截面

图 1-22　奎光塔的塔身结构

由于单、双筒体刚度差别较大，在地震作用下两种筒体的振动反应和变形也不一致；单筒的顶部有可能产生鞭梢效应，在单、双筒的结合部位将出现较大的局部应力。

1.2.3 外伸构件的连接构造

1. 平座、塔檐与塔身的连接构造

利用高耸的塔体登高眺望，是中国古塔的一个主要功能。在塔的楼层部位设置带外廊的平座，可满足游人走出塔门观赏风景的要求；在平座上部设置塔檐，可以遮挡雨水和阳光。在南方的楼阁式古塔中，平座伸出塔身之外的宽度大都超过 1m，上面覆盖的塔檐出挑长度可达 2m 左右。平座、塔檐与塔身的可靠连接，是保证外伸结构和游人安全的重要措施。

在砖石古塔中，通常设置斗栱或悬臂梁来支承平座和塔檐。自塔身墙体中挑出斗栱，是中国古建筑独具特色的做法，在泉州开元寺镇国塔中，2m 厚度的塔身采用加工雕琢的花岗岩交错叠砌，构筑缜密、坚实稳固；塔檐呈弯弧状向外伸展、檐角高翘，自塔身中伸出石质斗栱来承托石质平座和塔檐 (图 1-23)，使外伸结构与塔身在材料上天然衔接，且发挥了斗栱的装饰美化作用。

图 1-23 泉州镇国塔的石质塔檐和平座

采用悬臂木梁作为支承，常用于砖木混合塔中，其构造较为简单且可获得较大的挑出长度，但木材易腐朽和老化，在年久失修的情况下，易发生材质或结构毁

坏。在扬州文峰塔 (图 1-24) 中，塔檐外伸长度达到 2m，平座外伸长度达 1.2m。文
峰塔塔身的转角部位采用杉木悬臂梁支托平座和塔檐 (图 1-25)；支托平座的木梁
截面为 80mm×300mm，挑出长度为 1150mm，埋入墙内为 500mm；支承塔檐的木
梁截面为 130mm×400mm，挑出长度为 1200mm，埋入墙内为 500mm。此外，该塔
采用直径 38mm 的钢制拉杆将每层的平座悬臂梁与塔檐悬臂梁在塔身转角部位上
下拉结 (图 1-26)，以进一步加强平座与塔檐的整体性能。

图 1-24　扬州文峰塔的木质塔檐和平座

图 1-25　文峰塔转角部位的杉木悬臂梁

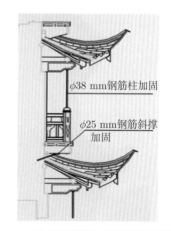

图 1-26　平座悬臂梁与塔檐悬臂梁的拉结

2. 塔刹与塔顶的连接构造

塔刹的式样很多，根据制作的材料可分为砖石塔刹和金属塔刹两类。

砖石塔刹的造型较为朴实,通常用于实心结构的砖石塔。在一些等级较高的大型佛塔中,石制塔刹的高度相对较大,并制作专门的刹座,安放在塔顶中心,如图 1-27 所示的北京天宁寺塔的塔刹。大多数砖石塔刹的高度较小,建造时直接砌筑在砖石塔顶上。

金属塔刹造型较为复杂,且体型较为高大,为加强塔刹的整体性,需设置刹杆将各个装饰构件串连起来 (参见图 1-16)。大型的金属塔刹,其底部也设置刹座,安放在塔顶中心;但塔刹的整体稳定主要是依靠刹杆与塔顶之内的木构架连接来保证。

图 1-28 为苏州瑞光寺的刹杆连接构造图,刹杆自塔顶中心向下直达顶层楼盖,固定在楼盖的木枋上;刹杆与塔顶木构架之间设有多道拉结撑杆,以增强刹杆的稳定性。

图 1-27　北京天宁寺塔刹构造

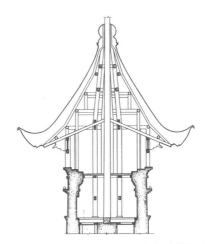

图 1-28　苏州瑞光寺刹杆连接构造

塔刹刚度相对于塔身较小,地震作用下易产生鞭梢效应,使塔刹的变形和地震内力显著增加。在以往的地震灾害中,塔刹折断、塌落或抛出的情况时有发生。

1.2.4　基础与地基的构造

砖石古塔一般采用与塔身相同的材料砌筑基础;对一些重要的古砖塔,也采用石材、石材与砖混合砌筑基础,以提高基础的耐久性。大多数古塔的基础直接砌筑在处理后的地基之上,塔身的重量直接传递给地基;一些古塔在基础下铺设了条石板,扩大了基础与地基的接触面,使塔身的重量均匀地分布到地基上。

受时代风气的影响,我国古塔的选址大多从 "风水" 上着眼,对水文地质情况考虑较少,因而常将塔建在河边或临水地区;建造场地水位的变化易导致地基土的流失，若场地有液化土层且面向河心倾斜时，则易发生地基不均匀沉降。此外，一些古塔在建造时，因缺乏有效的勘探技术手段，难于获得详细的地质资料；当地基土层的压缩性、厚度和分布有较大差异时，常引起古塔的不均匀沉降。

通过勘查发现，遗存至今的古塔，大多对地基进行了处理和加固。古塔地基的处理与加固基本遵循就地取材的原则，且采用了以下因地制宜的方法：

(1) 建造在平坦土地上的古塔，常采用开挖基坑、分层填土夯实的方法加固地基；唐代建造的古塔，地基多为素土夯实；明、清时期的古塔，在土中加入了石灰和其他黏合物质，增强了夯土地基的整体性；一些古塔还对夯实后的地基进行烘焙烧结，来提高地基的抗压缩性能和承载能力。

(2) 建造在石山上的古塔，通常将土层挖除，使基础直接坐落在山石之上，并采用凿除和填平的方法整平石质塔基。

(3) 建造在低洼地带的古塔，常采用砂石垫层增高基础；一些建造在河边或软弱土层上的古塔，也常在基础下打入木桩，以提高地基的稳定性和承载能力。

对建造场地水文地质环境的了解，以及对不同地基选择合理的加固处理方法，是保证建成的古塔长期稳定的前提，也是提高古塔抗震性能的重要因素之一。此外，若考虑地基与结构相互作用的影响时，也应准确地掌握基础与地基详细构造和材料组成。本节选择几个具有代表性的古塔，分析其基础与地基的构成特征和稳定性能。

1. 西安小雁塔的基础与地基

建于唐景龙年间 (707~709 年) 的小雁塔位于西安市荐福寺内，为方形密檐式砖塔，塔净高 39.90m，底层边长 11.40m，立于高 3.57m、边长约 23.9m 的方形砖砌基座上。小雁塔所在地段的土质均匀，压缩性较小，采用的台阶形夯土地基 (图 1-29) 是我国平原地区古塔地基形制的杰出代表。

小雁塔建成之后，经历了数次大地震，至今仍然耸立；一些较早的文献推测其地基为锅形夯土地基，具有较好的吸震能力。中国社会科学院考古研究所、西安市文物保护考古所 2003 年对小雁塔地基进行了部分勘探，对地宫进行了考察。勘探发现，小雁塔地基为台阶形夯土地基 (图 1-29(a))，由外围向中心逐层加深加厚，地宫下面皆为夯土，厚度超过 3.8m；而在夯土层底部发现有人为铺垫的碎石层，十分坚硬，难以穿透。四周浅、中间深、四周呈台阶形向塔心逐层加深是小雁塔独特的地基形制；小雁塔千年不倒，宽广坚实的台阶形地基是一个重要的稳定因素。

小雁塔夯土地基的平面呈方形，东西长 89.7m，南北长 88.5m(图 1-29(b))；夯土地基边长为塔的通高 43.47m 的 2 倍，即自塔基中心向四边各放大了一个塔的通高；如此之大的地基加固面积，是目前已知古塔地基加固范围最大的实例，由此可见该塔的设计建造者对地基加固的高度重视。

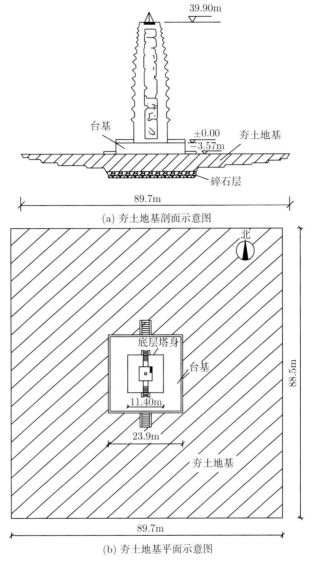

(a) 夯土地基剖面示意图

(b) 夯土地基平面示意图

图 1-29 小雁塔的基础与夯土地基

2. 苏州虎丘塔的基础与地基

建于苏州虎丘山顶的虎丘塔为七层楼阁式砖塔 (图 1-21)，塔身净高 47.68m，底层对边南北长 13.81m、东西长 13.64m；塔身采用套筒式回廊结构，每层设塔心室，有内外壸门 12 个。虎丘塔重约 6100t，由 12 个塔墩 (8 个外墩、4 个内墩) 支承，塔墩直接砌筑在地基上。经勘察，虎丘塔下的地基由人工夯实的夹石土形成，持力层厚度为南部薄、北部厚，地基下为风化岩石。虎丘塔基础与地基的做法属于依山造塔的形制, 采用了坡地整平地基, 其基底平面及地基剖面见图 1-30。

据考证, 虎丘塔自建造时, 塔基即产生不均匀沉降并导致塔身向北倾斜。历史上虎丘塔曾多次维修, 但未能控制不均匀沉降和倾斜的发展。至 1978 年, 虎丘塔的北部外塔墩已下沉 45cm, 塔顶向北、东偏移 2.325m, 倾斜角达 2°48′, 塔的重心偏离基础轴心 97cm。

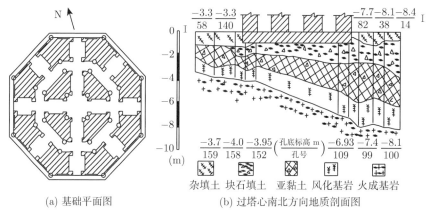

(a) 基础平面图　　　　　　　　　(b) 过塔心南北方向地质剖面图

图 1-30　虎丘塔的基础与地基

国家文物局和苏州市政府于 1978~1981 年期间, 组织专家和技术人员对虎丘塔进行了周密勘测和论证, 分析了不均匀沉降的主要原因: ① 塔下无扩大基础, 塔墩直接砌筑在人工填土地基上, 基底应力过大; ② 塔建于南高北低的岩坡土层上, 地基土持力层北部厚、南部薄, 产生了不均匀的压缩变形, 导致了塔身倾斜; ③ 塔基及其周围地面未作排水处理, 地表水渗入地基、由南向北潜流侵蚀等因素, 使塔北人工填土层产生较多孔隙, 造成不均匀沉降的发展; ④ 塔体由黏性黄土砌筑, 灰缝较宽, 塔身倾斜后形成偏心压力, 加剧了不均匀压缩变形。

1981~1986 年, 中国工程界对这座濒临险境的古塔进行了全面加固修缮, 采用了 "围桩、灌浆、铺盖、调倾、换砖" 的加固技术, 以强化地基为主、塔体纠偏为辅, 基本控制了塔基沉降, 稳定了塔身倾斜。

3. 都江堰奎光塔的基础与地基

建于清代道光年间的四川省都江堰奎光塔 (图 1-22), 为 17 层六边形砖砌古塔, 位于都江堰市奎光路。都江堰市区位于河流相堆积阶地上, 堆积层厚度在 100~200m, 其下为岩屑石英砂岩、岩屑砂岩、粉砂岩和泥岩层, 基底较稳定。就地取材、利用场地堆积层的砂石加固地基, 是奎光塔基础构筑的特点。

奎光塔的地基与基础如图 1-31 所示, 自下而上由天然砂卵石层、卵石土垫层、条石基础组成。建塔时首先在平坦的砂卵石堆积体上开挖了长、宽约 11.5m, 深约

3m 的大坑，因坑底为纯净的砂卵石层，故未做地基处理。在天然砂卵石层地基上做了卵石土垫层，垫层以亚黏土与大卵石或小漂石交替分层铺成约 11 层，其中土 6 层，卵石 5 层，卵石被包于土层内。土的作用是找平和充填卵石间的空隙，一般厚 5~7cm，最大 20cm。随着塔的修建土层逐渐被压密，基底应力主要由卵石承担。卵石为就地取材，成分以石英砂岩及花岗岩为主，一般粒径 15~20cm。卵石在垫层内是以长轴和短轴方向直立摆放，且上下两层卵石互相嵌固和咬合，保证了卵石土垫层的稳定。垫层厚度西侧 1.46m(底标高 716.38m)，东侧 1.52m(底标高 716.28m)。

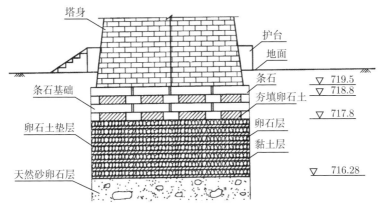

图 1-31 奎光塔基础与地基 (标高: m)

条石基础由 5 层条石搭砌而成，下面 4 层每层厚约 33cm，顶层厚 16cm，总厚 1.48m；基底标高西侧 717.84m、东侧 717.80m，基顶标高西侧 719.32m、东侧 719.28m，即条石基础顶面标高，西侧比东侧高出 0.04m，但东、西两侧条石基础厚度相等，为 1.48m。由探槽资料推测上面两层条石为满铺，下面三层条石为 "井" 字形骨架，骨架间空隙宽约 60~70cm，以卵石土夯填。条石基础形状同塔身外壁一致为六边形，且扩大了 25cm 左右。探槽资料显示，虽东西侧条石均有压断现象，东侧顶层条石还有压翘现象，但总体上来说基础较完整，卵石土紧密，具有较好的整体性和承载能力。

4. 常熟聚沙塔的基础与地基

位于江苏省常熟市的聚沙塔始建于南宋绍兴年间，为八面 7 层楼阁式砖木结构，高 22.68m。由于年久失修，至清代时聚沙塔的塔檐、塔顶残毁，塔身逐渐破败向东北方向倾斜，塔底层陷入泥土中 1.12m。

为了合理制订聚沙塔的纠偏加固方案，常熟市文管会于 1992 年 7 月对聚沙塔进行了地质勘查和基础探挖。地质勘探资料表明，聚沙塔的场地为长江三角洲冲积层，除上层为近期堆积层外，其余均为第四纪全新世冲积层，地质条件见

表 1-1。基础探挖时，在基础两侧挖了两条深槽，初步探明塔基埋深为 1.97m，其构造为 440mm 厚平铺砖基础，下部为 230mm 厚条形青石板。1993 年 7 月在古塔基础下部取土时，发现青石板下面还有 1m 厚的碎瓦砾三合土垫层和 4∼4.2m 长的梅花形密排木桩，支撑在第⑤号粉细砂夹黏性土层上。聚沙塔的基础与地基剖面详见图 1-32。

表 1-1　聚沙塔地质勘探表

土层编号	①	②	③	④	⑤	⑥
土类	杂填土	粉土	粉质黏土	粉土	粉细砂夹黏性土	粉质黏土
厚度/m	1.8	0.8	1.2	2.7	2.0	3.0
承载力/kPa		130	110	130	130	180

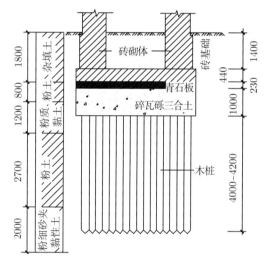

图 1-32　聚沙塔基础与地基剖面图 (单位: mm)

　　在基础之下打入木桩以提高地基的稳定性和承载能力，是建于河边或软弱土层上的古塔常用的方法。虽然聚沙塔的地基做了特殊处理，但由于木桩排设很密，仅能假设为一个木桩实体的深基础，且土的持力层 (第⑤层) 允许承载力较低 (130kPa)，其值已接近极限承载力；因此，塔体仍然发生了沉降。此外，在聚沙塔东北方约 50m 处曾有古河道，河水的涨落引起地下水位流向的变化，可能使塔基下土粒流失、压缩性增大，促使古塔向东北方向倾斜。

　　聚沙塔已在 1993 年进行了基础加固，在原基础周边加设了钢筋混凝土基础，并在基础下植入了树根桩；其后，采用深层纠偏法，在塔的西南方向钻井取土，将塔身逐步扶正到预定的位置。

第2章 古塔的地震灾害与损坏规律

中国建造宝塔已有两千多年历史,历代建成的宝塔累计不少于万座,但因自然灾害和人为损坏,大部分古塔已经消失。据历史资料考证,地震是损毁古塔的主要灾害,每次大地震中都有一批古塔损毁;在近几十年发生的大地震中,调查统计数据更加清晰地证明了地震对古塔的严重危害性。充分利用我国宝贵的自然灾害历史记录以及近期地震灾害调研资料,查取、分析古塔在地震中损伤、毁坏的状况,既可以获得重要的地震灾害统计规律,也可以为现存古塔的抗震鉴定和加固提供有益的借鉴。

2.1 古塔的历史震害资料与统计规律

2.1.1 古塔历史震害资料的分析

中国是一个文明古国,也是地震多发的国家。我国的历史文献中有丰富的地震记载,最早的地震记录可追溯到公元前 1831 年 (夏帝发七年),在《竹书纪年》中载有 "夏帝发七年泰山震"。一些重要的古建筑,特别是古塔,其损伤状况通常作为判断地震烈度的参考指标,是历史地震记录的关键内容。

中华人民共和国成立之后,中国科学院组织历史和地震专业人员,广泛整理了历史地震记载,于 1956 年出版了《中国地震资料年表》。1976 年唐山大地震后,中国社会科学院、中国科学院和国家地震局组织成立了中国地震历史资料编辑委员会,完成了《中国地震历史资料汇编》,是中国自远古至 1980 年地震历史资料的总集。该书广搜博采、资料丰富,并对搜集的各类资料进行了考证和注释;书中对古塔历史震害的记录,是研究古塔地震损伤特征和规律的宝贵资料。

古塔是高耸建筑物,对地震作用较其他古建筑更为敏感。通过文献资料的查询可以发现,每一次强烈地震,都有一批古塔遭到破坏,甚至倒塌而消失。地震区现今尚存的重要古塔,大部分经历过地震的破坏且经过修复以后才保持了目前的状态。本节按照单一古塔的震害描述和群体古塔的震害统计,收集、摘录了一些古塔历史震害的资料,以分析古塔震害的特征和基本规律。

1. 单一古塔的震害记录

地方志通常对一次地震中本地典型建筑物的灾害进行记载,其中古塔基本上为县城之中或附近的一座。在一些寺庙的碑刻中,也常发现该寺宝塔修缮记录与历史地震的关系。

单一古塔的震害程度,可以根据同一次记录中的城墙、官衙和民用建筑的震害进行对比。将不同地震记录中单一古塔的震害程度汇总,也可以得到古塔震害与地震烈度之间的一般规律。

1) 山西曲沃感应寺塔震害记录

感应寺塔为宋乾道年间建造,高 12 层,历史上曾遭受元大德七年 (1303 年) 山西洪洞 8 级地震Ⅸ度烈度的破坏,据嘉庆《曲沃县志》记载:"感应寺在县西关,宋嘉祐五年建,乾道年建砖塔,基余一亩,高十二层,大德七年地震裂而为二,堕其四,今存八层。顺治十年 …… 重修"。曲沃县距震中洪洞县约 80km,地属极震区的边缘,地震时感应寺塔上部坠落四层、下部八层从中间裂为两半,塔在大震之下的破坏特征为塔身竖向崩裂、上部坍塌 (图 2-1)。

2) 云南大理千寻塔震害记录

建于南诏保和年间 (与唐朝同时代) 的千寻塔位于云南大理县城西北崇圣寺内,为 16 层密檐砖塔,总高 62.4m。1514 年 5 月 29 日大理烈度为Ⅷ度的地震,使千寻塔从塔身中部震裂,据记载:"明正德九年五月六日,地大震,城中墙屋皆倾圮,崇圣寺中塔裂一缝,约三尺,旬日复合,依然无踪"。大震之下房屋基本倒塌,但千寻塔依然耸立,表明该塔具有较好的建造质量;塔的主要震害特征是塔身的竖向开裂 (图 2-2),裂缝 "旬日复合",可视为余震产生的塔身晃动对裂缝的咬合作用。

3) 福建泉州开元寺镇国塔震害记录

建于南宋淳祐十年 (1250 年) 的泉州开元寺镇国塔,高 48m,是我国现存最高的石塔。1604 年福建泉州海外发生 7.5 级大地震,泉州市区地震烈度约为Ⅷ ～ Ⅸ度。据乾隆《晋江县志》记载:"城内外庐舍倾圮,…… 镇国塔第一层尖石坠,第二、第三层扶栏因之并碎"。从记录中可知,该石塔的结构合理、建造质量优良,在较高的地震烈度中塔刹坠落、上部塔体外伸构件破碎,其总体损伤程度小于一般民房。

4) 山西襄汾灵光寺琉璃塔震害记录

灵光寺琉璃塔位于襄汾县北梁村,为八角形仿木构形式砖塔,原有 13 级,始建于唐贞观年间,金皇统年间重修。1695 年 5 月 18 日临汾盆地内发生 7.5~8 级大地震。据记载,震中临汾 "城垣、衙署、庙宇、民居尽行倒塌,压死人民数万";距临汾约 30km 的襄汾县 "黑水涌地,城垣、学校、公署、民居倾覆殆尽,死者不可胜记"。北梁村出土碑刻上记载:"自藏经楼以及廊庑尽行倒坏,惟佛法二殿仅存,高塔半存。昔之称为壮丽者,今不胜其零落矣"。灵光寺琉璃塔在大震中虽未震毁,但上部 6 层倒塌,仅存 7 层 (图 2-3)。

图 2-1　曲沃感应寺塔　　　　图 2-2　大理千寻塔　　　图 2-3　襄汾灵光寺琉璃塔

2. 单一古塔震害的多次记录

对于地震多发地区，一些著名古塔的震害在多次地震中均有记录，从中可以获得震后修复的信息和再次地震损伤的状况。

1) 陕西西安小雁塔震害记录

小雁塔位于西安市荐福寺内，建于唐景龙年间 (707~709 年)，是中国早期方形密檐式砖塔的代表 (图 2-4)。据《长安县志》等记载，该塔经历了多次大地震的破坏，三裂三合，堪称奇迹。第一次裂合：明成化二十三年 (1487 年) 临潼地区发生6.25 级地震，"地震声如雷，山多崩圮，屋舍坏，死 1900 余人，荐福寺塔自顶至足，中裂尺许"；明正德末年 (1521 年)"地再震，塔一夕如故，若有神比合之者"。第二次裂合：明嘉靖三十四年 (1556 年) 关中大地震中，"塔裂为二"，其后，"癸卯复震，塔合无痕"。第三次裂合：康熙三十年 (1691 年) 小雁塔因地震开裂，康熙六十年(1721 年) 再次复合。

由多次震害记录可知，西安小雁塔在强震作用下多次沿中轴线发生竖向劈裂，但均未造成塔体严重损坏，因而在其后的小震中裂缝部位能通过振动摩擦再度闭合。

2) 山西运城太平兴国寺塔震害记录

太平兴国寺塔建于宋嘉祐八年 (1063 年)，为八角形楼阁式砖塔，原有 13 层，高约 80m；现存 11 层，高约 60m(图 2-5)。1556 年陕西华县 8.25 级地震，对该塔的影响烈度为Ⅸ度，使塔顶严重开裂；在明万历年间的地震中，原先开裂的两部分塔身因变位相互靠拢，造成重新闭合的假象。据清乾隆年间《安邑县志》记载："明嘉靖乙卯地震从顶裂至七层，宽尺许，至万历间地震复合"。1920 年宁夏海原 8.5 级地震, 对太平兴国寺塔的影响烈度为Ⅵ度, 塔顶和塔刹震落。据县志记载: "暨民国九年地大震 (自西北来, 约十五分钟), 将塔顶震落, 上盖铁锅一口, 口径约五尺, 已坠碎, 铁塔尖一支, 长约丈余, 下径约两寸 (上铸 "绛州" 二字), 铁尖之下有铁螺旋一座, 通宽三寸余, 厚约四分, 皆坠下, 由县收存"。

图 2-4   西安小雁塔   图 2-5   运城太平兴国寺塔

由记录可知, 太平兴国寺塔在较高的地震烈度下塔身多次开裂并晃动咬合, 在后续较低的地震烈度下塔顶和塔刹震落。

3) 北京北海永安寺白塔震害记录

永安寺白塔始建于 1651 年, 至今三百多年中已有三次倒塌或严重破坏史。1679 年 (清康熙十八年)9 月 2 日河北三河、平谷发生震中烈度为Ⅺ度的大地震, "白塔以地震颓毁"(《华东录》), 第二年 "拆卸重新修建"(《故宫档案》); 1730 年 (清雍正八年)9 月 30 日发生在北京西郊的震中烈度为Ⅷ度的地震, 使白塔 "塔身基座彻底闪裂, 必须全行拆卸重修"(《故宫档案》), 其后修复; 1976 年 7 月 28 日唐山大地震, 白塔基座开裂, 塔刹宝顶震掉。

永安寺白塔是一座覆钵式塔, 与楼阁式塔、密檐式塔相比, 其长细比较小, 但在多次地震中塔身震落、基座损坏, 说明覆钵式塔具有一定的地震易损性, 需要给予重视。此外, 该塔丰富的地震资料, 反映了地震多发地区古塔地震损坏和震后加固的艰难历程。

3. 一次大地震群体古塔的震害记录

一些在历史上对生命财产和建筑物造成巨大损害的大地震和特大地震, 是我国历史地震记录的重点，相应的资料较多，有利于统计分析和比较。现代科学技术的发展，使得古塔地震灾害的资料收集更为规范、及时，获得的数据也更加全面可靠。

1) 华县大地震古塔震害记录

1556 年，陕西省渭河流域发生 8.25 级特大地震，约 100 个县遭受了地震的破坏，分布于陕、甘、宁、晋、豫 5 省 28 万平方公里的区域，以陕西渭南、华县、华阴和山西永济四县的震灾最重 (图 2-6)，故称为华县地震。《中国地震目录》归纳史书记载对此次地震的描述："秦晋之交，地忽大震，声如万雷，川原坼裂，郊墟迁移，道路改观，树木倒置，阡陌更反。……，华山诸峪水北潏沃野，渭河涨壅数日。华县、渭南、华阴及朝邑、蒲州等处尤甚。……，郡城邑镇皆陷没，塔崩、桥毁、碑折断，城垣、庙宇、官衙、民庐倾颓摧圮，……，官吏、军民压死八十三万有奇"。

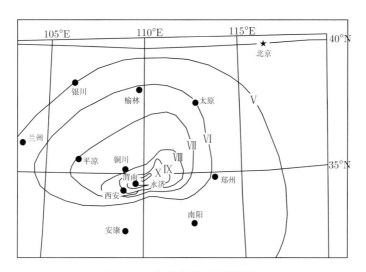

图 2-6　华县大地震等震线图

此次地震位于震中区的古塔大多崩塌或毁坏，且难于在震后的历史资料中发现相关的论述；但一些损坏程度较轻或修复、重建的古塔，仍可在地方志或碑刻中发现重要的信息。如大震时西安属于地震烈度Ⅸ度区，当地的大雁塔塔刹震落，小雁塔竖向劈裂，八云塔塔顶震落、塔身倾斜，圣寿寺塔塔顶崩毁、塔体向东北倾斜，建于渭南蒲城县的慧彻寺南塔塔身纵裂、顶部两层塌毁等。此外，位于山西永济市蒲州普救寺塔，其震后重修的碑刻中记载了该塔在大震中的损伤状况："皇明嘉靖乙卯冬，地维告变，于是普救寺塔亦在倾颓。……，甲子春得铜梁张太守命僧重建"。由此可知，普救寺塔在地震中已倒塌，现存之塔系嘉靖甲子年间 (1564 年)，由蒲州太守张佳胤倡导、寺院僧人负责，在原基础上重建的。

2) 郯城大地震古塔震害记录

1668 年 7 月 25 日晚在山东郯城—莒南一带发生了 8.5 级特大地震,极震区烈度达Ⅻ度。据《中国地震资料年表》记载,地震波及中国东部绝大部分地区以及东部海域,山东、江苏和安徽北部 150 余县均遭受不同程度破坏 (图 2-7)。地震导致大量的人员伤亡和建筑物的损毁,其中古塔的损坏较为严重,震中 100km 范围内的古塔基本倒塌或严重破坏,距震中约 300km 的古塔塔顶也遭受了损坏。通过对相关古塔所在区域位置以及损伤程度的分析,可以确定古塔震害程度与震中距的对应关系。

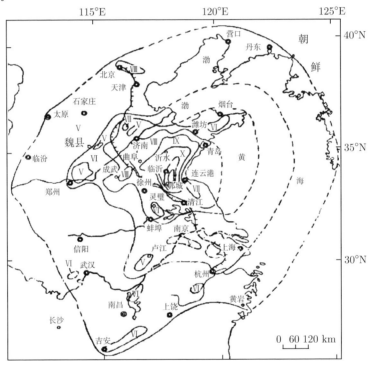

图 2-7   郯城大地震等烈度线图

3) 唐山大地震古塔震害记录

1976 年 7 月 28 日 3 时 42 分,中国河北省唐山丰南一带 (118.2°E,39.6°N) 发生了里氏 7.8 级地震,震中烈度Ⅺ度,震源深度 12km,地震持续约 23s。这是我国历史上一次罕见的城市地震灾害,北京和天津市受到严重波及,地震破坏范围超过 3 万平方公里 (图 2-8),有感范围广达 14 个省、市、自治区,相当于全国面积的 1/3;地震造成约 24.2 万人死亡,16.4 万人重伤,震中区域的房屋大部分倒塌。

在唐山大地震中,较多的古塔受到损坏,震后获得的资料也较丰富,可对个体古塔的震害特征和群体古塔的震害规律进行评价。如位于Ⅵ度区的北京妙应寺白塔，塔顶和塔基的砖块震落 (图 2-9)；位于Ⅶ度区的河北昌黎县源影寺塔，塔身严重倾斜，顶部坍塌 (图 2-10)；位于Ⅷ度区的河北丰润区天宫寺塔，塔顶震垮、塔身严重开裂 (图 2-11)；这些资料基本反映了古塔震害与地震烈度成正比的关系。但一些质量较差的古塔，如位于Ⅵ度区的北京通州区麦庄塔，在较低的地震烈度作用下塔身的 2/3 被震塌 (图 2-12)。对于群体古塔的震害统计表明：位于烈度Ⅵ ~ Ⅷ度

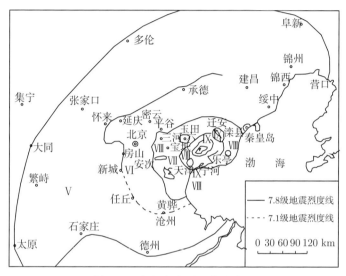

图 2-8　唐山大地震烈度分布图

图 2-9　北京妙应寺白塔

图 2-10　昌黎县源影寺塔

图 2-11　丰润区天宫寺塔　　　　　　　　图 2-12　通州区麦庄塔

区的 19 座古塔, 其中倒塌及基本倒塌的有 4 座, 中等及严重破坏的有 8 座, 一般轻微破坏的有 6 座, 基本完好的仅 1 座; 总体上看, 砖石古塔的震害程度普遍重于同烈度区域的砖木古建筑房屋和楼阁。

4) 汶川大地震古塔震害记录

2008 年 5 月 12 日 14 时 28 分, 在四川省阿坝藏族羌族自治州一带发生了里氏 8.0 级特大地震, 震中汶川县的地震烈度达到Ⅺ度 (图 2-13)。地震波及大半个中国及亚洲多个国家和地区, 严重破坏地区超过 10 万平方公里, 其中, 极重灾区共 10 个县 (市), 较重灾区共 41 个县 (市), 一般灾区共 186 个县 (市)。地震共造成 6.9 万人死亡, 37.5 万人受伤, 是中华人民共和国成立以来破坏力最大的地震, 也是唐山大地震后伤亡最严重的一次地震。

在汶川大地震中, 中国的古建筑遭受了巨大的损失, 砖石古塔在此次地震中损伤相当严重。根据对四川省地震烈度Ⅵ度及以上区域中 61 座古塔的损害状况统计分析, 轻微损坏的古塔共 10 座, 局部损坏的古塔共 19 座, 中度破坏的古塔共 11 座, 严重破坏的古塔 17 座, 完全毁坏的古塔 4 座。汶川地震包括古塔在内的古建筑地震灾害资料的收集整理, 已基本实现了规范化, 为我国古建筑的抗震鉴定和加固方案的制订提供了非常有益的依据。

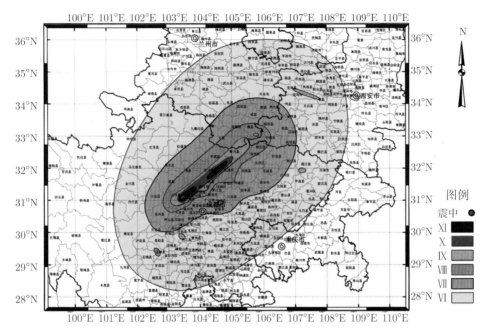

图 2-13　汶川地震烈度分布图

2.1.2　古塔的地震损坏特征与规律

1. 古塔震害程度与震中距的关系

古塔的震害程度与其至震中的距离密切相关，距离震中越近的古塔，遭受地震的损坏越严重。1668 年 7 月 25 日晚在山东郯城—莒南一带发生的 8.5 级特大地震中，据江苏重灾区各府县志的记载，自震中向南至扬州，有四座古塔遭受了不同程度的破坏，相关资料详见表 2-1。

表 2-1　郯城特大地震江苏古塔损伤状况记录

序号	塔名	府县志名	方志记录	震中距	烈度
1	青云塔	嘉庆重修赣榆县志	青云塔，在治东二里，明万历间建，其下有招提院，康熙七年地震俱倾	约 50km	X
2	招德寺塔	康熙沭阳县志	招德寺塔，去治东五里，东南偶有古塔，高七层，康熙七年地震崩溃，仅存其半	约 93km	IX
3	妙通塔	康熙安东(涟水)县志	妙通塔，在能仁寺，去治西一百六十步。寺为宋天圣元年敕建，塔七级，皆砖石砌成。康熙七年地大震，人家屋檐俯于地，簸荡不定，塔尖坠，塔几倾	约 142km	VIII
4	文峰塔	嘉庆重修扬州府志	文峰塔，在官河南岸，明万历十年建七级浮图并建寺……，国朝康熙戊申夏六月地大震，塔尖坠地	约 296km	VII

根据对县志和古建筑的进一步考证，得知这四座古塔均为 7 层楼阁式塔，建筑形制和高度也大致相同。此外，参考马玉香、钟普裕在《国际地震动态》2009 年第 2 期上发表的论文《1668 年山东郯城 8 1/2 级地震综述》，四座古塔所在区域的地震烈度分别为 X ～ Ⅶ度。

从表 2-1 记录的四座古塔损伤状况和所在区域的位置可以看出，自震中约 50km 的赣榆至约 300km 外的扬州，四座古塔的破坏状态分别为全部倒塌、上半部崩溃、塔身倾斜、塔刹坠落，说明古塔的损坏程度与震中距基本存在着线性的比例关系，与所在区域的地震烈度也存在着对应关系。

2. 古塔地基变形震害的特征与规律

砖石古塔的自重大、基础相对较小，对地基的变形较敏感，其震害特征如下：①当古塔位于河岸湖边，地下水位的变化将导致塔基震陷加剧；若场地有液化土层且面向河心倾斜时，则易发生塔基不均匀沉降。②当古塔建于山丘坡地上且基础填平层厚薄不均时，地震作用下的地基变形差将导致古塔不均匀沉降加剧。③建于山顶的塔，地震加速度的放大作用易导致塔基严重变形。④长细比 H/D(塔体高度 H 与底层直径 D 之比) 较大的塔，对地基的不均匀沉降和地震作用更为敏感，地震中塔身倾斜程度一般较大。

在 2008 年汶川大地震中，四川省有 11 座古塔发生基础沉降、沉陷和塔身倾斜等地基变形震害。统计分析表明：①建造场地状况对地基基础的震害有明显的影响，11 座发生地基震害的古塔均建造在河边、山顶或坡地上；②塔的长细比 H/D 与地基震害有一定的关联性，11 座塔的长细比均大于 3.0，其中大部分塔的长细比超过了 4.0，在地基不均匀沉降的情况下加剧了塔身的倾斜；③地基基础的震害程度随着地震烈度的增大而加剧，并导致上部结构的变形加重。

3. 古塔砌体开裂震害的特征与规律

在塔身的各层开设门窗洞用于观瞻外景或塔内采光，是可上人古塔的基本构造做法；一些内部不可攀登的古塔，也常在塔层的墙面开设明洞或暗洞，以形成楼阁门窗的外观；沿塔身竖向中轴线成串设置的门窗洞，是地震作用下的薄弱部位。由于砖石砌体的抗拉强度低，在地震作用产生的拉力下易开裂；且古塔竖向中轴线部位的地震剪应力较大，该部位上下层洞口之间墙体，在地震作用下易产生剪切变形并导致竖向劈裂 (图 2-14)。

如前所述古塔历史震害记录中的山西曲沃感应寺塔、云南大理千寻塔、西安小雁塔、山西运城太平兴国寺塔等，均因为沿塔身竖向中轴线设置门窗洞而导致竖向劈裂。

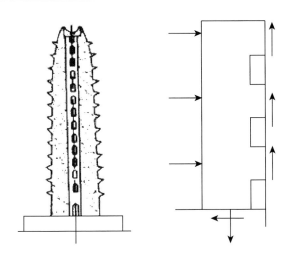

图 2-14　门窗洞对墙体的削弱

在 2008 年汶川大地震中，属于塔身砌体开裂损坏的古塔约 20 多座，其中，裂缝主要沿塔身竖向中轴线洞口开展的古塔共 8 座。统计分析表明：①塔身的开裂程度随着地震烈度的增大而加剧，且位于山顶的古塔开裂程度较平地严重；②沿塔身竖向开设的门窗洞形成了薄弱构造，明洞串连的墙体构造是塔身贯穿性劈裂的主要原因。

4. 古塔结构垮塌震害的特征与规律

对于塔身长细比 H/D 较大且结构的整体性较差的古塔，在强烈的水平地震作用下，结构易发生较大的侧向位移，并导致塔身局部折断或整体垮塌。

在 2008 年汶川大地震中，四川省共有 16 座塔发生塔身局部倒塌或全部垮塌。统计分析表明：①发生倒塌震害的古塔，其长细比 H/D 基本在 3.0 以上；且长细比 H/D 越大，塔身倒塌的程度越严重；②从结构类型来看，楼阁式塔的损坏程度比密檐式塔严重，原因是楼阁式塔的墙体相对较薄、空间刚度相对较小；③塔身倒塌的程度随着地震烈度的增大而加剧，且山体的高度对地震作用有明显的放大效应。

2.2　汶川地震古塔震害规律研究

2.2.1　研究概况

2008 年 5 月 12 日汶川 8.0 级大地震中，四川省的古塔遭受了严重损坏，引起国家有关部门和社会各界的高度关注。在四川省文物局和相关市县文管所的支持下，扬州大学古建筑保护课题组多次赴地震重灾区进行古塔的震害状况调研、查勘和检测，获得了较为丰富的原始资料。开展古塔的震害规律研究，总结相应的经验教训，为各地古塔的抗震鉴定提供有益的借鉴，是本研究项目的宗旨。

研究项目共收集了地震烈度Ⅵ度及以上区域中 61 座样本古塔的资料，样本古塔的基本信息如下：①塔的结构类型：按照塔的建筑造型和塔身结构确定。其中，楼阁式塔 34 座，密檐式塔 25 座，宝瓶式塔 2 座。②塔的建筑材料：按照塔身的材料确定。其中，砖塔 37 座，砖身石基塔 21 座，石塔 2 座，土砖塔 1 座。③塔的建造场地：按照平地、河岸、山顶确定。其中，建于平地上的塔 16 座，河岸边的塔 5 座，山顶上的塔 40 座 (含坡地上的塔 9 座)。

研究项目分析了样本古塔的地震损坏状况，探讨了古塔震害程度与地震烈度的对应关系，重点考察了场地条件、构造特征和结构类型对古塔震害程度的影响；针对地基变形、砌体开裂、结构垮塌三种主要震害特征，选择部分典型古塔作为案例，进一步论述了古塔的地震损坏规律。

2.2.2　古塔震害程度与地震烈度的关系

1. 古塔震害的分级与特征描述

基于古塔震害程度的确认与修缮保护方案的研制，课题组在四川省各市县文物部门上报材料的基础上，对 60 多座样本古塔的损害状况进行了统计分析，参照《中国地震烈度表》(GB/T 17742—2008)，针对古塔的建筑结构特征、地震损伤规律以及文物修复的特定要求，提出了古塔震害分级与特征描述的定义，如表 2-2 所示。

表 2-2　古塔震害的分级与特征描述

震害级别	震害程度	损伤特征描述	文物价值损失	震后修复要求
1 级	轻微损坏	塔身有微细裂缝，塔檐、塔刹轻微损坏	基本保存	可进行常规修缮
2 级	局部损坏	塔身局部开裂，塔檐、塔刹松脱变形	局部损失	需进行局部修复
3 级	中度破坏	塔身严重开裂或倾斜，塔檐、塔刹塌落	部分丧失	需进行整体修复
4 级	严重破坏	塔身贯穿性劈裂、严重倾斜或部分倒塌	严重丧失	需进行重大修建
5 级	完全毁坏	塔身全部倒塌	完全丧失	仅能重新建造

注：各震害级别对应的震害指数 D 为：1 级，$0.00 \leqslant D < 0.10$；2 级，$0.10 \leqslant D < 0.30$；3 级，$0.30 \leqslant D < 0.55$；4 级，$0.55 \leqslant D < 0.85$；5 级，$0.85 \leqslant D < 1.00$。

在表 2-2 中，将古塔的震害分为 1~5 级，相应的震害程度为轻微损坏、局部损坏、中度破坏、严重破坏、完全毁坏，相应的震后修复要求分别为常规修缮、局部修复、整体修复、重大修建、重新建造。

2. 样本古塔的震害分类与比例统计

按照表 2-2 的定义，课题组对四川省地震烈度Ⅵ度及以上区域中样本古塔的震害进行了分类，如表 2-3 所示。

表 2-3　四川省样本古塔的震害分类

地震烈度	古塔震害程度				
	轻微损坏	局部损坏	中度破坏	严重破坏	完全毁坏
Ⅵ	61 自贡富顺回澜塔 60 渠县三汇文峰塔 59 达州开江文笔塔 58 达州大竹文峰塔 57 乐山三江白塔 56 眉山大旺寺塔 55 简阳题名塔 54 简阳红白塔 53 宜宾筠连登瀛塔 52 宜宾旧州塔	51 巴中步月塔 50 内江高寺塔 49 乐山灵宝塔 48 宜宾七星黑塔 47 宜宾东山白塔 46 达州龙爪塔 45 开江宝泉塔 44 广安白塔 43 南充无量宝塔 42 荣县镇南塔 41 洪雅修文塔 40 威远白塔 39 资阳丹山白塔 38 资中三元塔 37 资中苍颉塔 36 蓬溪鹫峰寺塔	35 内江三元塔 34 巴中凌云塔 33 遂宁善济塔 32 广安岳池白塔 31 简阳圣德寺塔		
Ⅶ	30 蒲江文峰塔 29 邛崃石塔寺塔 28 邛崃回澜塔	27 新都宝光寺塔 26 淮口瑞光塔 25 南部县神坝塔 24 丹棱白塔 23 阆中玉台山塔 22 崇州字库塔	21 剑阁鹤鸣山塔 20 绵阳三台东塔 19 绵阳三台北塔 18 苍溪崇霞宝塔 17 阆中白塔 16 盐亭笔塔		
Ⅷ		15 江油蓥英塔 14 中江南塔 12 彭州镇国寺塔	13 中江北塔 11 彭州云居院塔 10 彭州正觉寺塔 9 德阳龙护舍利塔 8 广元来雁塔 7 绵阳南山南塔 6 江油云龙塔		5 江油南雁塔
Ⅸ				4 都江堰奎光塔	3 安县文星塔
Ⅹ					2 绵竹文峰塔 1 汶川回澜塔

表 2-3 中，方框内的号码为本研究项目给定的样本古塔的序列号，古塔所在地区的地震烈度根据中国地震局编绘的《汶川 8.0 级地震烈度分布图》确定 (图 2-15)。

为便于对照，图 2-15 中以方框序列号的形式标出了样本古塔所在地区的位置。

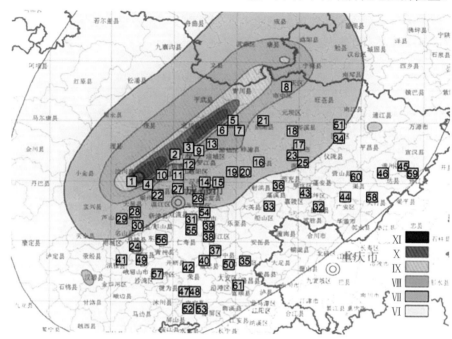

图 2-15　汶川地震的烈度分布及四川省样本古塔的位置

以各烈度区域中的样本古塔总数为基数，分别计算出各类震害程度古塔所占的百分比，如表 2-4 所示。由表 2-4 可知：①轻微损坏的古塔共 10 座，占总数的 16%，全部位于烈度Ⅵ度区域；②局部损坏的古塔共 19 座，占总数的 31%，分别位于烈度Ⅵ度和Ⅶ度区域；③中度破坏的古塔共 14 座，占总数的 23%，分别位于烈度Ⅵ度、Ⅶ度和Ⅷ度区域；④严重破坏的古塔 14 座，占总数的 23%，分别位于烈度Ⅶ度、Ⅷ度和Ⅸ度区域；⑤完全毁坏的古塔 4 座，占总数的 7%，分别位于烈

表 2-4　四川省样本古塔的震害分类比例

地震烈度	样本数量	震害程度									
		轻微损坏		局部损坏		中度破坏		严重破坏		完全毁坏	
		数量	比例/%	数量	比例/%	数量	比例/%	数量	比例/%	数量	比例/%
Ⅵ	31	10	32	16	52	5	16				
Ⅶ	15			3	20	6	40	6	40		
Ⅷ	11					3	27	7	64	1	9
Ⅸ	2							1	50	1	50
≥Ⅹ	2									2	100
总数	61	10	16	19	31	14	23	14	23	4	7

度Ⅷ度、Ⅸ度和 ≥Ⅹ度区域。

值得注意的是，在烈度并不是很高的Ⅶ度区域，已有 6 座古塔的塔身部分倒塌，属于严重破坏的 4 级震害，表明地震对古塔的破坏程度相当严重。

3. 古塔震害程度与地震烈度的关系

汶川地震中四川省古塔震害的研究表明，砖石古塔的震害程度随着地震烈度的增大而趋于严重，两者之间有着明显的对应关系。对照我国现行的地震烈度表 (GB/T 17742—2008) 可知，相对于单层或多层旧式房屋，砖石古塔因其结构高、自重大，对地震作用更加敏感；此外，与现代砖烟囱相比，古塔的建造年代久远、材料老化损伤较严重，震害程度也更加严重。从强化文物资源利用和抗震保护的角度来看，建立古塔震害程度与地震烈度的对应关系，为古建筑抗震鉴定与加固规范的编制提供有效的参照，具有一定的实用价值和社会意义。

我国现行《建筑抗震设计规范》(GB 50011—2010) 将建筑物的抗震设防烈度定为 6 度、7 度、8 度和 9 度，《古建筑木结构维护与加固技术规范》(GB 50165—1992) 也将古建筑木结构抗震鉴定的烈度范围定在 6~9 度。参照这两个标准并兼顾古塔抗震鉴定与加固的要求，在设防烈度 6 度 (Ⅵ度) 至 9 度 (Ⅸ度) 的范围内建立砖石古塔震害程度与地震烈度的表述关系是合适的。根据表 2-2 的定义和表 2-3、表 2-4 的统计分析，可给出与现行国家标准和规范中地震烈度相对应的砖石古塔震害程度参考指标，如表 2-5 所示。

表 2-5 砖石古塔震害程度与地震烈度对应的参考指标

地震烈度	砖石古塔的震害程度
Ⅵ	少数轻微损坏，多数局部损坏，少数中度破坏
Ⅶ	少数局部损坏，多数中度破坏，少数严重破坏
Ⅷ	少数中度破坏，大多数严重破坏，个别完全毁坏
Ⅸ	少数严重破坏，大多数完全毁坏

注: 本表数量词的界定参照《中国地震烈度表》(GB/T 17742—2008)：①"个别" 为 10%以下；② "少数为 10%~45%；③ "多数" 为 40%~70%；④"大多数" 为 60%~90%；⑤"绝大多数" 为 80%以上。

2.2.3 古塔地基变形震害的规律

1. 古塔地基变形震害的统计分析

在汶川地震调研的 61 座塔中，有 11 座古塔发生基础沉降、沉陷和塔身倾斜等地基变形震害，各座塔的名称及所在烈度区域和建造场地见表 2-6。表中以基础和塔身的损坏程度为准，按震害状态分为三种类型。

表 2-6　地基变形震害分类

地震烈度	建造场地	地基及塔身震害状态					
		基础沉降、塔身开裂		基础沉陷、塔身倾斜		基础严重沉陷、塔身严重倾斜	
		塔名	H/D	塔名	H/D	塔名	H/D
VI	河边	广安白塔	4.3				
	山顶	威远白塔	3.1	广安岳池白塔	3.4	内江三元塔	3.8
		资中三元塔	4.5	开江宝泉塔	4.1		
				南充无量宝塔	4.1		
VII	河边			邛崃回澜塔	4.3	南部县神坝砖塔	4.7
	山顶					金堂淮口瑞光塔	4.8
VIII	坡地					彭州云居院塔	4.0

注：H 表示塔的高度；D 表示塔底的对边长度。

由表 2-6 可知：① 建造场地状况对地基基础的震害有明显的影响，建于平地上的塔共 16 座，基本未发生地基震害；建于河岸湖边的塔共 5 座，有 3 座受地基震害影响，占其总数的 60%；建于山顶和坡地上的塔共 40 座，有 8 座受地基震害影响，占其总数的 20%。② 塔的长细比 H/D 与地基震害有一定的关联性，发生地基震害的 11 座塔的长细比均大于 3.0，其中大部分塔的长细比超过了 4.0，在地基不均匀沉降的情况下易加剧塔身的倾斜。③ 地基基础的震害程度随着地震烈度的增大而加剧，并导致上部结构的变形加重。需要注意的是，在地震烈度VI度和VII度的情况下，地基基础的失效也将导致古塔形成严重的震害状态。

2. 塔身严重倾斜的典型古塔

以表 2-6 中位于河边的南部县神坝砖塔、位于山顶的内江三元塔、位于坡地的彭州云居院塔为例，分析地基变形震害的影响。

1) 南部县神坝砖塔

神坝砖塔建于清同治三年 (1864 年)，为 7 层六角形仿木结构浮雕砖塔；塔高 14m，底层基座每面阔 1.75m，尺寸逐层向上缩小，每层每面有倚柱，顶部为六角攒尖顶；全塔共有各种浮雕图案 224 幅，雕刻技艺高超；塔刹为一魁星立于盛开的荷花之中，造型独特。

神坝砖塔位于县城西北 90km 的神坝镇方山村，坐落在我国西南地区最大水库升钟湖的淹没区。1976 年修建水库时曾根据《文物保护法》将该塔列入搬迁计划，后因经费未落实，致使该塔遗留在库区；1984 年水库蓄水后，塔身大部分淹没于水中，塔基因水位变化而受损。汶川地震中，神坝砖塔地基沉陷加剧，导致塔身严重倾斜 (图 2-16)。

(a) 淹在水中的神坝砖塔 　　　　　(b) 露出水面的神坝砖塔

图 2-16　南部县神坝砖塔

2) 内江三元塔

三元塔始建于唐代，明末倒毁，于清代嘉庆十年 (1805 年) 重修，为 10 层八角形楼阁式砖塔，高 62.7m。该塔位于沱江右岸三元山的顶端，塔基为方形石座，塔的底层正面开圆形石拱门，其余每层皆开明窗，塔内有 140 级石梯旋转至顶层，塔身为大型青砖砌成，飞檐翘角，巍峨壮观。

三元塔的基座处草木丛生，由于缺乏清理，灌木、杂草的根系钻入砌体灰缝，破坏了石灰砂浆层，将砖、石缝挤裂，导致塔基、塔身开裂并倾斜。汶川地震使三元塔的倾斜加剧，经全球卫星定位系统测量，三元塔塔顶位移值为 0.631m，而且塔身表面砖块有剥落，塔体开裂、破损，塔体转角装饰柱出现坍塌现象，被鉴定为危塔 (图 2-17)。

3) 彭州云居院塔

云居院塔建于北宋大观元年 (1107 年)，为 13 层方形密檐式砖塔，高 20.9m；塔的基座边长 9.3m，呈正方形，自下而上逐层内收，基座外沿用条石镶砌；塔体内部结构紧密，空心无塔室；塔体外部虚设窗洞，以增强层次感。

云居院塔位于彭州市大曲村曲尺山中，建造场地属于坡地。在汶川地震前，由于塔基下面水土流失较为严重，塔基已经有一定程度损毁，多处出现裂缝，塔身上的彩绘饰画脱落严重。汶川地震后，整个塔基松动并发生较为严重的位移，导致塔身向西倾斜约 10cm，塔体内外均出现明显裂缝，整体结构已有松散征兆，成为危塔 (图 2-18)。

(a) 坐落在山顶的三元塔　　　　　　　　　(b) 杂草丛生的塔基

图 2-17　内江三元塔

(a) 塔身倾斜　　　　　　　　　　　(b) 底层南面裂缝

图 2-18　彭州云居院塔

2.2.4　古塔砌体开裂震害的规律

1. 古塔砌体开裂震害的统计分析

在汶川地震中属于塔身砌体开裂损坏的古塔约 20 多座,其中,裂缝主要沿塔身竖向中轴线洞口开展的古塔共 8 座,各座塔的名称及所在烈度区域见表 2-7。表中将古塔开裂状态分为三种类型，并给出墙体竖向开洞状态作为参考。

表 2-7 古塔砌体开裂震害分类

地震烈度	建造场地	塔身开裂状态					
		局部开裂		严重开裂		贯穿性劈裂	
		塔名	洞口	塔名	洞口	塔名	洞口
VI	平地	简阳圣德寺塔	A				
	山顶			巴中凌云塔	A		
VII	平地			丹棱白塔	B		
				新都宝光寺塔	C		
VIII	山顶			彭州镇国寺塔	A	彭州正觉寺塔	A
						德阳龙护舍利塔	A
IX	平地					都江堰奎光塔	A

注：墙体竖向开洞状态：A. 明洞串连；B. 明洞、暗槽 (假洞) 隔层串连；C. 暗槽串连。

由表 2-7 可知：① 塔身的开裂程度随着地震烈度的增大而加剧，且位于山顶的古塔开裂程度较平地严重；② 沿塔身竖向开设的门窗洞形成了薄弱构造，明洞串连的墙体构造是塔身贯穿性劈裂的主要原因。

2. 塔身竖向劈裂的典型古塔

以表 2-7 中塔身发生贯穿性劈裂的彭州正觉寺塔、德阳龙护舍利塔、都江堰奎光塔为例，分析塔身门窗洞对古塔砌体开裂震害的影响。

1) 都江堰奎光塔

奎光塔重建于清道光十一年 (1831 年)，为 17 层六边形楼阁式密檐砖塔，高 52.7m，是我国层数最多的古塔。该塔的内部结构独特，1~10 层为双筒，11 层以上为单筒；塔的外形高耸壮观，底层北面开有门洞，2~17 层各层各面均开有窗洞。

汶川地震中，塔体沿竖向中轴线开裂，裂缝多数从窗口处通过；塔体西南侧和东北侧第 5 层至塔顶，沿窗洞出现自下而上的贯穿裂缝，这两组裂缝在塔体第 10 层处已延伸至塔体内部并连通，从而将塔体分割为南北两部分，裂缝最大宽度达到 15cm(图 2-19)。此外，塔体西北面和东南面第 7~14 层也出现自下而上的贯穿裂缝。

2) 德阳龙护舍利塔

龙护舍利塔建于元至正二年至十三年 (1353 年)，为 13 层方形密檐式砖塔，高 37.8m。塔底层高 6m，每面宽 7.5m，南面为拱券形塔门，其余三面无门洞。塔身四面开窗，第 2 至第 8 层每面当中开拱券形窗，两侧为直棂窗；第 9 层开三扇拱券形窗，第 10 至第 13 层只在当中设拱券形窗，两侧均不开窗。塔的内部共 5 层，每层中部为塔心室，另有一层天宫。

(a) 沿竖向中轴线裂缝　　　　　　　　　　　(b) 两窗洞间裂缝

图 2-19　奎光塔贯穿裂缝

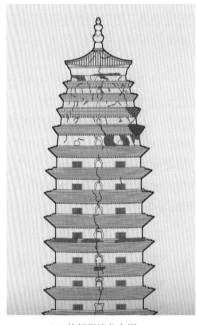

(a) 外部裂缝分布图　　　　　　　　　　　(b) 内部裂缝

图 2-20　龙护舍利塔贯穿裂缝

汶川地震中，龙护舍利塔整体呈酥裂状。该塔自底层至塔顶沿塔身的竖向中线，在南北两面出现贯穿裂缝；塔身裂缝沿高度发展并扩大，将塔体割裂为东、西两个部分，导致结构严重破坏 (图 2-20)；在塔的内部，第 1~5 层塔心室天花及塔心室与拱券相连的周边墙体均存在贯通性裂缝。

3) 彭州正觉寺塔

正觉寺塔建于北宋天圣元年 (1023 年) 至天圣四年 (1026 年)，为 13 层方形密檐式砖塔，高 27.54m；底部有砖砌须弥式基座，边长为 10.4m，塔身底边长为 8.2m。该塔的造型和构造风格独特，塔外檐由菱角牙子和叠涩砌砖构成，檐口特别浑厚；上部几层塔檐急剧叠涩内收，形成一个圆弧形；塔的内部设有 3 层塔室，装饰圆柱斗栱托住覆斗状穹顶藻井，斗栱颇为精良；自底层拱门向上，沿塔身中轴线各层开设门窗洞。

由于正觉寺塔地处山村，且年久失修，在汶川地震前已出现塔体开裂现象。汶川地震使塔的损坏加剧，塔身四面均出现明显的裂缝；在塔的西面，底层拱门的上方中间部位已经被震松，自拱门上方至塔顶出现约 5cm 宽度的贯穿性裂缝；在塔的北面，沿竖向中线也出现了宽约 4cm 的通缝；四面塔檐严重损坏，方砖脱落，塔顶破损非常严重 (图 2-21)。

(a) 塔身竖向裂缝 　　　　　　　　　　(b) 窗洞间裂缝

图 2-21　正觉寺塔贯穿裂缝

2.2.5　古塔结构垮塌震害的规律

1. 古塔结构垮塌震害的统计分析

四川省地震灾区内的古塔主要为密檐式和楼阁式两种结构类型，密檐式塔一般不可攀登，内部多用砖土砌实；楼阁式塔通常可攀登至顶层，其内部空间较大，整体刚度相对于密檐式塔较为薄弱。

本项目所统计的 61 座样本古塔中，共有 16 座塔发生塔身局部倒塌或全部垮塌，各座塔的名称及所在烈度区域见表 2-8，表中给出了塔的长细比 H/D 以及结构类型作为参考。

表 2-8　古塔结构倒塌震害分类

地震烈度	建造场地	塔身震害状态						
		部分倒塌				全部倒塌		
		塔名	倒塌层数/总层数	H/D	结构类型	塔名	H/D	结构类型
VII	平地	盐亭笔塔	5/7	3.5	A			
		崇州字库塔	2/5	5.0	A			
	山顶	苍溪崇霞宝塔	3/9	4.4	A			
		绵阳三台北塔	4/9	3.0	A			
		绵阳三台东塔	4/9	3.5	A			
		剑阁鹤鸣山白塔	4/7	3.7	A			
		阆中白塔	7/13	3.9	A			
VIII	山顶	中江南塔	1/9	3.2	A			
		中江北塔	3/13	3.0	B			
		绵阳南山南塔	4/9	3.1	A	江油南雁塔	2.8	C
		江油云龙塔	7/9	3.1	A			
		广元来雁塔	7/13	5.3	A			
IX	平地					安县文星塔	3.1	A
≥ X	平地					绵竹文峰塔	5.5	B
	河边					汶川回澜塔	4.7	B

注：塔身结构类型：A. 楼阁式；B. 密檐式；C. 宝瓶式。

由表 2-8 可知：①发生倒塌震害的古塔，其长细比 H/D 基本在 3.0 以上；且长细比 H/D 越大，塔身倒塌的程度越严重。②从结构类型来看，楼阁式塔的损坏程度比密檐式塔严重，这在VII度和VIII度区域较为明显，原因是楼阁式塔的墙体相对较薄、空间刚度相对较小。③塔身倒塌的程度随着地震烈度的增大而加剧，且山体的高度对地震作用有明显的放大效应；在VII度和VIII度区域，建于山顶的古塔倒塌的较多。④塔的建造质量与其抗倒塌能力密切相关，一些砌体强度较低、构造薄弱的塔在较低的烈度下也发生了垮塌。值得注意的是，在VII度的情况下，已有 7 座古塔发生塔身倒塌，表明地震对古塔的破坏相当严重。

2. 塔身严重垮塌的典型古塔

以表 2-8 中位于地震烈度Ⅶ度区的盐亭笔塔、位于Ⅷ区的广元来雁塔、位于Ⅸ区的安县文星塔为例,分析古塔在地震中倒塌的原因。

1) 盐亭笔塔

盐亭笔塔建于清代光绪十四年 (1888 年),为 7 层六边形楼阁式砖塔,高 31m,塔因其高标夺目的形体像一支指向蓝天的巨笔,故得其名。塔基周长 36.8m,用巨石砌成三级台阶;塔身用青砖和精制筒瓦以及预制饰件砌成;塔顶为六角攒尖顶,装有三连宝葫芦刹顶。

汶川地震中盐亭县城区地震烈度为Ⅶ度,笔塔位于盐亭县委机关内且建筑场地为平地,但地震中塔身大部分垮塌,仅余底层约 9m(图 2-22)。震后对盐亭笔塔的检测表明,该塔的砌体材料强度不高、砌筑质量较差、墙体较薄且壁龛对墙体有较大的削弱,导致结构的整体抗震性能不足。

(a) 汶川地震前   (b) 汶川地震后

图 2-22 盐亭笔塔

2) 广元来雁塔

来雁塔建于清代同治十一年 (1872 年),为 13 层八边形楼阁式砖塔,高 36m,底面宽 6.75m。塔的第 1 层东南设门,自第 2 层起塔身逐级收缩,每层开两窗四门;塔顶设铁刹,装有相轮。塔基为石砌,塔身为砖砌。

来雁塔位于城南印台上。5 月 12 日汶川地震发生时,塔体第 7~13 层震塌;5 月 25 日至 27 日,青川、宁强等地多次余震波及,使来雁塔再次受损,导致第 5~6 层也相继倒塌 (图 2-23)。分析表明,来雁塔建于山顶,塔的高度 H 与塔底直径 D 之比约为 5.3,山体高度对地震的放大效应及塔身较大的长细比,是塔身垮塌的重要因素。

(a) 汶川地震前   (b) 汶川地震后

图 2-23   广元来雁塔

3) 安县文星塔

安县文星塔建于清道光十六年 (1836 年)，为外观 13 层内部 7 层的方形楼阁式土砖塔，高 28m，底边宽 8.95m。该塔第一层下部用条石砌筑，南北中部用条石砌拱形门；其余 12 层主要用 340mm×240mm×150mm 土坯叠砌至顶，出檐部分用 300mm×250mm×70mm 的青砖叠涩出檐；其独特的建筑材料与砌筑方式在我国现存的古塔中尚不多见。

(a) 汶川地震前   (b) 汶川地震后

图 2-24   安县文星塔

文星塔的土坯砖采用麻、草纤维与黏土混合制成，塔身砌筑时采用黏土、砂与糯米浆混合料,结构的整体性并不高。在地震烈度高达IX度的区域,强烈的地震作用导致 12 层土坯塔身全部倒塌,仅余底层约 6m(图 2-24)。

2.2.6 结论与建议

汶川地震中遭受损坏的古塔是古建筑保护研究的重要资源。本研究项目在资料收集和实地勘查的基础上,参照《中国地震烈度表》(GB/T 17742—2008) 的相关指标,给出了古塔震害程度分级与特征描述的定义,提出了砖石古塔震害程度与地震烈度对应的参考指标;针对地基变形、砌体开裂、结构垮塌三种主要震害特征,归纳了砖石古塔的损坏规律。

研究表明:①古塔的震害程度随着地震烈度的增大而趋于严重,两者之间有着明显的对应关系;古塔的震害程度重于现行《中国地震烈度表》(GB/T 17742—2008) 中所列的 A 类房屋和独立砖烟囱的震害程度,在编制古建筑抗震鉴定与加固规范时应给予足够的重视。②古塔对地震作用下的场地状况非常敏感,对建于河边和山顶的古塔,需加强地基震害的防范。③古塔的结构类型和构造特征对震害程度有较大的影响,对门窗洞沿竖向串连设置的古塔,需注意塔体的抗劈裂鉴定;对位于抗震设防烈度 7 度及以上烈度区域、长细比 H/D 大于 3.0 的楼阁式古塔,需注意结构的抗倒塌鉴定。

第3章 古塔动力特性分析测试方法

古塔的动力特性是古塔结构自身固有的动力学性能，包括结构的自振频率、振型和阻尼比等参数，又称动力特性参数或振动模态参数。动力特性主要由结构形式、结构刚度、质量分布、构造连接和材料性质等因素决定，与荷载无关。

地震、强风、火灾等自然灾害都会使古塔遭到一定程度的损坏，从而造成古塔的原有结构性态改变；材料老化造成结构的刚度降低，也将引起动力特性的变化。因此，可以从结构的动力特性来确定结构的损伤状态，并对结构进行可靠性鉴定。对古塔的抗震鉴定和加固来说，结构的动力特性与地震作用密切相关，是进行古塔抗震能力验算所需要的重要参数；抗震加固后的古塔，也可根据动力特性的变化来评价结构的加固质量。

古塔的动力特性可采用两种方法确定：一是依据结构动力学的基本理论，建立结构动力计算模型并求解动力特性参数的理论分析方法；另一种是应用动力特性测试仪器，获得结构在振动状态下的动力响应并求解动力特性参数的现场实测方法。

3.1 古塔动力特性的理论分析方法

3.1.1 古塔的动力计算模型

结构动力分析的首要工作是建立动力计算模型，以合理地描述结构的约束状况、质量的分布以及体系的刚度。

砖石古塔的建筑类型丰富多样，其中，结构高耸的楼阁式塔、密檐式塔是代表性类型，且因数量众多，为抗震鉴定的主要对象。楼阁式塔、密檐式塔的上部结构为直立式筒体、基础埋置在地基之中，采用底端固定的悬臂杆体系作为计算模型，符合结构的边界条件和受力特征。

描述结构质量的方法有两种，一种是连续化描述 (分布质量)，另一种是集中化描述 (集中质量)。如采用连续化方法描述结构的质量，结构的运动方程将为偏微分方程的形式，而一般情况下偏微分方程的求解和实际应用不方便。因此，工程上常采用集中化方法描述结构的质量，以此确定结构动力计算模型。

采用集中质量方法确定结构动力计算模型时，通常将多层或高层结构简化为底端固定的多质点悬臂杆体系。如对于楼盖为刚性的多层框架房屋，可将其质量集中在每一层的楼面处 (图 3-1(a))；每层的柱子合并为一根杆件，杆件的刚度为该层全部柱子刚度的总和。

图 3-1(b) 为楼阁式塔常采用的多质点悬臂杆模型，模型以楼层位置作为质点的计算高度，将楼层上下各一半的塔体质量集中在质点上；对突出屋面的塔顶，当其上有高大的塔刹时，通常将塔顶和塔刹合并为一个质点，并以两者的结合位置为质点的计算高度。

对于密檐式塔，底部第 1 层或第 1~2 两层较为高大，可在每层设一个质点；其上各层的层高相对较小，可取每两层设一个质点，计算模型如图 3-1(c) 所示。这样处理后，各质点的质量分布较为均匀，且可以减少求解体系动力特性的工作量。

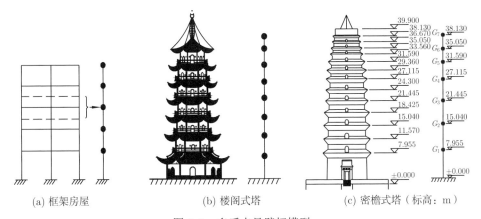

(a) 框架房屋　　　　　　(b) 楼阁式塔　　　　　　(c) 密檐式塔（标高：m）

图 3-1　多质点悬臂杆模型

当古塔采用多质点悬臂杆模型时，假定质点与竖杆之间为刚性连接。竖杆的侧移刚度，即使质点产生单位位移所需施加在质点上的水平力，可根据材料力学方法，考虑竖杆抵抗弯曲和剪切变形的能力计算求得。古塔的塔身通常是自下向上逐层收缩的变截面体，为便于计算质点之间竖杆的刚度，可假定每一层塔身的截面尺寸和材料性能为常数。

确定结构各质点运动的独立参量数为结构运动的体系自由度。空间中的一个自由质点可有三个独立位移，因此一个自由质点在空间有三个自由度。对于多质点悬臂杆体系，当体系仅做单向振动时，则总的自由度等于质点的数量。

3.1.2　古塔动力特性的分析方法

1. 古塔自振频率的分析

图 3-2(a) 为古塔 n 个质点的悬臂杆体系，设振动时其上任一质点 m_i 的位移为 y_i，作用于该质点上的惯性力为 $I_i = -m_i\ddot{y}_i$，则应用叠加原理，可得到矩阵形式

表达的位移方程

$$
\begin{bmatrix} y_1 \\ y_2 \\ \vdots \\ y_i \\ \vdots \\ y_n \end{bmatrix} + \begin{bmatrix} f_{11} & f_{12} & \cdots & f_{1i} & \cdots & f_{1n} \\ f_{21} & f_{22} & \cdots & f_{2i} & \cdots & f_{2n} \\ \vdots & \vdots & & \vdots & & \vdots \\ f_{i1} & f_{i2} & \cdots & f_{ii} & \cdots & f_{in} \\ \vdots & \vdots & & \vdots & & \vdots \\ f_{n1} & f_{n2} & \cdots & f_{ni} & \cdots & f_{nn} \end{bmatrix} \begin{bmatrix} m_1 & & & & & \\ & m_2 & & & & \\ & & \ddots & & & \\ & & & m_i & & \\ & & & & \ddots & \\ & & & & & m_n \end{bmatrix} \begin{bmatrix} \ddot{y}_1 \\ \ddot{y}_2 \\ \vdots \\ \ddot{y}_i \\ \vdots \\ \ddot{y}_n \end{bmatrix} = \begin{bmatrix} 0 \\ 0 \\ \vdots \\ 0 \\ \vdots \\ 0 \end{bmatrix}
$$

$$(3\text{-}1)$$

令

$$
\boldsymbol{Y} = \begin{bmatrix} y_1 \\ y_2 \\ \vdots \\ y_i \\ \vdots \\ y_n \end{bmatrix}, \quad \ddot{\boldsymbol{Y}} = \begin{bmatrix} \ddot{y}_1 \\ \ddot{y}_2 \\ \vdots \\ \ddot{y}_i \\ \vdots \\ \ddot{y}_n \end{bmatrix},
$$

$$
\boldsymbol{F} = \begin{bmatrix} f_{11} & f_{12} & \cdots & f_{1i} & \cdots & f_{1n} \\ f_{21} & f_{22} & \cdots & f_{2i} & \cdots & f_{2n} \\ \vdots & \vdots & & \vdots & & \vdots \\ f_{i1} & f_{i2} & \cdots & f_{ii} & \cdots & f_{in} \\ \vdots & \vdots & & \vdots & & \vdots \\ f_{n1} & f_{n2} & \cdots & f_{ni} & \cdots & f_{nn} \end{bmatrix}
$$

$$
\boldsymbol{M} = \begin{bmatrix} m_1 & & & & & \\ & m_2 & & & & \\ & & \ddots & & & \\ & & & m_i & & \\ & & & & \ddots & \\ & & & & & m_n \end{bmatrix}
$$

则式 (3-1) 可缩写为

$$
\boldsymbol{F}\boldsymbol{M}\ddot{\boldsymbol{Y}} + \boldsymbol{Y} = \boldsymbol{0} \tag{3-2}
$$

式中，$\boldsymbol{F}$ 为柔度矩阵；$\boldsymbol{M}$ 为质量矩阵；$\boldsymbol{Y}$ 和 $\ddot{\boldsymbol{Y}}$ 分别为位移列向量和加速度列向量。

　　柔度矩阵中的柔度系数 f_{ik} 表示沿振动方向作用于 k 点的单位力对 i 点所产生的沿振动方向的静力位移 (图 3-2(b))。由位移互等定理可知，柔度系数 $f_{ik} = f_{ki}$，故 $\boldsymbol{F}$ 是一个对称方阵。在集中质量的体系中，$\boldsymbol{M}$ 是对角矩阵。

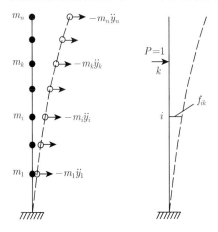

(a) 质点沿振动方向的位移　　　(b) 柔度系数示意

图 3-2　多质点悬臂杆体系振动位移图

　　式 (3-2) 为用柔度矩阵 $\boldsymbol{F}$ 表达的自由振动方程，它是一个齐次线性微分方程组，其一般解可由 n 个特解的线性组合得到。设其特解为

$$\boldsymbol{Y} = \boldsymbol{A}\sin(\omega t + \varphi) \tag{3-3}$$

式中，$\boldsymbol{A} = \begin{bmatrix} A_1 & A_2 & \cdots & A_i & \cdots & A_n \end{bmatrix}^{\mathrm{T}}$，称为振幅列向量。

　　将式 (3-3) 代入式 (3-2) 并消去公因子 $\sin(\omega t + \varphi)$，即得

$$-\omega^2 \boldsymbol{F}\boldsymbol{M}\boldsymbol{A} + \boldsymbol{A} = \boldsymbol{0} \tag{3-4a}$$

再令 $\lambda = \dfrac{1}{\omega^2}$，可得

$$(\boldsymbol{F}\boldsymbol{M} - \lambda\boldsymbol{E})\boldsymbol{A} = \boldsymbol{0} \tag{3-4b}$$

式中，$\boldsymbol{E}$ 为 n 阶单位矩阵。

　　式 (3-4b) 是一个齐次线性代数方程组，欲使 $\boldsymbol{A}$ 具有非零解，则方程组的系数行列式必须等于零，即

$$D = |FM - \lambda E| = 0 \tag{3-5a}$$

它就是 n 个自由度体系的频率方程, 其展开形式如下:

$$\begin{vmatrix} (m_1 f_{11} - \lambda) & m_2 f_{12} & \cdots & m_n f_{1n} \\ m_1 f_{21} & (m_2 f_{22} - \lambda) & \cdots & m_n f_{2n} \\ \vdots & \vdots & & \vdots \\ m_1 f_{n1} & m_2 f_{n2} & \cdots & (m_n f_{nn} - \lambda) \end{vmatrix} = 0 \tag{3-5b}$$

将式 (3-5b) 展开后, 可得到一个 λ 的 n 次代数方程:

$$\phi(\lambda) = (-1)^n (\lambda^n - a_1 \lambda^{n-1} - a_2 \lambda^{n-2} - \cdots - a_n) = 0$$

解此方程, 可求得 n 个正的实根 $\lambda_1, \lambda_2, \cdots, \lambda_n$, 据此可求得 n 个频率 (圆频率)ω_1, $\omega_2, \cdots, \omega_n$, 其中最小的 ω_1 称为第一频率, 其后按数值由小到大依次排列, 并顺序称为第二、第三频率……

求得频率 ω 后, 即可计算古塔的工程频率 f 和自振周期 T

$$f = \frac{1}{T} = \frac{\omega}{2\pi} \tag{3-6}$$

式中, f 的单位为赫兹 (Hz, s^{-1}); T 的单位为秒 (s); 相对于第一频率 ω_1 的自振周期 T_1, 通常称为基本周期。

2. 古塔振型的分析

对应于多质点悬臂杆体系的每一个频率 ω_k, 都有一组特解

$$\boldsymbol{Y}^{(k)} = \boldsymbol{A}^{(k)} \sin(\omega_k t + \varphi_k) \tag{3-7}$$

式中, $\boldsymbol{A}^{(k)}$ 为对应于 ω_k 的振幅列向量; $\boldsymbol{Y}^{(k)}$ 则为对应于 ω_k 的位移列向量。根据线性微分方程的理论可知, 方程 (3-2) 的一般解将为

$$\boldsymbol{Y} = \sum_{k=1}^{n} \boldsymbol{A}^{(k)} \sin(\omega_k t + \varphi_k) \tag{3-8}$$

为了确定振型, 现以 $\lambda = \lambda_k$ 代入式 (3-4b) 得

$$(\boldsymbol{F}\boldsymbol{M} - \lambda_k \boldsymbol{E}) \boldsymbol{A}^{(k)} = \boldsymbol{0} \tag{3-9}$$

为了书写方便起见, 令

$$\boldsymbol{N}^{(k)} = \boldsymbol{F}\boldsymbol{M} - \lambda_k \boldsymbol{E}$$

则式 (3.9) 可写为

$$\boldsymbol{N}^{(k)} \boldsymbol{A}^{(k)} = \boldsymbol{0} \tag{3-10}$$

由于它的系数行列式 $\left|\boldsymbol{N}^{(k)}\right| = 0$，因此方程组 (3-10) 中只有 $n-1$ 个是独立的，从而只能求得 $\boldsymbol{A}^{(k)}$ 的相对值。设第一个质量的振幅 $A_1^{(k)} = 1$，这样得

$$\frac{1}{A_1^{(k)}} \left[\begin{array}{cccccc} A_1^{(k)} & A_2^{(k)} & \cdots & A_i^{(k)} & \cdots & A_n^{(k)} \end{array} \right]^{\mathrm{T}}$$

$$= \left[\begin{array}{cccccc} \Phi_1^{(k)} & \Phi_2^{(k)} & \cdots & \Phi_i^{(k)} & \cdots & \Phi_n^{(k)} \end{array} \right]^{\mathrm{T}} = \boldsymbol{\Phi}^{(k)} \tag{3-11}$$

其中 $\Phi_1^{(k)} = 1$，$\boldsymbol{\Phi}^{(k)}$ 称为规准化振型向量。

将 $\boldsymbol{A}^{(k)} = A_1^{(k)} \boldsymbol{\Phi}^{(k)}$ 代入式 (3-10) 并消去 $A_1^{(k)}$ 后得

$$\boldsymbol{N}^{(k)} \boldsymbol{\Phi}^{(k)} = \boldsymbol{0} \tag{3-12}$$

写成展开形式得

$$\left[\begin{array}{c|ccc} N_{11}^{(k)} & N_{12}^{(k)} & \cdots & N_{1n}^{(k)} \\ \hline N_{21}^{(k)} & N_{22}^{(k)} & & N_{2n}^{(k)} \\ \vdots & \vdots & & \vdots \\ N_{n1}^{(k)} & N_{n2}^{(k)} & \cdots & N_{nn}^{(k)} \end{array} \right] \left[\begin{array}{c} 1 \\ \hline \Phi_2^{(k)} \\ \vdots \\ \Phi_n^{(k)} \end{array} \right] = \left[\begin{array}{c} 0 \\ 0 \\ \vdots \\ 0 \end{array} \right] \tag{3-13}$$

在上式中将矩阵分块，并将分块后的子阵用下面相应的符号表示：

$$\left[\begin{array}{cc} N_{11}^{(k)} & \boldsymbol{N}_{10}^{(k)} \\ \boldsymbol{N}_{01}^{(k)} & \boldsymbol{N}_{00}^{(k)} \end{array} \right] \left[\begin{array}{c} 1 \\ \boldsymbol{\Phi}_0^{(k)} \end{array} \right] = \left[\begin{array}{c} 0 \\ \boldsymbol{0} \end{array} \right] \tag{3-14}$$

则可得出如下两个方程：

$$N_{11}^{(k)} + \boldsymbol{N}_{10}^{(k)} \boldsymbol{\Phi}_0^{(k)} = 0 \tag{3-15}$$

$$\boldsymbol{N}_{01}^{(k)} + \boldsymbol{N}_{00}^{(k)} \boldsymbol{\Phi}_0^{(k)} = \boldsymbol{0} \tag{3-16}$$

由式 (3-16) 可求得

$$\boldsymbol{\Phi}_0^{(k)} = -(\boldsymbol{N}_{00}^{(k)})^{-1} \boldsymbol{N}_{01}^{(k)} \tag{3-17}$$

于是规准化振型向量 $\boldsymbol{\Phi}^{(k)}$ 为

$$\boldsymbol{\Phi}^{(k)} = \left[\begin{array}{cc} 1 & \boldsymbol{\Phi}_0^{(k)} \end{array} \right]^{\mathrm{T}} \tag{3-18}$$

3.1.3 古塔动力特性分析的基本参数

由式 (3-5) 频率方程可知，求解多质点悬臂杆体系的自振频率，需提供基本参数：质量 m_i 和柔度系数 f_{ik}。

1. 体系质量的计算

质点的质量 m_i 可通过测量和计算古塔各组成部分的尺寸及材料的密度获得，砖石古塔常用材料的密度见表 3-1。

表 3-1　古塔材料的密度　　　　　（单位：kN/m³）

材料	砖砌体	石砌体(花岗岩)	石砌体(石灰石)	石砌体(砂岩)	杉木	松木	小青瓦屋面/(kN/m²)
密度	18~20	26.4	25.6	22.4	4~5	5~6	0.9~1.1

2. 体系柔度系数的计算

柔度系数 f_{ik} 需要根据古塔材料的力学性能和塔身的抗变形能力计算确定，计算时应考虑塔身的弯曲变形和剪切变形。此外，由于塔身的截面自下而上逐层缩小，当假定每一层塔身的截面尺寸和材料性能为常数时，需按照阶梯状悬臂杆来计算体系的柔度系数。

柔度系数可运用结构力学求位移的积分法或图乘法计算。对于阶梯状悬臂杆结构，因各段杆的截面特性不同，均应进行分段积分或分段图乘。借用材料力学的卡氏定理求解阶梯状悬臂杆的位移，是一种较为简便的方法。

1) 按卡氏定理求弯曲变形柔度系数

设阶梯状悬臂杆由 n 段变截面杆组成 (图 3-3)，总高度为 H，自顶部至根部每段杆长度分别为 $h_1, h_2, \cdots, h_n$，每段杆的截面弯曲刚度分别为 $EI_1, EI_2, \cdots, EI_n$，E、I 分别为材料的弹性模量和截面惯性矩。设 x 轴原点 O 的坐标在顶部自由端，自原点 O 到各段杆底部的计算高度分别为 $H_1, H_2, \cdots, H_n$。

在杆的顶部自由端 (设为质点 1) 作用横向单位力 $P=1$，根据卡氏定理，其弯矩方程为 $M(x) = Px$，且有 $\dfrac{\partial M(x)}{\partial P} = x$，则自由端的横向位移可通过分段积分求得

$$
\begin{aligned}
f_{11}^M &= \frac{\partial U}{\partial P} = \int_0^H \frac{M(x)}{EI}\frac{\partial M(x)}{\partial P}\mathrm{d}x = \int_0^H \frac{Px}{EI}x\mathrm{d}x \\
&= \int_0^{H_1} \frac{Px}{EI_1}x\mathrm{d}x + \int_{H_1}^{H_2} \frac{Px}{EI_2}x\mathrm{d}x + \cdots + \int_{H_{n-1}}^H \frac{Px}{EI_n}x\mathrm{d}x \\
&= \frac{(H_1)^3}{3EI_1} + \frac{(H_2^3 - H_1^3)}{3EI_2} + \cdots + \frac{(H_n^3 - H_{n-1}^3)}{3EI_n}
\end{aligned}
\tag{3-19}
$$

按照上述方法，依次将横向单位力 $P=1$ 作用在各质点处，并取该质点的位置为 x 轴的坐标原点 O，通过对其下各段积分，可求得相应的横向位移 $f_{22}^M, f_{33}^M, \cdots, f_{nn}^M$。

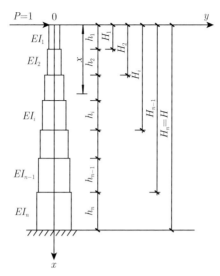

图 3-3　阶梯状悬臂杆计算图

2) 按卡氏定理求剪切变形柔度系数

设图 3-3 中各段杆的截面剪切刚度分别为 GA_1, GA_2, $\cdots$, GA_n, A 为杆件的截面积, G 为材料的剪切弹性模量, 对于砌体结构可取 $G = 0.4E$。

在杆的顶部自由端作用横向单位力 $P=1$, 按照卡氏定理, 其剪力方程为 $Q(x) = P$, 且有 $\dfrac{\partial Q(x)}{\partial P} = 1$, 则自由端的横向位移为

$$
\begin{aligned}
f_{11}^Q &= \frac{\partial U}{\partial P} = \int_0^H \frac{\mu \cdot Q(x)}{GA} \frac{\partial Q(x)}{\partial P} \mathrm{d}x = \int_0^H \frac{\mu \cdot P}{GA} \mathrm{d}x \\
&= \int_0^{H_1} \frac{\mu \cdot P}{GA_1} \mathrm{d}x + \int_{H_1}^{H_2} \frac{\mu \cdot P}{GA_2} \mathrm{d}x + \cdots + \int_{H_{n-1}}^H \frac{\mu \cdot P}{GA_n} \mathrm{d}x \\
&= \mu \left(\frac{H_1}{GA_1} + \frac{H_2 - H_1}{GA_2} + \cdots + \frac{H_n - H_{n-1}}{GA_n} \right) \\
&= \mu \left(\frac{h_1}{GA_1} + \frac{h_2}{GA_2} + \cdots + \frac{h_n}{GA_n} \right)
\end{aligned} \tag{3-20}
$$

式中, μ 为剪应力沿截面分布不均匀系数, 对于矩形截面取 $\mu = 1.2$, 八角形截面可取 $\mu = 1.5$。

同理, 可依次求得单位横向力 $P=1$ 作用在各质点处的横向位移 f_{22}^Q, f_{33}^Q, $\cdots$, f_{nn}^Q。

3.1.4　基于 MATLAB 的动力特性参数求解方法

多质点悬臂杆体系的自振频率和振型可由式 (3-4)、式 (3-5)、式 (3-10) 计算求

得, 但当体系的自由度多于 3 时, 其求解的方法较为复杂。运用数学软件 MATLAB 求解古塔的动力特性参数, 可有效地节省计算时间并能获得准确的结果。

MATLAB(matrix laboratory) 是美国 MathWorks 公司编制的商业数学软件, 其函数库提供了矩阵、特征向量、快速傅里叶变换等函数, 可将繁杂的数学运算通过调用内部函数来直接求解, 尤其适合各类矩阵计算、数值分析等方面的运算。

由于位移方程 (3-1) 的求解可归结为频率方程 (3-5a) 或方程 (3-5b) 的求解, 其实质是一个特征值和特征向量的求解问题, 因此, 可直接采用 MATLAB 函数库中用于特征值分解运算的 eig() 函数进行计算。

运用 MATLAB 求解频率的过程如下:

```
clear                       (- 清空内存)
M=[ ];                      (- 输入古塔n个质点的质量)
F=[ ];                      (- 输入柔度矩阵中的柔度系数 )
[X, D]=eig (eye (n) , F*M)
omega = diag (sqrt (D) ) ;  (- 求解圆频率ω)
f=omega/2/pi                (- 计算工程频率f)
```

以上 eig() 函数中, eye(n) 为 n 阶单位矩阵, 返回结果中的 D 为特征值对角矩阵, 对应于式 (3-4a) 中的 ω^2, 函数 sqrt() 与 diag( ) 分别为开平方与提取矩阵的对角元素; 矩阵 X 按列构成各对应频率的振型向量, 可按照下述过程绘制各阶振型的示意图。

```
for i=1:n                         (- 作1～n阶振型图)
  x_z=X (:, i) ;                  (- 取列向量)
  figure (i)                      (- 创建图形窗口)
  line ([0 0], [0 n]) ; hold on   (- 纵坐标线)
  z=1:8;
  plot (x_z, z,'r*') ; grid       (- 用*号标志)
  plot (x_z, z) ;                 (- 作连线)
end
```

运用 MATLAB 的 eig() 函数计算古塔自振频率和振型的算例, 详见第 3.4.2 节。

3.2   古塔动力特性的现场测试方法

3.2.1   动力特性测试的意义

随着现代测试仪器和分析技术的快速发展, 现场无损检测已成为获取古塔动力特性参数的重要手段; 对古塔动力特性测试的研究, 也从早期的测试方法研究转向参数多用途运用研究。深化理解现场动力特性测试的意义,可进一步拓展研究思路,提高测试的技术水准和应用价值。根据已有研究成果的分析,可归纳古塔动力特性实测的意义如下。

1) 验证理论计算

用理论方法求解结构的动力特性时,首先需要确定结构的计算模型和材料参数。大多数古塔由于建造年代久远,缺乏原始建造记录,且塔体复杂的结构构造以及地基、基础等隐蔽工程参数,难于用常规的检测方法获得;因此,理论计算依据的不确定性,易造成计算结果与实际动力特性的差距。利用现场实测得到结构真实的动力特性数据,可以与理论计算数据进行对照比较,验证理论计算的可靠性,也可为同类古建筑的建模提供经验和依据。

2) 识别结构损伤

结构动力特性测试可以为检测、诊断结构的损伤程度提供可靠的资料和数据。古塔在地震作用后,结构受损开裂使结构刚度发生变化,导致古塔的自振周期变长,阻尼变大。因此,可以从结构自身固有特性的变化来识别结构的损伤程度,从而进行安全性评估,并采取相应的加固修复措施。

3) 归纳经验公式

通过实测手段对各种不同类型的古塔进行测试后,可以归纳总结古塔自振周期与结构本身某一参数或几个参数之间的规律,得到结构自振周期的经验公式。在估算结构动力特性及地震作用时,采用经验公式可快速得到初步结果,方便实用。

4) 减小振动措施

现代社会的工业生产和交通运输会对古建筑产生干扰振动,影响结构的安全。通过动力特性测试了解古塔的振动特性,避免和防止干扰振动与古塔结构形成 “共振” 或 “拍振” 现象,是减少振动影响、解决振动问题的重要措施之一。

5) 提供抗震验算参数

结构的地震反应不仅取决于地震动的振幅、频谱特性和持续时间,还与结构的自振周期、振型和阻尼比密切相关。通过动力特性测试可获得古塔结构的动力特性参数,用于计算古塔的地震作用和进行抗震验算。

3.2.2 动力特性的测试方法

测量建筑物动力特性的方法很多,目前主要有稳态正弦激振法、传递函数法、脉动测试法和自由振动法。稳态正弦激振法是输入结构一定的稳态正弦激励力,通过频率扫描的办法确定各共振频率下结构的振型和对应的阻尼比。传递函数法是用各种不同的方法对结构进行激励 (如正弦激励、脉冲激励或随机激励等),测出激励力和各点的响应,利用专用的分析设备求出各响应点与激励点之间的传递函数,进而可以得出结构的各阶模态参数 (包括频率、振型和阻尼比)。脉动测试法是利

用结构物 (尤其是高柔性结构) 在自然环境振源 (如风、行车、水流、地脉动等) 的
影响下, 所产生的随机振动, 通过传感器记录、频谱分析, 求得结构的动力特性参
数。自由振动法是通过外力使被测结构沿某个主轴方向产生一定的初位移后突然
释放, 使之产生一个初速度, 以激发起被测结构的自由振动。

　　以上几种方法各有其优点和局限性。利用共振法可以获得结构比较精确的自
振频率、振型和阻尼比; 但其缺点是, 采用单点激振时只能求得结构低阶的自振特
性, 而采用多点激振则需要较多的设备及较高的测试技术。传递函数法主要应用于
模型试验, 通常可以得到满意的结果, 但对于大尺寸的实际结构要用较大的激励力
才能使结构振动起来, 从而获得比较理想的传递函数, 这在实际测试工作中往往有
一定的困难。脉动法是利用高灵敏度的传感器、测振放大器和记录仪等设备, 借助
于计算机对随机信号数据处理的技术, 利用结构物在环境激励下的响应, 来确定结
构物的动力特性; 它不需要任何激振设备, 对建筑物不会造成损伤, 也不会影响建
筑物的正常使用, 在自然环境的条件下, 就可量测建筑物的振动响应, 通过对数据
分析整理就可以确定其动力特性。从古建筑保护的角度来看, 古塔的动力特性测试
应优先采用脉动法。

　　从传感器测试设备到相应的信号处理软件, 振动模态测量方法已有几十年发
展历史, 积累了丰富的经验。随着动态测试、信号处理、计算机辅助试验技术的提
高, 利用环境随机振动作为结构物振动的激振源, 来测定并分析结构物动力特性的
方法 (脉动法), 已被广泛应用于现代高层建筑物的动力分析研究中, 如江苏电视
台、京广中心大厦、上海金茂大厦等; 由于此方法在测试过程中不需要对结构施加
任何外力, 不会对结构造成损伤, 所以在具有宝贵文物价值的古塔中得到了推广
应用, 如西安大雁塔、扬州文峰塔、苏州虎丘塔、太原永祚寺古砖塔等。通过这种
随机振动测试结果, 可以确定各测试自由度下的频响函数、传递函数、响应谱等参
数, 进而可对古塔结构分析所需的模态参数 (自振频率、振型、阻尼比等) 进行识
别。据不完全统计, 目前已有 20 多座古塔采用脉动法进行了动力特性测试, 均取
得了较为可靠的动力特性参数。随着古建筑保护经费的增加和测试设备性能的提
升, 将有更多的古塔运用先进的环境激振法进行动力特性实测和应用研究。

3.2.3　脉动法的测试装置和测点布置

1. 测试装置

脉动法的测试装置由传感器和分析系统等组成。

1) 传感器

传感器是测试系统的仪表, 其可靠性、精度等参数指标直接影响到系统的质
量, 一般要求灵敏度高、分辨率高。传感器有速度、加速度和位移传感器等类型,
古塔的动力特性测试通常选用速度型传感器。

2) 测试系统

测试系统一般采用动态信号测试分析系统，该系统应适合各种传感器 (电压、电流、电阻、电荷、应力、应变、IEPE 等) 输出信号的适调、采集、放大、存储和分析。

3) 模态分析系统

模态分析系统可对结构进行可控的动力学激振，分析出结构固有的动力学特性，可利用实测响应数据，通过一定的系统建模和曲线拟合的方法识别结构的模态参数。

测试系统中的信号采集软件和模态分析软件可以整合在一起，也可以是各自独立的，图 3-4 为测试仪器的连接示意图；图 3-5 为扬州大学古建筑保护课题组于 2002 年对苏州虎丘塔进行脉动法测试所用的装置，该装置的主要设备为北京东方振动和噪声技术研究所生产的 INV-306 型智能信号采集处理分析系统。

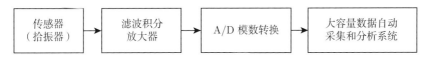

图 3-4　测试仪器连接示意图

图 3-5　虎丘塔动力特性测试仪器连接图

2. 测点的布置要求

为了获得较为理想的测试结果, 测点的合理布置十分重要, 一般需要注意以下几个方面。

1) 采用同步测试法

环境激振测试可采用跑点法或同步测试法。当在结构层数较多而传感器较少的情况下, 一般采用跑点法, 即不需要对每个测点均布置传感器, 除固定参考点外, 只对计划的测点用少量传感器进行跑点测试。但是此方法由于采集到的信号是不同步测试的且信号本身具有一定的随机性, 必然给测试结果带来一定误差, 也在一定程度上增加了数据处理的难度。鉴于古塔的结构层数不多, 为了获得较为准确的动力特性值, 应尽量采用同步测试法, 即在各层均布置传感器后同步采集脉动信号。

2) 在结构中心位置布置测点

从建筑结构的振动状态来分析, 一般可分为水平方向振动、扭转振动和垂直振动。如果研究的重点是古塔结构水平方向的振动, 在布置测点时, 传感器一般安放在结构的刚度中心处, 其目的是让传感器接收到的信号仅仅是平移振动信号, 排除扭转振动信号, 进行数据分析处理时便于识别平移振动信号。由于受到结构形状和现场测试条件的限制, 传感器往往不能放置在结构的刚度中心, 所以在现场测试时, 一般把传感器放在平面位置的几何中心处; 通常古塔每层均设有塔心室, 塔心室一般位于结构的平面位置中心处, 故可将传感器放在塔心室的地面中心处, 用橡皮泥与地面黏结。

3) 在结构特殊位置布置测点

为了易于得到需要的振型, 应在振型曲线上位移较大的部位布置测点。特别要注意的是结构在某一楼层的截面突然变化, 引起刚度或质量的突变, 从而引起结构振动形态的变化。如四川都江堰市奎光塔是一个 17 层筒体结构, 1~10 层为双筒结构, 11 层以上为单筒结构, 所以在第 11 层必须布置测点 (图 3-6 中标高为 32.86m 的位置)。此外, 要注意防止将测点布置在振型曲线的 "节" 点处, 即在某一振型上的结构振动位移为 "零" 的不动点。所以在测试之前宜通过理论计算进行初步分析, 对可能产生的振型有一个大致的了解。

4) 测点的放置方向、位置要一致

每个测点的传感器都要按照计划测试的方向和位置摆放一致, 现场布置时可利用指南针确定放置的方向; 或选定建筑物内的参照物, 用卷尺测量距离选定位置, 如果摆放位置或测试方向不一致, 会直接影响振型分析的准确性。

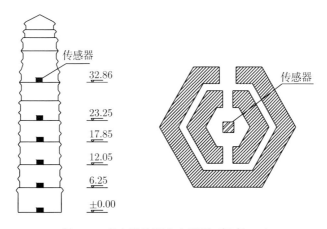

图 3-6　奎光塔的测点布置图 (标高: m)

3.2.4　测试影响因素及处理方法

1. 采样频率的选取范围

脉动法一般利用自然地脉动和风脉动作为激振源, 脉动信号是极微弱的且具有随机性, 故采样一般会产生频率混叠误差。当采样频率小于分析信号中最高频率的 2 倍 ($\omega_s < 2\omega_m$) 就会出现频率混叠 (图 3-7(a)), 即采样信号不能保持原信号的频谱特性, 也不能准确反映结构的固有频率和自振特性。

消除频率混叠的方法有两种: ①提高采样频率, 即缩小采样时间间隔, 使采样频率 $\omega_s \geqslant 2\omega_m$(图 3-7(b))。另外, 许多信号本身可能包含零到无穷的频率成分, 不可能将采样频率提高到无穷, 在实测中, 采样频率一般满足 $\omega_s = (2.5 \sim 4.0)\omega_m$ 就行了。②采用抗混滤波器。在采样频率一定的前提下, 通过滤波器滤掉高于采样频率一半信号频率, 就可避免出现频率混叠。

抗混滤波的实际意义不仅可以有效地避免频率混叠, 还可以保留所需要的频率成分, 滤掉对实际分析没用的高频成分, 因此, 为信号分析处理提供了方便。当然, 信号分析系统的最高采样频率决定了信号处理的最高频率分量。

2. 减少频率泄漏的方法

数字信号处理是对无限长连续信号截断后所得有限长信号进行处理。截断信号, 即截取测量信号中的一段信号, 一般会带来截断误差, 截取的有限长信号不能完全反映原信号的频率特性。具体地说, 会增加新频率的成分, 并使谱值大小发生变化, 这种现象称为频率泄漏。从能量角度来讲, 这种现象相当于原信号各种频率成分处能量渗透到其他频率成分上, 所以又称为功率泄漏。

减少泄漏的方法为: ① 加长信号的记录时间, 一般不得小于半小时; ② 采用

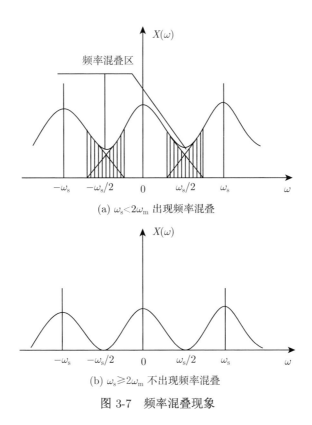

(a) $\omega_s < 2\omega_m$ 出现频率混叠

(b) $\omega_s \geqslant 2\omega_m$ 不出现频率混叠

图 3-7　频率混叠现象

稳态信号的窗函数,一般用汉宁窗、汉明窗和平顶窗等。经过加窗处理,降低窗函数频谱旁瓣的幅值,从而减少谱泄漏,但同时加宽了窗函数频谱主瓣的宽度,降低了频谱频率的分辨率。值得注意的是,加窗虽然使原信号时域波形发生变化,但是却有效地保留了原信号的频率信息。

3. 用平均技术减少噪声的影响

在实测中,噪声是指非正常激励和响应。无论激励信号还是响应信号,都有不同程度的噪声污染问题。噪声可能来自于试验建筑本身、导线及测试仪器、电源或环境的影响。

一般在信号测试阶段就已经设法减少噪声污染,如良好的接地技术,采用屏蔽导线等措施。即使如此,测试信号中仍会存在噪声。所以在信号处理阶段,通过平均技术可进一步降低噪声的影响。

不同类型信号所用平均方法是不同的。对于确定性信号,一般采用时域平均技术。取多个等长度时域信号样本采样后对数据进行平均,可以得到噪声较小的有效信号。但时域平均技术限制的条件很严格: ①样本长度为信号周期的整数倍; ②样本初始相位要一致。否则, 时域平均的结果可能为零。时域平均技术不仅可消除噪声的偏差, 也能消除噪声信号的均值, 即在足够多次平均后可完全消除噪声影响, 提高信噪比。

大多采用的平均技术是频域平均, 即对某些频谱做的平均。由于傅里叶谱中包含幅值和相位两种特性, 而相位在各次测量中具有随机性, 故一般不对傅里叶谱进行平均, 而是对进一步得到的功率谱进行平均, 再进一步估算频响函数、相干函数、相关函数或者其他谱。

频域平均按照样本截取的方式不同, 平均技术可分为顺序平均和叠盖平均; 按平均时样本权重不同可分为线性平均和指数平均。与顺序平均相比, 叠盖平均不仅速度快, 而且所得到的谱特性好。这是因为叠盖平均各样本之间的相关程度比顺序平均大, 使得谱拟合的曲线更加光滑。线性平均适用于稳态信号, 故又称为稳态平均; 指数平均适用于旋转机械等时变系统中非稳态信号, 故称为动态平均。在古塔模态分析的频响函数估计中, 通常采用线性平均技术。

4. 用相干函数评判频响函数的可靠性

由激励和结构响应的实际测量数据所计算的频响函数只是真值的估计值, 原因是测量到的激励和响应信号中混有大量噪声。

实际工程中通常采用相干函数 γ^2 评判频响函数 ($H(\omega)$) 估计的好坏, 它反映了激励和响应两信号的相干关系, 表达式为

$$\gamma^2(\omega) = \frac{|G_{fy}(\omega)|^2}{G_{ff}(\omega)G_{yy}(\omega)} = \frac{H_1(\omega)}{H_2(\omega)} \tag{3-21}$$

式中, $G_{ff}(\omega)$、$G_{yy}(\omega)$ 分别为激振力 $f(t)$ 和结构响应 $y(t)$ 的自功率谱; $G_{fy}(\omega)$ 为激振力 $f(t)$ 和结构响应 $y(t)$ 的互功率谱。

若 $\gamma^2 = 1$, 说明响应信号完全由对应激励产生, 就表明测点和参考点是同一激励状态的无干扰输出, 由对应测点互谱分析所得到的相位谱图就具有良好的可靠性; 若 $\gamma^2 = 0$, 说明实测响应信号与实测激励信号完全无关; 若 $\gamma^2 < 0.8$, 表明互谱分析、传递函数分析得到的结果精度比较差。

5. 选择合适的采样环境

采样需要一个合适的环境, 一般都选在深夜或周围环境比较安静的时候, 且需要较长的观测时间。由于结构的高频反应较基频小得多, 而且出现的机会也少, 在实测中发现, 结构的第一、第二周期信号一般容易记录得到, 而第三、第四周期往往要费较长的时间记录。为了获得理想的测试数据, 古塔的测试过程中应禁止游客进入塔内, 每次采样时间宜不少于 30min。

3.2.5　结构动力特性的分析

1. 实验分析的基本假定

在对建筑结构进行脉动法试验及其数据分析时，可作如下三条假设：

(1) 假设建筑物的脉动是一种各态历经的随机过程。由于建筑物脉动的主要特征与选择时间的起始点无明显关系，又因为其自身动力特性的存在 (建筑物本身就是一个波滤器)，所以建筑物的脉动是一种随机而又平稳的过程。只要记录的时间够长，就可以用单个样本函数上的时间平均来描述整个过程的所有样本的平均特性。

(2) 在多个激振输入的多自由度结构体系中，共振频率附近所测得的物理坐标的位移幅值，可以近似地认为就是纯模态的振型幅值。对于多自由度体系，如果假设各阶固有频率 $\omega_i = K_i/M_i (i = 1, 2, \cdots, n)$ 之间比较离散 (此处 K_i 和 M_i 相应为广义刚度和广义质量)，一般建筑结构的阻尼比是比较小的，在 $\omega = \omega_i \pm \frac{1}{2}\Delta\omega_i$ 这一共振频率附近所测得的信号，可以近似地认为与其主振型成比例，而忽略其他振型的影响，这样就可以采用峰值来确定结构各阶频率和振型。

(3) 假设脉动源的频谱是较平坦的，就可以近似为它是有限带宽白噪声，即脉动源的功率谱或者傅里叶谱是一个常数。根据这一假设，输入谱在 $\omega = \omega_i \pm \frac{1}{2}\Delta\omega_i$ 处，在 $\Delta\omega_i$ 这一较窄的频段中，$F_i(\omega) =$ 常数 (此处 F_i 相应为广义力)。这样结构响应的频谱反映的是结构物的真实的动力特性，不仅可以确定其固有频率，还可以利用建筑物脉动信号的功率谱或傅里叶谱上的半功率点确定其阻尼比。然而，地面运动的功率谱，对应于卓越周期处也是有峰值的，但一般它不能与结构物共振处的峰值相比。有时也可以用地面脉动信号的谱与建筑物反应信号的谱对照比较，排除地面卓越周期的影响。半功率点处带宽 B_r 越小，输入信号为白噪声的假设越接近真实情况。

2. 自振频率的确定

由随机振动理论可知，频响函数 $H(\omega)$ 可按下式计算：

$$|H(\omega)|^2 = \frac{G_{yy}(\omega)}{G_{ff}(\omega)} \tag{3-22}$$

式中，$G_{ff}(\omega)$、$G_{yy}(\omega)$ 分别为激振力 $f(t)$ 和结构响应 $y(t)$ 的自功率谱。

当无法测试输入信号记录时，可利用上式估算频响函数。此时要求输入源的频谱平坦，可近似为有限带宽白噪声，则其功率谱为一常数 C，由此：

$$|H(\omega)|^2 = \frac{G_{yy}(\omega)}{G_{ff}(\omega)} = \frac{G_{yy}(\omega)}{C} \tag{3-23}$$

可见，结构自振频率的识别可依据结构响应的自功率谱。但是从一个测点信号的自谱，或两个测点信号的互谱，在结构物的固有频率位置都会出现陡峭的峰值。从输入或局部地方干扰也会带来一些峰值。因此，主要问题是从频谱中出现的所有峰值中，找出结构的自振频率；一般依据下列原则由结构响应频谱特征判别结构自振频率：①结构反应各测点的自功率谱峰值位于同一频率处；②自振频率处各测点间的相干函数较大；③各测点在自振频率处相角不是在 0° 附近就是接近 180°。

3. 确定振型的方法及近似性

在确定固有频率后，用不同测点在固有频率处响应的比，就能获得固有的振型，响应信号的互谱与自谱的幅值之比即其传递函数可近似确定振型。以参考点为输入，测点为输出，用参考点与测点之间的传递函数分析振型可表示为

$$H(\omega) = \frac{G_{fy}}{G_{ff}} \tag{3-24}$$

式中，G_{ff}、G_{fy} 分别为响应信号的自谱和互谱函数。

实际上多自由度结构的响应由基础运动的激励下引起的响应和随机力激励引起的响应所组成，而基础运动的激励下引起的响应又包括结构弹性反应部分和地面刚性运动部分。一般来说，刚性运动部分的存在不仅引起幅值误差，还有相位误差且很难从结构响应中删除。所以用结构响应互谱与自谱之比来确定振型时，具有一定的近似性。用结构动力响应的传递函数来确定振型时，只有对于阻尼比较小且频率间隔较大的结构效果较好。砖石古塔的阻尼比较小，水平振动的频率间隔较大，因此该方法也比较实用。

4. 阻尼比的确定

阻尼分析一般是在频域上进行的。根据各测点的频谱图，用半功率带宽法算出各测点在各阶频率上的阻尼比。即模态阻尼比：

$$\xi_i = \frac{\Delta\omega_i}{2\omega_i} \quad (i = 1, 2, \cdots, n) \tag{3-25}$$

式中，$\Delta\omega_i = \omega_{bi} - \omega_{ai}$，就是半功率带宽。为了保证阻尼比估计的可靠性，一般希望 $\Delta\omega_i > 5\Delta F$，这里的 ΔF 是 FFT 计算中的频率分辨率，$\Delta F = 1/T$。这就意味着需要较高的频率分辨率，结果是需要更长时间的记录，所以，一次采样时间通常不得少于 30min。

3.3　古塔基本自振周期的简化计算方法

结构的自振周期是动力特性的基本指标，也是古塔损伤程度诊断和抗震分析中必不可少的重要参数。理论分析表明，对于刚度较大的多质点体系，其基本自振

周期 (即第一自振周期) 在结构的振动中起主导作用。在结构动力学理论分析的基础上，结合已有古塔动力特性实测结果的统计分析，可以提出古塔基本自振周期的经验公式。在我国较多的古塔抗震鉴定和加固工程中，常利用基本自振周期的经验公式，来选择动力特性测试仪器的参数范围，或对结构的动力特性进行初步的估算。

3.3.1 古塔基本周期的理论分析基础

按照结构动力学理论，假设古塔为一质量均匀分布的悬臂竖杆 (图 3-8)，按弯曲振动考虑时其基本周期 T_1 为

$$T_1 = 1.787H^2\sqrt{\frac{\overline{m}}{EI}} \tag{3-26}$$

式中，$\overline{m}$ 为沿竖杆单位长度的质量；H 为竖杆的高度；EI 为竖杆的弯曲刚度。

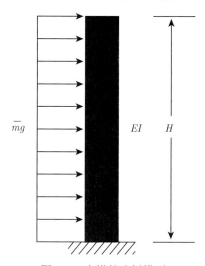

图 3-8 古塔的分析模型

由式 (3-26) 可知，古塔的基本周期与质量、高度成正比，与弯曲刚度成反比。

对于等截面竖杆，其单位长度的质量为

$$\overline{m} = \frac{\gamma \cdot A}{g} = \frac{\gamma \cdot A}{9.8} = 0.102\gamma \cdot A \tag{3-27}$$

式中，γ 为材料的自重，对于砖塔，可参照《建筑结构荷载规范》(GB 50009—2001)，取浆砌普通砖砌体的自重 $\gamma = 18\text{kN/m}^3$；A 为竖杆的截面积；g 为重力加速度，$g = 9.8\text{m/s}^2$；则砖塔相应的质量为

$$\overline{m} = 0.102\gamma \cdot A = 0.102 \times 18A = 1.836A \tag{3-28}$$

我国唐代的古塔以方形截面为主，自宋代以来古塔大多采用八角形截面；对于多边形截面古塔 (图 3-9(a))，可将截面简化为圆环形 (图 3-9(b)) 分析，其面积 A 和惯性矩 I 分别为

$$A = \frac{\pi D^2}{4}(1 - \alpha^2); \quad I = \frac{\pi D^4}{64}(1 - \alpha^4) \tag{3-29}$$

式中，D 为圆环的外径；α 为圆环的内径与外径之比，$\alpha = d/D$，d 为圆环的内径。

显然，圆环形截面的几何特性取决于内外径之比，与塔身的厚度有关。

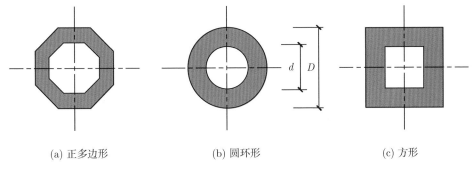

(a) 正多边形   (b) 圆环形   (c) 方形

图 3-9 古塔常用截面类型

将上述相关参数代入式 (3-26)，即可得到基于砖砌体自重的圆环形截面古塔的基本周期分析公式：

$$
\begin{aligned}
T_1 &= 1.787 H^2 \sqrt{\frac{\overline{m}}{EI}} \\
&= 1.787 H^2 \sqrt{\frac{1.836 \times \dfrac{\pi D^2}{4}(1 - \alpha^2)}{E \times \dfrac{\pi D^4}{64}(1 - \alpha^4)}} \\
&= 9.685 \frac{H^2}{D} \sqrt{\frac{(1 - \alpha^2)}{E(1 - \alpha^4)}}
\end{aligned}
\tag{3-30}
$$

3.3.2 古塔基本周期的经验公式

1. 参照砖烟囱结构的经验公式

我国《建筑结构荷载规范》(GB 50009—2012) 对高度 $H \leqslant 60\text{m}$ 的独立砖烟囱，给出了基本周期的经验公式如下：

$$T_1 = 0.23 + 0.0022 H^2/d \tag{3-31}$$

式中, d 为筒身中点横截面外径, m; H 为自基础顶面算起的总高度, m。

对于截面为圆环形、塔身无洞口且壁厚沿结构高度均匀变化的古塔, 可参照该公式估算基本周期。但该公式源于烟囱结构的理论分析和测试数据, 难以反映古塔的建筑结构特征和材料特性, 故仅可作为动力特性估算的一种参考公式。

2. 中国建筑科学研究院提出的经验公式

中国建筑科学研究院的李德虎、何江 (1990) 依据 5 座古塔动力特性的实测数据, 提出了砖石古塔基本周期的经验公式为

$$T_1 = 0.0042\eta_1\eta_2 H^2/D \tag{3-32}$$

式中, η_1 为砌体弹性模量影响系数, 古砖塔取 1.0, 古石塔取 1.1; η_2 为塔体开孔影响系数, 无开孔取 1.0, 单排开孔取 1.1; H 为塔体计算高度, 从塔基算至塔顶, 包括塔刹或宝顶的高度; D 为塔底面尺度, 多边形取两对边距离, 圆形取直径。

该公式考虑了古塔的材料性能以及塔身开洞的情况, 具有较好的针对性, 已在较多的古塔动力特性估算中得到了应用。但公式忽略了塔身厚度对动力特性的影响, 且由于我国古塔的类型较多、结构构造 (特别是塔刹与塔体的高度比) 的差异较大, 采用该式估算的古塔基本周期, 有时会出现与现场实测值或计算机模拟值差异较大的情况。

3. 基于变截面悬臂杆模型的经验公式

《古建筑防工业振动技术规范》(GB/T 50452—2008) 推荐的砖石古塔水平固有频率经验公式为

$$f_j = \frac{\alpha_j b_0}{2\pi H^2}\psi \tag{3-33}$$

式中, f_j 为结构第 j 阶固有频率; H 为结构计算总高度 (台基顶至塔刹根部的高度, 如图 3-10 所示), m; b_0 为结构底部宽度 (两对边的距离), m; α_j 为结构第 j 阶固有频率的综合变形系数, 根据 H/b_{m}、b_{m}/b_0 的值查表 3-2 确定, 其中, b_{m} 为高度 H 范围内各层宽度对层高的加权平均值 (m); ψ 为结构质量刚度参数, m/s, 砖塔取 $\psi = 5.4H + 615$, 石塔取 $\psi = 2.4H + 591$。

该式是以悬臂杆模型为依据, 考虑了弯曲和剪切变形的影响, 并采用加权平均宽度 b_{m} 反映古塔沿高度方向截面尺寸的变化, 提高了固有频率的估算精确度; 但需要确定古塔的各层层高和截面宽度, 较大地增加了现场测量的工作量和难度。此外, 公式未考虑塔身开洞对古塔动力特性的影响, 采用的结构质量刚度参数 ψ 的力学含义比较笼统。

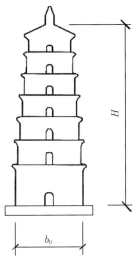

图 3-10 古塔的尺寸参数

表 3-2 砖石古塔的固有频率的综合变形系数 α_j

H/b_m	b_m/b_0	0.60	0.65	0.70	0.80	0.90	1.00
2.0	α_1	1.175	1.106	1.049	0.961	0.899	0.842
	α_2	2.564	2.633	2.727	2.928	3.142	3.343
	α_3	4.348	4.637	4.939	5.580	6.220	6.868
3.0	α_1	1.414	1.301	1.213	1.081	0.987	0.911
	α_2	3.318	3.406	3.512	3.764	4.009	4.247
	α_3	5.843	6.239	6.667	7.527	8.394	9.255
5.0	α_1	1.596	1.455	1.326	1.162	1.043	0.955
	α_2	4.197	4.285	4.405	4.675	4.945	5.209
	α_3	7.867	8.426	9.004	10.160	11.297	12.409
8.0	α_1	1.678	1.502	1.376	1.194	1.068	0.974
	α_2	4.725	4.807	4.926	5.196	5.466	5.730
	α_3	9.450	10.135	10.826	12.171	13.477	14.740

4. 扬州大学研制的经验公式

扬州大学古建筑保护课题组在对国内多座古塔动力特性实测数据统计的基础上，以砌体的材料性能、塔身厚度、塔身截面形状、塔身开洞率、塔刹与塔身的高度比等关键参数为指标，进行了古塔基本周期的理论分析和计算机模拟，提出了相应的简化计算公式。

1) 砌体弹性模量的影响分析

受长期环境侵蚀和材料老化的影响,大多数古塔的材料性能较差,特别是砂浆的强度等级较低。根据已有古塔资料的统计分析,砖的强度等级一般在 MU15~MU10,砂浆的强度等级一般在 M2.5~M1.0,且砌体的砌筑质量自古塔底层向上呈逐步下降的状况。确定古塔基本自振周期经验公式时,宜以某一常规的材料参数为依据,然后根据具体古塔的材料现状进行适当的调整。参照《砌体结构设计规范》(GB 50003—2011),取砖强度等级为 MU15、砂浆强度等级为 M2.5 的烧结普通砖砌体为代表,则弹性模量为

$$E = 1390f = 1390 \times 1.60 = 2224 \times 10^3 \text{kN/m}^2$$

代入式 (3-30),得

$$
\begin{aligned}
T_1 &= 9.685 \frac{H^2}{D} \sqrt{\frac{1 - \alpha^2}{2224 \times 10^3 \times (1 - \alpha^4)}} \\
&= 0.0065 \frac{H^2}{D} \sqrt{\frac{1 - \alpha^2}{1 - \alpha^4}}
\end{aligned}
\tag{3-34}
$$

2) 不同砌体材料的影响分析

古塔大多数采用砖砌体建造,一些产石地区也采用石砌体造塔。南方古石塔常采用花岗岩毛料石砌筑,按照《建筑结构荷载规范》和《砌体结构设计规范》,石砌体的自重约为 24.8kN/m³、弹性模量取砂浆强度等级 M5 时约为 4000×10³kN/m²。以花岗岩毛料石砌体为代表并与上述砖砌体进行对比,则石砌体与砖砌体的质量比约为 1.38,弹性模量比约为 1.80,综合考虑材料自重和弹性模量对古塔自振周期的影响时,石砌体与砖砌体的比值约为 0.88:1.0。

3) 塔身开洞率的影响分析

相对于北方古塔而言,南方古塔的开洞率较大,一些古塔塔身的开洞率达到 5%~10%。以苏州虎丘塔为例,其塔身的八个外墙面均开设了门窗洞,平均开洞率为 13.4%;采用 ANSYS 对虎丘塔开洞率的影响进行了有限元分析,计算出墙体开洞与无洞两种情况基本自振周期的比为 1.102:1.0。分析表明,塔身的开洞率越大,截面的刚度越小,自振周期越大;对于塔身无门窗洞、每层二分之一墙面开洞和每层每面墙均开洞的情况,可取开洞影响系数的比为 1.0:1.05:1.1。

4) 塔身厚度的影响分析

塔身的厚度对截面的几何性能有较大的影响,考虑到各地古塔的内径与外径的比值差别较大,为方便起见,可取塔底截面的外径计算塔的自振周期,再根据塔底截面的内径与外径之比对自振周期进行修正。分析表明,在外径不变的情况下,随着塔身厚度变小,内外径比增大,质量变小,基本周期随之变小,显示了质量减

小的影响大于刚度减小的影响；此外，对于双筒形截面或有较大中心柱的古塔，塔身厚度的变化对基本周期的影响较小。

5) 塔身截面形状的影响分析

塔身的截面形状对古塔的基本周期也有一定的影响，对于圆环形、正多边形和方形截面，当截面的内径、外径相同时，其影响系数的比约为 1.0:1.0:0.9。

6) 塔的计算高度的影响分析

古塔地面之上高度包括塔身和塔刹两个部分，相对于质量和刚度均很大的塔身而言，塔刹对整体结构振动的影响较小；为简化计算，可取塔基至塔顶 (不含塔刹) 的高度计算古塔基本周期。考虑到各地塔刹的构造和高度差异较大，对于塔刹净高超过顶层层高的古塔，也可将塔刹的四分之一高度纳入塔的计算高度，以考虑其对基本周期的影响。

综上所述，以式 (3-34) 为基准并综合考虑相关影响因素，可得出砖石塔基本自振周期的经验公式如下：

$$T_1 = 0.0065\eta_1\eta_2\eta_3\eta_4 H^2/D \tag{3-35}$$

式中，H 为塔的计算高度，从塔基算至塔顶 (对于塔刹净高超过顶层层高的古塔，可将塔刹的四分之一高度纳入塔的计算高度)，m；D 为塔底的外径，圆形取直径，多边形取两对边距离，m；η_1 为塔身墙厚影响系数，$\eta_1 = \sqrt{\dfrac{1-\alpha^2}{1-\alpha^4}}$，可根据内径与外径的比值查表 3-3 确定；对于双筒形截面和具有较大中心柱的古塔，可近似地取 $\eta_1 = 0.94 \sim 0.98$；η_2 为塔身截面形状影响系数，圆环形、正多边形截面取 1.0，方形截面取 0.9；η_3 为砌体材料影响系数，砖砌体取 1.0，石砌体取 0.9；η_4 为塔身开洞影响系数，无门窗洞取 1.0，每层二分之一墙面开洞取 1.05，每层每面墙均开洞取 1.1；当洞口面积相对较小时，可对开洞影响系数适当折减。

对于经受过地震损坏、材料严重风化、年久失修的古塔，因材料的弹性模量衰减较多，按照式 (3-35) 计算基本周期时，可视塔的损伤程度对计算结果再乘以 1.05~1.1 的增大系数。

表 3-3 塔身墙厚影响系数 η_1

内外径比 d/D	0.20	0.25	0.30	0.35	0.40	0.45	0.50
影响系数 η_1	0.98	0.97	0.96	0.94	0.93	0.91	0.89
内外径比 d/D	0.55	0.60	0.65	0.70	0.75	0.80	0.85
影响系数 η_1	0.88	0.86	0.84	0.82	0.80	0.78	0.76

注: 当塔底截面的内外径比 d/D 在表内两个数据之间时，可内插确定影响系数值。

3.3.3 典型古塔基本自振周期的对比分析

按照式 (3-35)，对 14 座典型砖石古塔的基本周期进行计算，并与现场实测值做对比,结果见表 3-4。由表 3-4 的数据可知,式 (3-35) 适用于多种类型的砖石古塔,其计算周期与实测周期的误差较小,可满足工程预估的要求。

表 3-4　典型砖石古塔参数及基本周期的对比

古塔	砌体类型	截面形状	高度H/m	内径d/m	外径D/m	开洞/墙面	计算周期	实测周期	误差/%
大雁塔	砖	方形	49.8	6.8	25.2	4/4	0.61	0.67	−9
小雁塔	砖	方形	40.2	4.2	11.4	2/4	0.80	0.74	8
千寻塔	砖	方形	63.0	3.3	9.9	4/4	2.27	2.00	14
法王塔	砖	方形	27.8	3.0	8.4	2/4	0.53	0.59	−10
兴福寺塔	砖	方形	52.1	5.2	9.0	4/4	1.68	1.61	4
六胜塔	石	八边形	33.5	◎10.3	12.7	4/8	0.54	0.58	−7
镇国塔	石	八边形	41.9	◎9.6	14.0	4/8	0.77	0.84	−8
仁寿塔	石	八边形	39.9	◎9.4	13.3	4/8	0.74	0.70	6
虎丘塔	砖	八边形	45.1	◎9.9	13.8	8/8	0.95	0.83	14
文峰塔	砖	八边形	38.3	5.5	10.3	4/8	0.86	0.88	−2
光塔	砖	圆环形	34.2	◎3.9	8.5	无	0.85	0.80	6
龙护塔	砖	方形	33.0	5.2	8.0	4/4	0.73	0.79	−8
中江南塔	砖	八边形	28.2	◎5.7	7.9	8/8	0.68	0.64	6
奎光塔	砖	六边形	49.9	◎6.4	9.9	6/6	1.61	1.47	10

注:1. 大雁塔、小雁塔、千寻塔数据源于李德虎和何江 (1990);法王塔数据源于文立华等 (1995);兴福寺塔数据源于曹双寅等 (1999);虎丘塔数据源于袁建力等 (2005);六胜塔数据源于郭小东等 (2005);文峰塔数据源于高久斌等 (2006);镇国塔、仁寿塔数据源于蔡辉腾和李强 (2009);光塔数据源于侯俊锋等 (2010);龙护塔、中江南塔、奎光塔数据源于樊华等 (2013)。2. 符号◎表示该塔为双筒形截面或有塔心柱。

3.4　虎丘塔动力特性研究

3.4.1　虎丘塔建筑概况

苏州云岩寺塔是一座 7 层八边形楼阁式砖塔,屹立于古城苏州的虎丘山巅,俗称虎丘塔 (图 3-11(a))。虎丘塔建于公元 959 年 (五代后周显德六年),是八边形楼阁式砖塔中现存年代最早、规模宏大而结构精巧的实物。1961 年 3 月 4 日,虎丘塔由中国国务院公布为第一批全国重点文物保护单位,成为中国古代建筑艺术的杰出代表。

虎丘塔高 47.46m,底层对边南北长 13.81m、东西长 13.64m,采用套筒式回廊结构 (图 3-11(b)、(c)),每层设塔心室,塔身由黏性黄泥砌筑,各层以砖砌叠涩楼面将内外壁连成整体。塔重约 61 000kN，由 12 个砖砌塔墩 (8 个外墩、4 个内墩) 支承，塔底无扩大基础，塔墩直接砌筑在山坡整平地基上。

据考证，虎丘塔自建造时，塔基即产生不均匀沉降并导致塔身向北倾斜，历史上经过多次维修，但对塔基的不均匀沉降和塔身倾斜的发展未予解决，至 1978 年，虎丘塔塔顶已向东北偏移 2.325m，倾斜角达 2°48′。1981~1986 年，国家文物局和苏州市政府对这座千年古塔进行了全面加固，基本控制了塔基沉降，稳定了塔身倾斜。

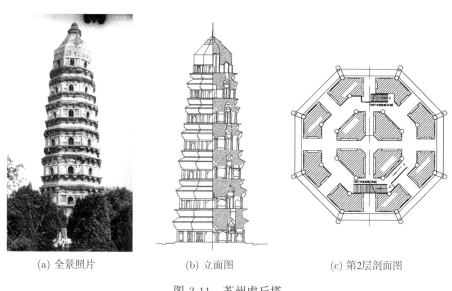

(a) 全景照片   (b) 立面图   (c) 第2层剖面图

图 3-11 苏州虎丘塔

3.4.2 虎丘塔动力特性的理论分析

1. 理论分析的基本数据

虎丘塔为 7 层楼阁式砖塔，按每层设一个质点，得 7 质点悬臂杆模型如图 3-12 所示。图中，第 1~6 个质点的位置分别取第 2~7 层的楼面高度处，各质点的质量分别取上下半层塔身计算；第 7 个质点位置取塔顶的 1/2 高度处，计算的质量包括全部塔顶。

经现场勘测并结合苏州市文物局提供的数据，得到虎丘塔各层的高度和截面尺寸；采用非破损回弹法测定了各层砌体的砖和砂浆强度等级，并依据《砌体结构设计规范》(GB 50003—2011) 确定了砌体的弹性模量。参照第 3.1 节动力特性理论分析方法，计算了虎丘塔自振频率和振型分析所需的基本参数；其中，截面力学性能参数见表 3-5，考虑弯曲和剪切变形的柔度系数见表 3-6。

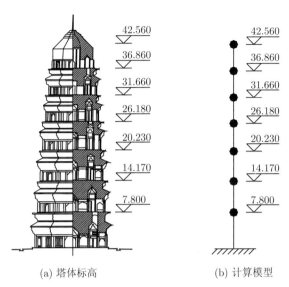

(a) 塔体标高　　　　　　　　　　　(b) 计算模型

图 3-12　虎丘塔动力计算模型 (标高: m)

表 3-5　虎丘塔动力分析的基本参数

层号	层高 h_i/m	计算高度 H_i/m	截面积 A/m²	惯性矩 I/m⁴	弯曲刚度 EI/ ($\times 10^{12}$N · m²)	剪切刚度 GA/ ($\times 10^{12}$N)	塔层处质量 m/ ($\times 10^3$kg)
7	5.70	42.56	36.2	196	0.398	0.0294	373
6	5.20	36.86	52.9	388	0.602	0.0328	506
5	5.48	31.66	65.1	593	0.920	0.0404	648
4	5.95	26.18	80.1	835	1.296	0.0497	784
3	6.06	20.23	88.8	1088	1.689	0.0551	964
2	6.37	14.17	100.7	1402	2.176	0.0625	1163
1	7.80	7.80	106.5	1684	3.417	0.0864	1652

注: 1. 弹性模量 E: 第 1 层、第 7 层取 2029×10^6N/m²，其他层取 1552×10^6N/m²; 2. 剪切模量 $G=0.4E$; 3. 砌体密度按 19.0kN/m³ 计算。

表 3-6　虎丘塔柔度系数 f_{ik}　　　　　　　　　　(单位: $\times 10^{-12}$m/N)

k \ i	1	2	3	4	5	6	7
1	163	220	274	326	374	420	470
2	220	541	727	911	1081	1241	1419
3	274	727	1316	1500	1813	2111	2440
4	326	911	1500	2724	3399	4051	4769
5	374	1081	1813	3399	4919	5968	7101
6	420	1241	2111	4051	5968	8138	9796
7	470	1419	2440	4769	7101	9796	13477

2. 基于 MATLAB 的动力特性分析

虎丘塔的动力特性采用 MATLAB 函数库中的 eig() 函数进行计算。将表 3-5 和表 3-6 中的数据分别填入 MATLAB 程序中的 M=[] 和 F=[]，构成质量矩阵 M 和柔度矩阵 F；然后，运行程序计算频率和振型系数。

MATLAB 分析过程如下：

```
clear all; close all
%%%%%%虎丘塔%%%%%
m1=1652; m2=1163; m3=964; m4=784; m5=648; m6=506; m7=373;      %质量
M=1000*[m1  0   0   0   0   0   0      %质量矩阵
         0  m2  0   0   0   0   0
         0  0   m3  0   0   0   0
         0  0   0   m4  0   0   0
         0  0   0   0   m5  0   0
         0  0   0   0   0   m6  0
         0  0   0   0   0   0   m7]
F=1.0e-012 *[ 163    220    274    326    374    420    470 %柔度矩阵
              220    541    727    911   1081   1241   1419
              274    727   1316   1500   1813   2111   2440
              326    911   1500   2724   3399   4051   4769
              374   1081   1813   3399   4919   5968   7101
              420   1241   2111   4051   5968   8138   9796
              470   1419   2440   4769   7101   9796  13477 ];
J=F-F'
K=F^-1;                                 %刚度矩阵
K=vpa(K,5)
[x,d]=eig(eye(7),F*M)     %按柔度矩阵计算，即[FM-λE]=0
F=vpa(F,7)
omiga=flipud(diag(sqrt(d)));     %圆频率ω
f=omiga/2/pi

a=zeros(1,7); x=[a;x]    %振型矩阵增加一行，对应于0层（即地面）位移
for i=1:7
    x_z=X (:, i) ;
    figure (i)
```

```
    line ([0 0], [0 n]); hold on
    z=1:8;
    plot (x_z, z,'r*'); grid
    plot (x_z, z);
end
```

振型系数矩阵 (按列自左向右, 7 阶)

0.0000	0.0000	0.0000	0.0000	0.0000	0.0000	0.0000
−0.0504	−0.2219	0.2022	−0.3113	−0.7789	−0.0422	0.6730
−0.1435	−0.4698	0.3170	−0.2252	−0.4701	0.0042	−1.0000
−0.2413	−0.7082	0.4701	0.0383	1.0000	−0.1153	0.3704
−0.4360	−0.4990	−0.4162	0.7113	−0.4121	0.6461	0.1276
−0.6170	−0.1835	−0.7082	−0.0315	−0.0982	−1.0000	−0.0429
−0.8006	0.3273	−0.3127	−1.0000	0.5147	0.6957	0.0006
−1.0000	1.0000	1.0000	0.6143	−0.3158	−0.1963	−0.0054

经分析, 得到虎丘塔的 7 阶频率, 列入表 3-7。

表 3-7　虎丘塔的 7 阶频率　　　　　　　　　　(单位: Hz)

第 1 阶	第 2 阶	第 3 阶	第 4 阶	第 5 阶	第 6 阶	第 7 阶
1.3305	4.3713	7.5209	11.2770	11.8301	15.3811	19.5448

按照《建筑抗震设计规范》(GB 50011—2010) 用振型分解反应谱法计算地震作用时, 取前 3~4 阶振型参与工作即可满足精度要求; 因此, 运用 MATLAB 程序的振型绘制程序, 将计算所得的前 4 阶振型系数绘制出振型图, 如图 3-13 所示。

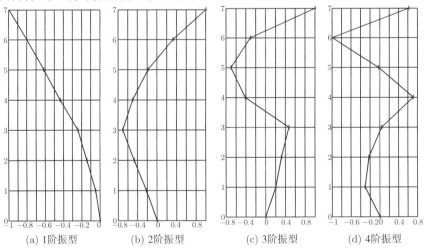

(a) 1阶振型　　　　　(b) 2阶振型　　　　　(c) 3阶振型　　　　　(d) 4阶振型

图 3-13　虎丘塔前 4 阶振型

3.4.3 虎丘塔动力特性的现场测试

1. 测试仪器的选用

虎丘塔动力特性测试选用了北京东方振动和噪声技术研究所研制的 INV-306 型智能信号采集处理分析系统 (图 3-5)。该系统最高采样频率为 100 kHz；使用 DASP 大容量信号采集分析软件，具有数据采集、处理、分析等一体化功能；传感器采用 891-II 型水平速度传感器，有效频率范围 0.01~100Hz；通过伺服放大器将采集到的信号传送至数据处理系统，进行转换、存储。

2. 测点的布置

对于砖石古塔的抗震鉴定和分析而言，动力特性测试的重点是结构沿水平方向的自振频率和振型。为得到需要的振型，应使测点沿结构高度布置在振型曲线上位移较大的部位，要注意防止将测点布置在振型曲线的"节"点处，即在某一振型上结构振动时位移为"零"的不动点。

在虎丘塔动力特性实测之前，扬州大学古建筑保护课题组通过理论计算进行了初步分析，对可能产生的振型和反弯点的位置作了判断，得知可以将测点布置在各楼层的地板高程位置。测点在平面上布置时，尽量设置在结构各段的刚度中心处。传感器安装时需保持与测量方向一致，每次测量，各测点的测量方向应相同。传感器安设时底部应与测点面固结并保持水平，防止振动或人为干扰。电缆采用双屏蔽技术，以防止外部电磁干扰和通道间干扰。

虎丘塔的测试采用同步测试法，即在各层均布置传感器后同步采集脉动信号，以提高测试精确度。

在虎丘塔的测试中，为了获得沿结构高度的水平方向振型，在 1~7 层的楼、地面上分别设置了测点，另外在第 2 层楼面增设一个传感器作为参考点 (测点 8)，测点布置如图 3-14 所示。测试时，每个测点均在平行于 X 方向采样，并在平行于 Y 方向进行复测。为减少扭转振动的干扰，传感器均放在各层塔室的中心处。图 3-15 为连接传感器与信号采集处理分析系统的双屏蔽电缆。

3. 动力特性的预估

现场实测之前需要先对古塔的动力特性进行预估，根据估算的自振频率选择合适的测试参数。按照第 3.4.1 节的理论分析方法，算得前四阶频率的范围在 1.33~11.28Hz。

为了进行计算机对比分析研究，本项目运用有限元分析软件 ANSYS，根据勘测的结构参数和变化范围，初步计算出虎丘塔前四阶频率的范围在 1.15~11.88Hz。

4. 采样频率的选取

结构由环境脉动引起的振幅通常较小，一般只有几微米。相对电视塔和高层建筑等柔性结构而言，砖石古塔的刚度较大，环境激振引起的脉动信号是极微弱的。因此，要想获得满意的数据，就必须选用低噪声和高灵敏度的传感器与放大器，所选传感器的最低频率要低于结构的第一频率。采样前，对连续信号用低通滤波器滤波，把不需要的高频成分去掉，然后再采样并作数据处理。采样时，使采样频率 $f_s \geqslant 2.56 f_c$ (f_c 是原始信号的截断频率)，在此条件下，采样后的离散信号可以唯一确定原始连续信号。

根据动力特性值的预估，虎丘塔环境激振试验中原始信号的截断频率取为 20Hz，采样频率取为 60Hz，主要分析结构的前四阶频率和振型。

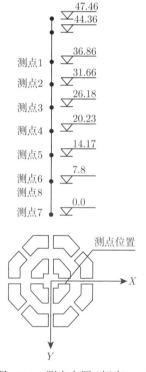

图 3-14   测点布置 (标高: m)

图 3-15   连接各测点的电缆线

5. 采样环境的考虑

采样时要有一个合适的环境，最好选在夜深人静时，外界的干扰较小。要有适当长的观测时间，特别是需要获得第二、三阶自振频率时，观测时间要求更长。为获得理想的测试数据，虎丘塔的测试时间选在游客较少的傍晚，每次采样 30min。

3.4.4 虎丘塔动力特性测试数据分析

1. 数据性质与可靠性检验

用一种分析方法得到的随机数据的分析结果及其解释是否正确，首先取决于数据的一些基本特征，尤其是用采样数据的统计特征去估计随机过程的统计特征时更是这样。对环境激振法的测试数据进行评价时，几个主要的基本特性是数据的平稳性、各态历经性、周期性和正态性。

1) 平稳性检验

信号采集时可根据波形特征来判断是否平稳。平稳性的重要特征是振动数据的平均值波动很小，且振动波形的峰谷变化比较均匀以及频率结构比较一致。符合这些特征的就是平稳的，否则是不平稳的。若信号采集时有较大的波动，应取消并重新采集。以虎丘塔测试中第 6 测点采集的信号 (图 3-16) 为例，信号的平均值波动较小，波形峰谷变化比较均匀，频率结构比较一致。另外，数据分析时对每个测点再分别算出其均方差进行比较，发现本次测试采得的随机数据具有良好的平稳性。而工程实践中描述平稳物理现象的随机数据，一般都是各态历经的。

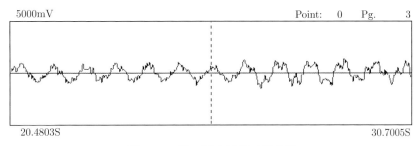

图 3-16　第 6 测点采样时程曲线

2) 周期性检验

根据对各测点的概率密度函数图形判断，图形为钟形而非盆形，说明数据中不含周期信号。图 3-17 为虎丘塔测试中测点 2 的概率密度函数及概率分布函数。

3) 正态性检验

将各测点观测数据的概率密度函数或者概率分布函数 (图 3-17) 与理论正态分布做比较，其形态与理论正态分布比较吻合，进一步说明数据中不含周期信号。

2. 测点与参考点的相关性

虎丘塔测试中各测点与参考点的相关系数列于表 3-8 中。第 1 测点离地面较远，与传感器相连的电缆线较长，同时电缆外置，受风等因素的影响大；第 7 测点位于底层，受地脉动的直接影响较大；除这两个测点外，其余各测点的相关系数都高于 0.8，有较好的相关性。这就表明，用随机振动理论对本次测试获得的数据进行分析是合适的、可靠的。

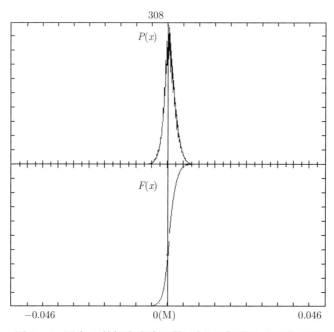

图 3-17   测点 2 的概率密度函数 (上) 及概率分布函数 (下)

表 3-8   测点对参考点的相关系数 (X 方向)

测点	第一频率	第二频率	第三频率	第四频率
1	0.713	0.351	0.290	0.758
2	0.890	0.805	0.881	0.877
3	0.940	0.950	0.930	0.910
4	0.910	0.890	0.811	0.882
5	0.940	0.932	0.931	0.865
6	0.910	0.900	0.901	0.903
7	0.731	0.542	0.695	0.676

3. 结构动力特性的分析

1) 自振频率的确定

按照第 3.2.5 节所述自振频率的分析方法, 在本次试验中, 通过对各测点的自功率谱、各测点与参考点的互功率谱分析, 并利用 DASP 对测试数据进行模态拟合, 得到虎丘塔结构的前四阶频率 (表 3-9)。图 3-18、图 3-19 分别为第 3 测点的自功率谱及与参考点的互功率谱, 图 3-20 为测点模态拟合图。

表 3-9　　模态拟合各测点的自振频率　　　　　　　　　（单位：Hz）

第一频率	第二频率	第三频率	第四频率
1.204	3.905	7.295	11.250

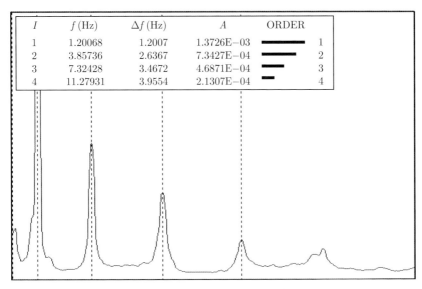

I	f(Hz)	Δf(Hz)	A	ORDER
1	1.20068	1.2007	1.3726E−03	1
2	3.85736	2.6367	7.3427E−04	2
3	7.32428	3.4672	4.6871E−04	3
4	11.27931	3.9554	2.1307E−04	4

图 3-18　测点 3 的自功率谱

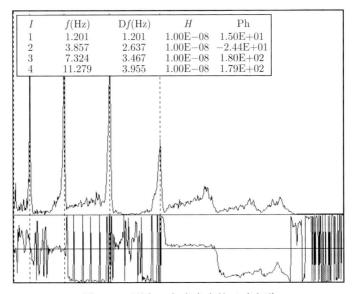

I	f(Hz)	Df(Hz)	H	Ph
1	1.201	1.201	1.00E−08	1.50E+01
2	3.857	2.637	1.00E−08	−2.44E+01
3	7.324	3.467	1.00E−08	1.80E+02
4	11.279	3.955	1.00E−08	1.79E+02

图 3-19　测点 3 与参考点的互功率谱

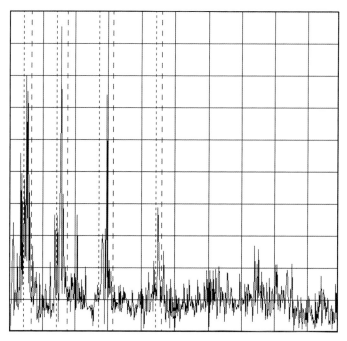

图 3-20   测点模态拟合图

2) 振型的识别及其近似性

由随机振动理论，振型分量由传递函数在特征频率处的值确定。对环境激振法试验，传递函数取测点响应相对于参考点响应的比值。以参考点为输入，测点为输出，按式 (3-24) 参考点与测点之间的传递函数分析振型可表示为

$$H\left(\omega\right) = \frac{G_{fy}}{G_{ff}}$$

式中，G_{ff}、G_{fy} 分别为响应信号的自谱和互谱函数。

该传递函数计算包含两项内容，若用复数表示则为

$$H(\omega) = |H\left(\omega\right)| \, \mathrm{e}^{-\mathrm{j}\varphi(\omega)}$$

式中，$|H\left(\omega\right)|$ 等于测点信号与参考点信号的振幅之比，反映了振动系统的幅频特性，以幅频图表示；$\varphi(\omega)$ 为测点信号与参考点信号的相位差，反映振动系统的相频特性，以相位谱图表示。振型坐标在各测点处的符号可由各测点间互功率谱的相位关系确定：同相同号，异相异号。

对于各个模态频率分得比较开、阻尼比较小的古塔，在任意随机激振下，当 $\omega \approx \dot{\omega}$ 时，响应信号的互谱与自谱的峰值之比即其传递函数可近似为振型之比。

在本项目中, 通过对各测点进行传递函数分析 (如图 3-21 中的测点 3 传递函数), 得到虎丘塔结构的前四阶振型 (图 3-22), 振型识别结果见表 3-10。

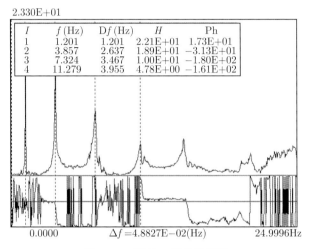

图 3-21 测点 3 的传递函数

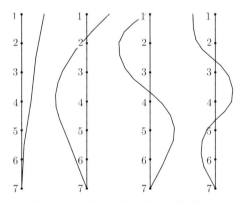

图 3-22 虎丘塔结构的前四阶振型

表 3-10 振型识别结果

测点	第一振型	第二振型	第三振型	第四振型
1	1	1	−1	−1
2	0.719	−0.248	−7.268	−0.800
3	0.550	−1.098	−5.194	0.498
4	0.415	−1.384	2.397	0.729
5	0.183	−1.009	5.727	−0.397
6	0.054	−0.482	3.575	−0.602
7	0	0	0	0

3) 阻尼比的确定

阻尼比是古塔抗震分析的重要参数之一。本次试验的阻尼分析是在频域上进行的。根据各测点的频谱图，按照式 (3-25) 用半功率带宽法算出各测点在指定频率上的阻尼比，即模态阻尼比：

$$\xi_i = \frac{\Delta \omega_i}{2\omega_i} \quad (i = 1, 2, \cdots, n)$$

图 3-23 为虎丘塔测点 6 在第三阶频率上的阻尼比，各测点在各阶频率中的阻尼比分析结果列于表 3-11 中。

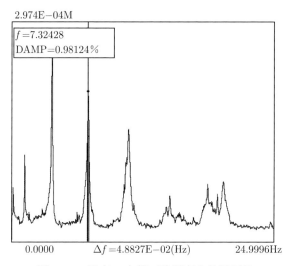

图 3-23   测点 6 在第三阶频率上的阻尼比

表 3-11   各测点的阻尼比分析值   (单位：%)

测点	第一振型	第二振型	第三振型	第四振型
1	1.85	0.98	0.94	1.08
2	1.83	1.06	0.94	1.08
3	1.87	0.98	0.93	1.08
4	1.82	0.99	1.30	1.08
5	1.87	0.99	1.14	1.08
6	2.05	1.05	0.98	1.14
7	1.70	1.48	0.55	1.79
平均	1.86	1.08	0.97	1.19

从表 3-11 数据可以看出，测点 7 在第三阶频率上的阻尼比较小，与整体数据的离散性较大，表明该测点的频谱图不太理想，估计受地脉动的影响较大。

3.4.5 理论分析值、实测值与有限元分析值的比较

1. 动力特性的有限元模拟分析

随着现代计算技术的发展, 有限元方法已逐渐成为古建筑力学性能分析的有效工具。为了与理论方法和现场实测方法进行对比, 本章采用通用有限元软件 ANSYS 建立了虎丘塔有限元模型, 并模拟了结构的动力特性。

首先, 应用 AutoCAD 建立虎丘塔的实体物理模型。实体模型按楼层分块, 大尺度的残损缺陷及已经勘察清楚的加固部位按照实际状况在模型中予以划分出来。然后, 经接口软件转换, 进入 ANSYS 建立虎丘塔的有限元模型, 如图 3-24 所示。

在虎丘塔 ANSYS 有限元模型中, 将塔体定义为 SOLID186 单元, 地基土定义为 SOLID92 单元, 虎丘塔基础加固采用的是钢筋混凝土壳体基础, 所以壳体定义为 SOLID65 单元。由于虎丘塔形状复杂且不规则, 选用了智能网格划分的方法, 塔身 Smart Size 取为 6, 基础 Smart Size 取为 5, 连接、突变及残损部位 (如门洞及周围的墙体、楼盖、各层塔体连接处等) 单元网格细化, 细化程度为 1 级, 即新单元的边长是原始单元的 1/2(图 3-25), 模型共计生成 73 241 个单元。

经分析, 获得虎丘塔的前四阶频率 (表 3-12) 和振型 (图 3-26)。

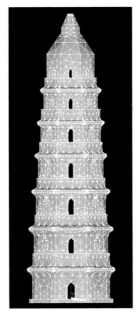

(a) 实体物理模型　　　(b) 有限元模型

图 3-24　虎丘塔的实体物理模型及有限元模型

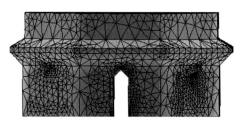

图 3-25　虎丘塔第 3 层塔体网格细化

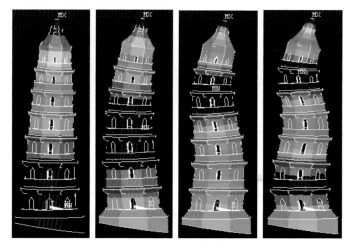

图 3-26　虎丘塔的前四阶振型

2. 理论分析值、实测值与有限元模拟值的比较

　　表 3-12 列出了虎丘塔动力特性的理论分析值、现场实测值和有限元模拟值。现以动力特性实测值为基准，对三种情况进行对比，可知自振频率的最大误差为 12%，在工程精度允许的范围以内；表明在计算参数准确、分析测试合理的基础上，按本章提供的三种方法均可以获得较为理想的古塔动力特性值。

表 3-12　理论分析值、实测值与有限元模拟值的比较　　　　　　（单位：Hz）

自振频率	理论分析值 (1)	有限元模拟值 (2)	实测值 (3)	(1):(2):(3)
第一频率	1.3305	1.155	1.204	1.11:0.96:1.0
第二频率	4.3713	3.963	3.905	1.12:1.01:1.0
第三频率	7.5209	7.778	7.295	1.03:1.01:1.0
第四频率	11.2770	11.876	11.250	1.00:1.06:1.0

第4章　古塔有限元模拟分析方法

有限元法是工程技术领域中应用最为广泛的数值模拟方法。在近 20 年内，有限元模拟分析技术在古塔研究中得到了不断的提高，计算模型已从平面多质点悬臂杆模型，发展到三维空间有限元模型。针对古塔的模态识别、地震响应、结构与地基共同作用等热点问题，国内外学者提出了相应的假设和建模方案，并在此基础上进行有限元优化分析，得到了较为理想的模型。目前，对于古塔的弹性动力学分析，研究较为广泛，成果比较丰富；然而，古塔内部构造较为复杂，裂缝、材性老化等损伤普遍存在，导致古塔在地震作用下的动力反应呈现出明显的非线性特征，运用有限元方法对古塔进行弹塑性动力学分析，已成为古塔地震损伤模拟和抗震鉴定的重要手段。

结构的动力特性是古塔有限元建模和地震作用分析的关键因素，综合动力特性无损测试技术和计算机模拟分析技术优势，基于动力特性的古塔建模方法，已在古塔的抗震性能研究中得到成功的运用，本章将首先介绍该建模方法的流程和参数优化调整的方法。针对现阶段古塔弹塑性动力时程分析的研究进展，本章将重点讨论材料本构关系和恢复力模型的构建方法、地震波的选用和修正方法，以及古塔破坏演化过程的显性动力学方法；并结合四川德阳市龙护舍利塔的抗震鉴定研究，给出运用 ANSYS/LS-DYNA 程序系统进行有限元建模和弹塑性动力分析的实例。

4.1　基于动力特性的古塔建模方法

4.1.1　基于动力特性的古塔建模流程

古塔结构的有限元模型是古塔抗震性能分析研究的基本依据，使有限元模型在数学和力学关系上等价于古塔结构的物理系统，是建模技术的关键。大部分古塔因建造年代久远而难于获得设计和施工的原始资料，且难于确定结构内部残损状况，因此，依据常规勘测方法所得结构参数建立的古塔有限元模型，在力学性能上与实际结构有一定的差距。

鉴于结构的动力特性是古塔地震作用分析的关键因素，且可利用现场无损测试技术获得相应的模态参数，常用作古塔有限元建模的有效参照系。有限元建模时，以古塔实测动力特性参数为依据，运用计算机模拟分析、调试优选出合适的模型参数，可获得与实测动力特性较为一致的古塔有限元模型。随着无损检测技术和有限元分析技术的发展，这种基于动力特性的古塔建模方法，已在大部分古塔的抗震性能研究中得到了运用。

图 4-1 为基于动力特性的古塔建模流程图。建模过程如下：①运用现代勘查、测量技术测定结构几何尺寸、材料力学性能等结构参数，并评估结构参数的变化和调整范围；②根据结构参数调整范围和结构动力学原理，建立参数调整灵敏度体系，优选结构调整参数；③进行现场动力测试，获得古塔结构动力特性值；④根据勘测所得结构参数建立初始有限元模型；⑤运用有限元软件模拟分析初始模型的动力特性，并对照动力特性实测值，优选、拟合模型参数，确定古塔有限元模型。

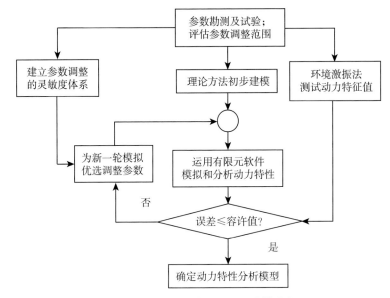

图 4-1   基于动力特性的古塔建模流程

4.1.2   影响古塔动力特性的主要因素

根据动力学基本原理，古塔结构的自由振动的运动方程可表述为

$$\boldsymbol{K}\boldsymbol{D}(t) + \boldsymbol{C}\dot{\boldsymbol{D}}(t) + \boldsymbol{M}\ddot{\boldsymbol{D}}(t) = \boldsymbol{0} \tag{4-1}$$

式中，$\boldsymbol{D}(t)$、$\dot{\boldsymbol{D}}(t)$ 和 $\ddot{\boldsymbol{D}}(t)$ 分别为结构的节点位移向量、位移速度向量和加速度向量；$\boldsymbol{K}$、$\boldsymbol{C}$ 和 $\boldsymbol{M}$ 分别为结构的刚度矩阵、阻尼矩阵和质量矩阵；当采用瑞利阻尼分析时，可取 $\boldsymbol{C} = \alpha\boldsymbol{M} + \beta\boldsymbol{K}$。

由运动方程可知，古塔结构的动力特性主要由其质量 $\boldsymbol{M}$ 和刚度 $\boldsymbol{K}$ 决定。

古塔的质量可通过测量和计算各组成部分的尺寸及材料的自重获得，砖石古塔常用材料的密度可参见表 3-1。运用空间有限元法对结构动力特性的分析表明,依据准确测量和计算的塔体质量,其分布基本上合理。在构建古塔初始分析模型时,对较为复杂的附属构件如塔檐、塔刹进行适当的简化,将有利于结构动力特性的模拟分析、考察塔体刚度等主要因素的影响;对于简化或略去的附属构件,可将其上的分布质量用集中质量代替并施加在原有的位置。对较多古塔的精确构造模型和简化构造模型的有限元对比分析表明,两者前三阶频率的误差一般小于 3%,且简化构造模型能有效地提高运算速度,精简参数调整灵敏度体系。

影响古塔结构刚度的因素有很多,如结构类型、尺寸、材料特性、残损状态等。古塔的结构类型、尺寸等参数可以通过勘察测量确定;但砖石、砂浆等砌筑材料的强度与弹性模量,受材质和施工质量的影响具有不确定性,在各个塔层中测试的数据变化较大;此外,砌体内部的残损状态和材料老化程度也难于定量描述。这些参数直接影响并决定着古塔的动力特性,细致地进行无损探测并合理地确定它们的变化范围,是建立初始分析模型的重要前提。

运用有限元软件建立古塔分析模型时,砌体的弹性模量是表达古塔刚度的重要参数之一。试验与统计分析表明,砖砌体的弹性模量大体上与砌体的抗压强度成正比,并与砂浆的强度等级有关;石砌体的变形主要取决于砂浆的变形,其弹性模量与石料的加工精度和砂浆的强度等级有关。现行的建模方法中,通常在古塔现场材料强度测试的基础上,参照现行《砌体结构设计规范》(GD 50003—2011),根据砖、砂浆强度等级和砌体的抗压强度设计值来确定砌体的弹性模量。

4.1.3 结构参数识别的模态转换方法

结构的力学性能可用结构参数 (主要为质量和刚度参数) 和模态参数 (主要为自振频率和振型参数) 进行描述。结构参数是古塔力学性能的直观表述,也是建立有限元模型直接应用的参数;模态参数表述了古塔的动力特性,也间接地反映了结构质量和刚度的分布状态。

由于古塔结构参数的不确定性,其有限元模型的动力特性分析值一般与实测值之间存在着较大误差。当古塔按照平面多质点体系建立有限元模型时,可采用基于结构参数识别的模态转换方法来修改具有非确定性的结构参数;即利用古塔实测模态参数,通过求解结构动力特性值的反问题识别结构参数。识别准则是:由有限元模型所计算的结构模态与实测结构模态基本一致。

通过现场实测,可获得古塔结构的前 n 阶频率 ω_T^2 和振型 ϕ_T;通过有限元分析,可获得古塔结构的质量矩阵 M_A 和刚度矩阵 K_A。在进行结构参数识别时,有两种基准:①以 $\omega^2 = \omega_T^2$,$\phi = \phi_T$ 为参数基准;②以 $\omega^2 = \omega_T^2$,$M = M_A$ 为参数基准。

根据目前的工程经验,用环境激振法测试古塔所得 ω_T^2 的精度较好,但 ϕ_T 精度稍差；有限元分析所获 M_A 较为合理，但 K_A 较难符合实际。在实测古塔频率和质量分布数据较理想的情况下，一般可选择参数基准②来修正有限元模型；在缺乏古塔原始资料和准确数据的情况下，为了充分利用环境激振法的实测信息，也可依据参数基准①来修正有限元模型。

当运用大型有限元软件按空间体系建立古塔分析模型时，精确的单元划分通常使模型的自由度达数十万之多，以模态转换方法识别结构参数有一定的难度。但借鉴这一方法的原理并与计算机的快速分析有效结合，通过优选调整参数和多次正向修正，也可较快地达到结构参数识别的目的，获得适用于古塔动力分析的有限元模型。

4.1.4　动力特性对结构参数调整的灵敏度

由于结构参数对动力特性的影响程度不一，动力特性对结构参数调整的灵敏度反应也必然不同。

假定古塔的质量、刚度、几何尺寸、材料特性等结构参数由参量 $p_1, p_2, \cdots, p_n$ 来描述，古塔的动力特性为特征值、特征向量等。动力特性可看作是结构参数的可导函数，用 F 表示：$F = F(p_1, p_2, \cdots, p_n)$。则 F 对结构参量 $p_i(i = 1, 2, \cdots, m)$ 的灵敏度为

$$S_{Fpi} = \frac{\partial F(p_1, p_2, \cdots, p_n)}{\partial p_i} \tag{4-2}$$

灵敏度 S_{Fpi} 的绝对值越大，表示动力特性对结构的参量 p_i 越敏感，只要对 p_i 进行较小的改动就能达到很大的变动效果。正值表示动力特性朝增大的方向变化，负值表示动力特性朝减小的方向变化。

由结构动力学原理可知，作为结构参数函数的第 r 阶特征值 λ_r 和特征向量 $\varphi^{(r)}$ 满足

$$(\boldsymbol{K} - \lambda_r \boldsymbol{M}) \varphi^{(r)} = 0 \tag{4-3}$$

通过求解上式对第 i 个参数的偏导数，可得特征值的灵敏度为

$$\lambda_{ri} = \varphi^{(r)\mathrm{T}} (\boldsymbol{K}_i - \lambda_r \boldsymbol{M}_i) \varphi^{(r)} \tag{4-4}$$

特征向量的灵敏度为

$$\varphi_j^{(r)\mathrm{T}} = \sum_{\substack{k=1 \\ k \neq r}}^{n} \frac{-\varphi^{(r)\mathrm{T}} (\boldsymbol{K}_j - \lambda_r \boldsymbol{M}_j) \varphi^{(r)}}{\lambda_k - \lambda_r} \varphi^{(k)} - \frac{1}{2} \varphi^{(r)\mathrm{T}} \boldsymbol{M}_j \varphi^{(r)} \varphi^{(r)} \tag{4-5}$$

当以结构的刚度参数为主要研究对象时，第 r 阶特征值和特征向量对刚度 k_{ij} 的灵敏度分别为

$$\frac{\partial \lambda_r}{\partial k_{ij}} = \varphi_{ir} \varphi_{jr} \tag{4-6}$$

$$\frac{\partial \varphi^{(r)}}{\partial k_{ij}} = \sum_{k=1}^{n} \frac{-\varphi_{ik}\varphi_{jr}}{\lambda_k - \lambda_r} \varphi^{(k)} - \frac{1}{2}\varphi_{ir}\varphi_{jr}\varphi^{(r)} \tag{4-7}$$

对于实模态来说，由于 $\lambda_r = \omega_r^2$，则古塔的固有频率对结构刚度的灵敏度为

$$\frac{\partial \omega_r}{\partial k_{ij}} = -\frac{1}{2\omega_r}\varphi_{ir}\varphi_{jr} \tag{4-8}$$

通过古塔动力特性对各结构参数灵敏度的评价分析，可建立模型的灵敏度体系，从而为优选调整结构参数、判别参数调整的影响、提高拟合效率提供参考。

4.2 古塔弹塑性动力时程分析

4.2.1 分析软件与分析方法

1. 弹塑性动力分析软件

砖石古塔在地震作用下将出现材料损伤和非线性变形，运用有限元软件进行古塔非线性动力时程分析，是研究结构地震反应和性能变化的最有效方法。随着计算机技术的迅猛发展，各种非线性动力分析软件不断被研发出来，如 ABAQUS、ANSYS、ALGOR、SAP2000、LS-DYNA 等；这些软件可提供描述材料损伤–破坏过程的模型，模拟结构在地震过程中的非线性动力响应。针对古塔砌体结构的材料、构造特征以及地震变形性能，选择适用的软件建立有限元模型并进行非线性动力时程分析，可较为直观地了解古塔在地震过程中结构性能的变化，获得抗震鉴定所需的结构应力、变形和损伤状态。

在上述有限元软件中，LS-DYNA 是一种功能齐全的几何非线性、材料非线性和接触非线性分析软件，目前已广泛地运用于各类工程领域。LS-DYNA 以 Lagrange 算法为主，兼有 ALE 和 Euler 算法；以显式求解为主，兼有隐式求解功能；以非线性动力分析为主，兼有静力分析功能。从占用计算机内存和计算速度来看，与 ANSYS 等软件的传统力学分析方法相比，LS-DYNA 具有显式求解的优势，可采用动力学方程的差分格式求解动力平衡方程，计算速度快，一般不存在收敛性问题，便于构建能表述古塔构造特征的大规模实体单元模型和进行动力时程分析。此外，LS-DYNA 提供了单元失效功能，当古塔在地震作用下结构构件中的某一部分因应力应变达到失效准则时，LS-DYNA 可将一个单元或者一个积分点的质量、刚度、应力和应变都设为接近零的无穷小量，使其在后续计算中不再发挥作用，从而实现退出工作机制的模拟。鉴于上述优势，LS-DYNA 已在古塔的弹塑性动力时程分析中得到了快速的运用推广。

2. 弹塑性动力时程分析方法

非线性分析可根据引起结构非线性行为的原因，考虑几何非线性、材料非线性等情况，弹塑性本构关系为表达材料非线性特征的一种方式。按照地震作用施加或地震波输入方法的不同，非线性分析可分为静力弹塑性分析、弹塑性动力时程分析。

推覆法 (Push-Over 法) 是结构静力弹塑性分析的主要方法之一，其施加的水平地震作用与结构各工作阶段的自振周期相关，可根据抗震设计规范要求将设计反应谱引入计算过程。静力弹塑性分析的基本步骤为：①将沿结构高度按某种规则分布的侧向力，静态、单调地作用在结构的计算模型上；②逐步增加侧向力，直至结构产生的位移超过容许值 (目标位移值)，或认为结构接近破坏倒塌为止；③绘制结构的反应曲线和相应场地的反应谱曲线，比较结构的抗震能力。静力弹塑性分析方法成功的关键，在于合理地确定结构构件的恢复力模型、结构的目标位移以及水平荷载模式。静力弹塑性分析方法比弹塑性动力时程分析方法简单，但对地震输入的简化较多，分析精度有限，且主要适用于以第一振型为主的结构，目前在古塔的抗震性能研究中尚未有成功应用的报道。

弹塑性动力时程分析也称为非线性动力分析，该方法需输入地震波并采用数值积分求解结构体系的运动方程，可求解出结构体系在地震作用下从静止到振动，直到振动结束的整个过程中的地震反应。弹塑性动力时程分析的基本步骤为：①根据结构的力学特征和材料特性，确定结构的分析模型和构件的恢复力模型；②根据设防烈度、场地条件等要求，选定和调整地震波；③输入地震波并采用逐步积分法进行结构地震反应数值分析；④求解出地震全过程中结构的响应：开裂 → 损坏 → 倒塌。

鉴于弹塑性动力时程分析的优势和计算机技术的发展，采用弹塑性动力时程分析方法研究古塔的抗震性能已成为主要的方式。进行古塔弹塑性动力时程分析时，首先要定义结构分析模型的类型、属性等参数，其次定义模型的本构关系和相应的破坏准则，完成之后需要定义时程函数曲线，即要调整、输入相应的地震波曲线，通过以上参数的控制来完成对模型的非线性动力时程分析。

4.2.2　砌体的本构关系和恢复力模型

1. 砌体的本构关系

古塔为砖 (石) 与砂浆砌筑而成的砌体结构，进行古塔有限元分析时，砌体的本构关系是结构破坏机理和非线性时程分析的重要依据。砖砌体在压力作用下为弹塑性材料，其单调受压的应力 (σ)–应变 (ε) 全曲线 (图 4-2) 一般可以分为四个阶段：① 弹性上升段。应力–应变基本上呈线性变化，一般可取 $\sigma = 0.43 f_{cm} (f_{cm}$

为砌体轴心抗压强度平均值) 时的割线模量作为砌体弹性模量, 此阶段的特征点为比例极限点 A。② 塑性上升段。应力–应变呈现较大的非线性, 在该阶段末应力上升至峰值, $\sigma_{\max} = f_{cm}$, 此阶段的特征点为应力峰值点 B。③ 塑性下降段。应力随应变的增加显著下降, 应力–应变曲线由下凹逐渐转向上凸, 其反弯点标志着砌体已基本丧失承载力, 此阶段的特征点为反弯点 C。④ 塑性破坏段。应力–应变下降趋势变缓, 应变快速增大至极限压应变, 对应的应力为残余强度, 系破碎砌体间的咬合力和摩擦力所致, 此阶段的特征点为极限压应变点 D; 由于试验方法和砌体组成材料的不同, 砌体极限压应变 (ε_u) 的变化幅度较大, 可达 1.5~3 倍峰值应变 (ε_0)。

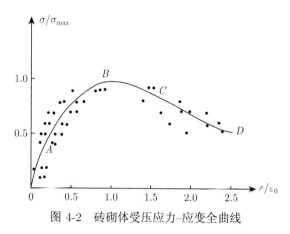

图 4-2 砖砌体受压应力–应变全曲线

砌体单调加载的应力–应变全曲线可作为恢复力模型的骨架曲线或包络线。为了安全起见, 工程应用研究中一般不考虑上述应力–应变全曲线的塑性破坏段, 而将整个曲线分为上升和下降两个部分, 如《砌体结构》(施楚贤, 2012) 给出的表达式 (图 4-3):

$$\frac{\sigma}{\sigma_{\max}} = 2\left(\frac{\varepsilon}{\varepsilon_0}\right) - \left(\frac{\varepsilon}{\varepsilon_0}\right)^2 \quad \left(0 \leqslant \frac{\varepsilon}{\varepsilon_0} \leqslant 1.0\right) \tag{4-9}$$

$$\frac{\sigma}{\sigma_{\max}} = 1.2 - 0.2\left(\frac{\varepsilon}{\varepsilon_0}\right) \quad \left(1.0 < \frac{\varepsilon}{\varepsilon_0} \leqslant 1.6\right) \tag{4-10}$$

采用复合材料力学发展起来的砌体等效体积单元 (representative volume element, RVE) 法, 把古塔砖砌体视为周期性复合连续体, 砌体的本构关系如图 4-4 所示, 模型中考虑了砌体受拉应变. 该模型依据 von Mises 双线性随动强化准则, 对模型参量进行定义。

2. 砌体的恢复力模型

砌体的恢复力模型由骨架曲线和滞回规则确定, 骨架曲线表征承载能力的包络线，滞回规则体现砌体在往复循环荷载作用下力与变形的变化路径。目前砌体结构采用的恢复力模型，大多为修正的混凝土结构恢复力模型，且基本采用折线型模型以简化刚度的分析，如图 4-5 所示的考虑刚度退化的三折线模型。

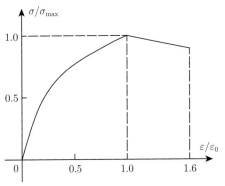

图 4-3　砖砌体两线段应力–应变曲线　　　　图 4-4　砌体本构关系

　　选用有限元分析软件提供的材料模型来描述砌体的本构关系和恢复力特性，也是一种有效的选择；如运用有限元软件 LS-DYNA 分析时，本构关系常选用其提供的 Material 3: Elastic Plastic with Kinematic Hardening 模型。Elastic Plastic with Kinematic Hardening 模型如图 4-6 所示，为双线性随动强化弹塑性模型，模型的骨架曲线由两段直线组成，略去了应力–应变全曲线中的下降部分。

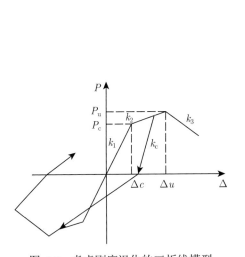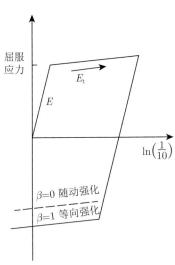

图 4-5　考虑刚度退化的三折线模型　　　　图 4-6　双线性随动强化弹塑性模型

　　进行古塔弹塑性动力分析时，确定砌体的恢复力模型需解决如下问题：①往复循环加载下，砌体滞回性能的表达；②砌体从开裂直至完全压碎退出工作的全过程中出现的刚度退化；③人为控制砌体裂缝闭合前后的行为，以模拟循环荷载下的刚度恢复效应。

对于砌体塑性损伤破坏的影响，可通过砌体塑性损伤断裂模型表达，其核心是假定砌体的破坏形式是拉裂和压碎。砌体进入塑性后的损伤分为受拉和受压损伤，分别由两个独立的参数控制，以此来模拟砌体中损伤引起的弹性刚度退化。砌体受拉 (压) 塑性损伤后卸载反向加载受压 (拉) 的刚度恢复亦分别由两个独立的参数控制。

3. 等效体积单元的应用

古塔砌体结构的有限元模型通常可分为两类：离散性模型和连续性模型。离散性模型是把砌体离散成砖和砂浆，将砖和砂浆考虑成不同的单元，而在不同单元间再用接触单元连接，这样的建模方法反映了砌体的构造特征，但所建的模型单元数量多，结构分析相当烦琐，一般用于模拟简单塔体结构砌体试验的破坏行为。连续性模型是将砌体匀质化为与砌体的材料性能和破坏模式相同的等效体积单元 (RVE)，采用一种单元形式来进行有限元分析，从而有效地简化有限元模型，并使得古塔整体结构的非线性时程分析成为可能。

砌体结构的等效体积单元具有如下特性：①包含砌体所有的材料特性；②为连续性的介质材料；③介于连续模型与分散模型之间提供单元划分模式。按等效体积单元构建的模型属于连续性模型，可以将砌体等效为一种各向异性的匀质连续单元体，兼具了砂浆和砖的特性，同时包含了砂浆和砖的作用及相关信息。

确定砌体等效体积单元的本构关系时，将砌体看作各向异性材料，在平面应力–应变条件下等效体积单元的弹性应变关系可以表示为

$$
\begin{bmatrix} \sigma_{xx} \\ \sigma_{yy} \\ \sigma_{xy} \end{bmatrix} = \begin{bmatrix} \dfrac{E_{11}}{1-\mu_{12}\mu_{21}} & \dfrac{E_{11}\mu_{21}}{1-\mu_{12}\mu_{21}} & 0 \\ \dfrac{E_{22}\mu_{12}}{1-\mu_{12}\mu_{21}} & \dfrac{E_{22}}{1-\mu_{12}\mu_{21}} & 0 \\ 0 & 0 & G \end{bmatrix} \begin{bmatrix} \varepsilon_{xx} \\ \varepsilon_{yy} \\ \varepsilon_{xy} \end{bmatrix} \tag{4-11}
$$

等效体积单元的弹性模量 E 可以通过三种特定位移边界条件下的应力–应变关系曲线得到：①$\varepsilon_{xx} \neq 0$，$\varepsilon_{yy} = \varepsilon_{xy} = 0$；②$\varepsilon_{yy} \neq 0$，$\varepsilon_{xx} = \varepsilon_{xy} = 0$；③$\varepsilon_{xx} = \varepsilon_{xy} = \varepsilon_{yy} = 0$。根据这些情况可利用式 (4-12)~式 (4-14) 求出等效体积单元的弹性模量 E 及剪切模量 G：

$$
\mu_{21} = \sigma_{xx}^{(2)}/\sigma_{yy}^{(2)}, \quad \mu_{12} = \sigma_{yy}^{(2)}/\sigma_{xx}^{(1)} \tag{4-12}
$$

$$E_{11} = \sigma_{xx}^{(1)}(1 - \mu_{12}\mu_{21})/\varepsilon_{xx}^{(1)}$$
$$E_{22} = \sigma_{yy}^{(2)}(1 - \mu_{12}\mu_{21})/\varepsilon_{yy}^{(2)} \qquad (4\text{-}13)$$

$$G = \sigma_{12}^{(3)}/\varepsilon_{12}^{(3)} \qquad (4\text{-}14)$$

实际应用过程中，由于求解弹性模量需要测量几个在微观水平上的参数，实验比较烦琐，而且误差受实验条件影响较大，所以常常采用直接测量荷载和变形的方法确定弹性模量。

4.2.3　地基的本构关系

经研究资料证明，地基的变形对刚性结构的动力特性及地震反应影响较大，对高层古建筑之类的柔性结构影响一般为 10%~30%。

地基的弹性本构关系分为线弹性本构关系和非线性弹性本构关系，线弹性本构关系即按一般的弹性力学，应力–应变关系服从广义胡克定律。非线性弹性本构关系是弹性理论中广义胡克定律的推广，按采用的基本假设不同，可分为变弹性模型、超弹性模型和次弹性模型。次弹性模型，即从整体上看应力–应变关系是非线性的，但在小应力应变增量的范围内，应力–应变关系可以看成是线性的，可以利用弹性力学的公式。土的线性弹性模型和非线性弹性模型主要有：

(1) 工程设计常用方法：以弹性理论为基础进行土体的应力分布和变形计算方法，即应用弹性力学的公式计算变形，计算中采用土的基本参数是土的压缩模量 E 和泊松比 v。

(2) E-v 模型：此模型是用切线模量取代弹性参数的增量法。例如用切线模量 E_t 和切线泊松比 v_t 代替弹性模量 E 和泊松比 v。邓肯–张模型 (Duncan-Chang model) 就是典型的 E-v 模型。

(3) K-G 模型：在三维受力状态下，土的球应力 P 和偏应力 q 作用下的应力–应变关系可以通过等向固结试验和等 P 剪切试验直接、独立而且较准确地做出测定，因而能建立表示平均应力和体应变和剪应变增量关系的 K-G 模型。

以弹性模量 E 和泊松比 v 为基本参数，表示 E-v 模型。获取土样基本参数的试验是常规三轴试验，根据垂直方向应力与应变 $(\sigma_1 - \sigma_3) - \varepsilon_1$ 关系曲线确定弹性参数 E_t (切线模量)，表示应力应变为直线关系；根据水平方向应变与垂直方向应变 $(\varepsilon_1 - \varepsilon_3)$ 关系曲线确定弹性参数 v_t (泊松比)，表示垂直方向应变与水平方向应变之比为常数，如图 4-7 所示。

在有限元软件 ANSYS 中，材料模型使用 Drucker-Prager 屈服准则。其流动准则既可以使用相关流动准则，也可以使用不相关流动准则，其屈服面并不随材料的逐渐屈服而变化，因此，没有强度准则。但是它的屈服强度随侧限压力 (静水压力)

的增加而相应增加,其塑性行为被假定为理想弹塑性,适用于混凝土、岩土和土壤等颗粒状材料。

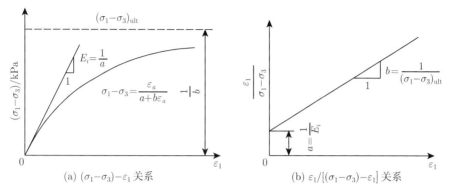

(a) $(\sigma_1-\sigma_3)-\varepsilon_1$ 关系

(b) $\varepsilon_1/[(\sigma_1-\sigma_3)-\varepsilon_1]$ 关系

图 4-7 邓肯–张模型的参数计算示意图

Drucker-Prager 准则在数值计算中得到广泛运用。但如果该准则的参数选取不当,可能导致预测与试验结果之间不一致。Drucker-Prager 准则在有限元分析中需要输入三个值:黏聚力 c、内摩擦角 φ(用度表示)、膨胀角 φ_f。膨胀角用来控制体积膨胀的大小。当 $\varphi_f=0$ 时,不膨胀;当 $\varphi_f = \varphi$ 时,材料会发生严重的体积膨胀。

4.2.4 地震波的选用和修正

1. 地震波的选用

采用时程分析法对古塔进行地震反应分析时,需要输入地震地面加速度记录进行积分求解。地震加速度记录也简称为地震波 (图 4-8),其波形特性常用三个要素:峰值加速度、频谱特性和持续时间来描述;不同特性的地震加速度波形对时程分析的结果影响较大,因此,需要根据古塔所在区域的抗震设防烈度、场地条件进行选择和修正。目前古塔抗震研究中地震波的选用有两种方法:①直接选用实际强震记录;②采用人工模拟地震波。

常用的实际强震记录有埃尔森特罗波 (图 4-8)、塔夫特波、唐山地震滦河桥台波、天津波、台湾集集地震波 (图 4-9) 等,实际地震记录必须通过数字化处理,即把曲线表示的加速度波形转化成一定时间间隔的加速度数值,才能用于时程分析。中国地震局所属国家强震动台网中心,已建成了我国强震动及工程震害基础数据库,可为科研用户提供所需的强震记录。

人工模拟地震波是根据随机振动理论产生的,符合所需波形特性三要素统计特征的地震波,如从大量实际地震记录的统计特征出发,则所产生的人工地震波就有相应的代表性。常用的模拟地震波有中国建筑科学研究院抗震研究所的 EQSS.90.1、上海人工地震波 SHW 等。

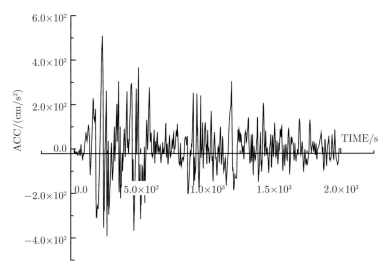

图 4-8   埃尔森特罗波地震记录 (1940 年 5 月 18 日、里氏 7.1 级)

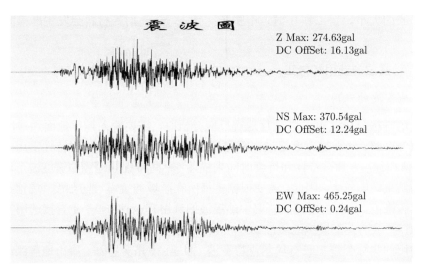

图 4-9   集集地震 DC OffSet 站记录 (1999 年 9 月 21 日、里氏 7.3 级)

在古塔的时程分析中, 地震作用对结构破坏的主要影响因素为地震动强度、频谱特性和强震持续时间。地震动强度由地面运动加速度峰值来反映; 频谱特性由地震波的主要周期表示, 与震源的特性、震中距离、场地条件等有关; 强震持续时间可定义为超过一定加速度幅值 (一般为 $0.05g$) 的第一个峰值点和最后一个峰值点之间的时间段, 如图 4-10 所示。

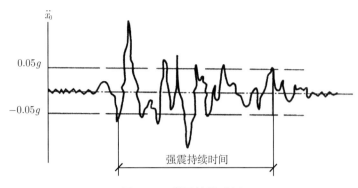

图 4-10 强震持续时间

在选择强震记录时，首先要使最大加速度峰值与古塔所在地区的设防烈度相符；其次，场地条件要尽量接近，使地震波的主要周期与古塔所在场地的卓越周期相应；此外，宜选择强震持续时间较长的地震波，强震持续时间一般不少于古塔基本周期的 6~10 倍 (长周期塔可取较小值)，以充分考虑地震作用对古塔变形和损伤积累的影响。

《建筑抗震设计规范》(GB 50011—2010) 规定的不同设防烈度的地面运动峰值加速度见表 4-1，一些常用强震记录的最大峰值加速度和主要周期见表 4-2，可作为古塔时程分析时选用地震波的参考。

表 4-1 时程分析所用地震波的地面运动峰值加速度 （单位: cm/s²）

地震影响	6 度 (0.5g)	7 度 (0.1g)	7 度 (0.15g)	8 度 (0.2g)	8 度 (0.3g)	9 度 (0.4g)
多遇地震	18	35	55	70	110	140
设防地震	50	100	150	200	300	400
罕遇地震	100	220	310	400	510	620

表 4-2 常用强震记录的特性

地震记录	最大峰值加速度/(cm/s²)	主要周期/s
天津波	105.6	1.0
	146.7	0.9
滦县波	165.8	0.1
	180.5	0.15
埃尔森特罗波	341.7	0.55
	210.1	0.50
塔夫特波	152.7	0.30
	175.9	0.44

2. 地震波的修正

当所选择的实际地震记录的特性与古塔时程分析要求的地震动参数不一致时，

需要进行适当的修正，具体方法和要求如下。

1) 地震动强度修正

将地震波的加速度峰值及所有的离散点都按比例放大或缩小，以满足古塔所在区域抗震设防烈度的要求。

2) 滤波修正

可按要求设计滤波器，对地震波进行时域或频域的滤波修正。这样修正的地震记录不仅卓越周期满足要求，功率谱的形状和面积也可控制。

3) 卓越周期修正

将地震波的离散步长按人为比例改变，使波形的主要周期和场地卓越周期一致，然而，在改变离散步长的同时也将改变地震波的频谱特性，在弹塑性反应中有时会产生不安全的后果。因此，修正的幅度不宜过大，在结构构件进入塑性的程度较大时最好不用此种办法。

当参照《建筑抗震设计规范》进行古塔时程分析时，输入地震波的平均地震影响系数曲线与《建筑抗震设计规范》所采用的地震影响系数曲线应在统计意义上相符。对于反应谱的控制采用两个频段：一是对地震记录加速度反应谱值在 $[0.1\sim T_{\mathrm{g}}]$ 平台段的均值进行控制，要求所选地震记录加速度谱在该段的均值与设计反应谱相差不超过 10%；二是对古塔基本周期 T_1 附近 $[T_1-\Delta T_1, T_1+\Delta T_2]$ 段加速度反应谱均值进行控制，要求与设计反应谱在该段的均值相差不超过 10%。ΔT_1 和 ΔT_2 的取值，鉴于砖石古塔结构的基本周期 T_1 多在 0.5s 以上，以取值 $\Delta T_1 \leqslant \Delta T_2=0.1$s 为宜。

采用先进的地震加速度记录处理软件进行地震波的修正，是目前科学研究中常用的手段之一，如 SEISMOSOFT 公司开发的两款软件 —— SeismoSignal 和 SeismoArtif，均具有较强的实用功能。SeismoSignal 是地震动记录处理软件，其功能如下：①将地面加速度时程积分得地面速度时程，再积分得地面位移时程并同时绘出加速度、速度和位移时程，进行零线修正；②按用户指定的阻尼比计算弹性反应谱，或等延性比非线性反应谱；③对记录进行高通滤波 (high-pass filtering) 或低通滤波 (low-pass filtering) 和数字信号处理 (digital signal processing)。SeismoArtif 的功能是拟合人工地震波，与用户输入的目标反应谱相符，可根据用户确定的加速度时程曲线包络线，输出拟合好的人工波加速度时程和人工波反应谱，并给出与目标反应谱的误差。

4.2.5　破坏演化过程的显性动力学分析技术

1. 基于显式积分原理的结构分析方法

在地震波作用下，古塔结构某一时刻的平衡方程如下：

$$Ma(t) + Cv(t) + Ku(t) = F(t) \tag{4-15}$$

式中，M 为质量矩阵；$a(t)$ 为加速度向量；C 为阻尼矩阵；$v(t)$ 为速度向量；K 为刚度矩阵；$u(t)$ 为位移向量；$F(t)$ 为外力向量。

对于式 (4-15)，动力分析求解方式有隐式积分法与显式积分法两种。

隐式积分法的基本算法为有条件稳定的线性加速度法和 Wilson θ 法，需利用下一时刻 (t_{i+1} 时刻) 的动平衡方程求得下一时刻的位移 x_{i+1}；由于任一时刻的位移、速度、加速度都相互关联，位移的求解必须通过迭代和求解联立方程组才能实现；当结构体系的自由度达数万以上时，计算分析将非常耗时或无法求解。

显式积分法的基本算法为有条件稳定的中心差分法，该法利用本时刻 (t_i 时刻) 的动平衡条件求得下一时刻的位移 x_{i+1}，在求解过程中无须矩阵求逆和迭代，计算资源占用率低，在处理大规模自由度、负刚度和非线性屈曲等问题上具有优势。由于中心差分法是条件稳定的，对积分步长有一定的限制，其时间间隔必须小于临界时间间隔，即 $\Delta t \leqslant 0.318 T_{\min}$（$T_{\min}$ 为最短周期）。

当采用显式积分法求解式 (4-15) 时，古塔结构系统各节点在第 n 个时间步结束时刻 t_n 的加速度向量可通过下式进行计算：

$$a(t_n) = M^{-1}(F^{\text{ext}}(t_n) - F^{\text{int}}(t_n)) \tag{4-16}$$

式中，a 为加速度；M 为质量；F^{ext} 为第 n 个时间步结束时刻 t_n 结构上所施加的节点外力矢量 (包括分布荷载经转化的等效节点力)；F^{int} 为 t_n 时刻的内力矢量，它由下面几项构成：

$$F^{\text{int}} = \sum \left(\int_{\Omega} B^{\text{T}} \sigma_n \mathrm{d}\Omega + F^{\text{hg}} \right) + F^{\text{contact}} \tag{4-17}$$

式中，右边第一项为 t_n 时刻单元应力场等效节点力 (相当于动力平衡方程的内力项，其中 B^{T} 为应变转置矩阵，σ_n 为单元应力，$\mathrm{d}\Omega$ 为单元变形增量)；F^{hg} 为沙漏阻力 (为克服单点高斯积分引起的沙漏问题而引入的黏性阻力)；F^{contact} 为接触力矢量。

由中心差分法可知：加速度为速度的一阶中心差分，速度为位移的一阶中心差分，即

$$\left[v(t_{n+\frac{1}{2}}) - v(t_{n-\frac{1}{2}}) \right] \bigg/ \left[\frac{1}{2}(\Delta t_{n-1} + \Delta t_n) \right] = a(t_n) \tag{4-18}$$

$$\left[u(t_{n+\frac{1}{2}}) - u(t_n) \right] \bigg/ \Delta t_n = v\left(t_{n+\frac{1}{2}}\right) \tag{4-19}$$

式中，u、v 和 a 均表示矢量，时间步的步长以及时间步开始、结束的时间点定义如下：

$$\Delta t_{n-1} = t_n - t_{n-1}, \quad \Delta t_n = t_{n+1} - t_n \tag{4-20}$$

$$t_{n-\frac{1}{2}} = \frac{t_n + t_{n-1}}{2}, \quad t_{n+\frac{1}{2}} = \frac{t_{n+1} + t_n}{2} \tag{4-21}$$

节点速度向量可以由程序计算出的加速度结合差分公式表示，节点位移向量由节点速度向量结合差分公式表示，即

$$v(t_{n+\frac{1}{2}}) = v(t_{n-\frac{1}{2}}) + \frac{1}{2}a(t_n)(\Delta t_{n-1} + \Delta t_n) \tag{4-22}$$

$$u(t_{n+1}) = u(t_n) + v\left(t_{n+\frac{1}{2}}\right)\Delta t_n \tag{4-23}$$

由上述公式可知，显式积分法无须进行矩阵求逆，所求解方程均为一元方程，无须迭代求解，每步均可保证收敛。显式积分法对存储空间的消耗与单元数目成正比，资源占用率低，求解速度取决于 CPU 浮点计算速度。所以，显式积分法适合处理古塔弹塑性动力时程分析问题。

砖石古塔破坏过程模拟须求解高度非线性问题。当砌体开裂进入弹塑性状态后，裂缝的开展方式和单元刚度退化都非常复杂，需要以极短的步长来模拟其受力状态。为满足加速度在时间增量内保持不变的假定，积分步长必须小于所有单元自振周期中的最小值，显式积分的时间步长一般取隐式积分步长的 $1/1000 \sim 1/100$。

2. 古塔破坏演化过程的分析技术

砖石古塔因其结构自重大、结构自振周期小，在地震中易于破坏。如汶川地震中，四川都江堰奎光塔、彭州正觉寺塔、德阳龙护舍利塔的塔身开裂、破损严重，安县文星塔、苍溪崇霞宝塔整体或局部垮塌。运用数值模拟分析技术展示古塔的破坏演化过程，是古塔抗震性能研究和抗震鉴定的有效手段。古塔破坏演化过程分析技术的主要特征为：基于显式结构动力学原理，对古塔在地震作用下的动态反应过程进行动力时程分析；通过单元模型与材料模型的选取、地震波的输入、非线性方程的求解，模拟古塔结构在地震作用下破坏演化全过程的特殊接触、实际破坏状态；利用动画等后处理方式实现结构从变形到破坏等分析结果的可视化输出。

1) 失效单元的处理

在古塔结构地震反应动态模拟分析过程中，通过材料模型定义失效准则，当古塔砌体单元的应力或应变达到某一临界指标时就会失效而退出工作，相应的砌体单元即为失效单元。随时间变化的结构受力状态被计算出来后，通过失效准则可即时判定单元是否失效。失效单元的刚度、质量等乘以极小的因子后，其对结构几乎无贡献，但单元在单元列表中保持不变，整体刚度矩阵不用重新组装；失效单元上的外荷载被释放出来，失效单元不参与后续计算，在后处理中不再显示失效单元，结构单元失效的时间、位置就反映出古塔砌体结构的局部开裂、压溃、倒塌的动态过程。

2) 材料模型的选择

可采用复合材料力学发展起来的砌体等效体积单元法,把古塔砖砌体视为周期性复合连续体。砌体结构从受力直到破坏,大部分非线性变形主要发生在砂浆部分,只有在压应力很大的时候,砌体中的块体才会破坏。因此,可将砌体的破坏分为三种情况:①砂浆受拉破坏 ($\sigma_{yy} > 0$);②砖被压坏 ($\sigma_2 < \sigma_{yy} < \sigma_1$);③砂浆受剪破坏 ($\sigma_1 \leqslant \sigma_{yy} \leqslant 0$);$\sigma_1$、$\sigma_2$ 分别对应于块体和砂浆的破坏临界值。根据砌体的本构关系,采用 von Mises 双线性随动强化准则,对模型参量进行定义。

3) 结构破坏的模拟

古塔砌体结构地震破坏动态分析过程涉及不同截面的接触、碰撞与相对滑动,经典有限元方法中常用的预设接触单元算法,在动力分析中难以处理复杂的动力接触问题,需要建立 "接触–碰撞" 动力分析的接触模型,采用合适的搜索接触点、计算接触力与摩擦力的算法,通过接触搜索、施加接触条件 (接触算法和接触面摩擦),处理开裂破坏结构之间的碰撞以及可能引起的后续破坏。

采用整体或局部变形方程构建刚体表面模型,将节点或内部接触点作为参考点 (假如发生穿透,仅限于节点),借助搜索算法将表面各节点定义到各集合之中,当整体搜索将可能发生的接触对找出后,用局部搜索检查是否发生相互穿透,再通过简化的小球算法 (即两个球体互相侵入对方的单元体积内),将包含的接触对激活。砖石古塔结构的碰撞接触算法适合选用对称罚函数法。该算法将可能相互接触的两个表面分别称为主表面 (单元表面称为主片,节点称为主节点) 和从表面 (单元表面称为从片,节点称为从节点),在每一步先检查各从节点是否穿透主表面,没有穿透则对该节点不作任何处理。如果穿透,则在该从节点与被穿透主表面之间引入一个较大的界面接触力,其大小与穿透深度、主片刚度成正比,称为罚函数值,相当于在从节点和被穿透主表面之间放置一个法向弹簧,以限制从节点对主表面的穿透。接触面摩擦算法的确定,包括根据接触面粗糙程度、速度和压力等自定义摩擦法则,选择合适的接触面摩擦刚度,使用基于库仑摩擦方程的模型计算固连和失效滑移。

4.3 龙护舍利塔的有限元建模和弹塑性动力分析

4.3.1 基本资料与研究内容

1. 建筑概况

龙护舍利塔 (图 4-11) 位于东经 104°17′、北纬 31°15′ 的德阳市旌阳区孝泉镇三孝园内。据中华民国版《德阳县志》记载:龙护舍利塔始建于元顺帝至正二年至十三年 (1353 年),前后历经十二年建成,后经历代多次修缮。

　　龙护舍利塔为 13 层密檐式方形砖塔，高约 33m，逐级收缩。第 1 层塔檐用砖叠涩十二皮挑出，第 2~8 层每层当中开拱券形窗，两侧为破子棂窗，第 9 层开三扇拱券形窗，第 10~13 层当中仅设拱券形窗，两侧均不开窗。

　　龙护舍利塔的内部共 5 层，每层中部为塔心室，另有一层天宫；第 1~4 层室顶有砖砌斗栱及藻井，第 5 层顶为空井，与天宫相通；天宫为一穹顶，贯通外观第 11~13 层。第 1~5 层之间设磴道相通，磴道位于塔体外壁与内筒之间。

　　龙护舍利塔是四川省现存唯一的一座元代砖塔，它是研究四川砖塔由宋向明、清演变过程中重要实物例证，其历史和文物价值重大；2013 年 3 月 5 日，龙护舍利塔被列为第七批全国重点文物保护单位。

图 4-11　修缮后的龙护舍利塔　　　　　　图 4-12　塔体裂缝分布图

2. 地震损坏状况

　　2008 年 5 月 12 日汶川 8.0 级特大地震中，德阳市旌阳区孝泉镇地震烈度为Ⅷ度。根据国家强震动台网提供的距离孝泉镇约 40km 的什邡市八角镇地震台的记录，地震峰值加速度达 0.63g，地震对孝泉镇的影响程度要远大于旌阳区抗震设防烈度 7 度 (0.10g) 的标准。

　　龙护舍利塔在地震中遭受了严重的破坏，主要损伤情况如下：①自底层至塔顶沿塔身的竖向中线，在南、北两面出现贯穿裂缝，将塔体割裂为东、西两个部分，导致结构严重破坏 (图 4-12)。②塔身开裂破坏程度沿高度加剧，外部第 9 层 (内部第 5 层) 至塔顶破坏严重, 塔四角出现明显斜裂缝, 最大裂缝宽度达 10cm, 造成塔身角部外闪、局部失稳 (图 4-13)。③内部第 1~5 层塔心室天花及塔心室与拱券相连的周边墙体均存在贯通性裂缝。④第 5 层塔心室墙体出现密集型斜裂缝, 墙体面临倒塌 (图 4-14), 外部 (第 9~11 层) 塔檐多处被震落。

图 4-13 塔体上部严重开裂、角部外闪

图 4-14 塔体内部 (第 5 层) 严重开裂、局部坍塌

3. 主要研究内容

本研究将综合考虑龙护舍利塔的地震损伤特征、塔体与地基的相互作用等因素, 建立古塔结构分析模型, 对古塔进行弹塑性动力时程分析, 数值模拟地震作用下古塔结构的动态响应过程, 分析研究其结构性能指标、破坏演化规律, 为古塔的抗震性能与可靠性评价提供技术支持。

4.3.2 砌体材性试验与地基勘测

1. 砌体材性试验

按照相关规程要求，使用砖回弹法测试砖的抗压强度和砂浆贯入仪测试砂浆强度，作为砌体弹性模量的计算依据。

1) 塔体砖强度等级的评定

为避免材性测试对古塔墙体现状造成较多的影响，选择了龙护舍利塔的一层基座和内部第四、五层进行了砖回弹试验。采用山东省乐陵市回弹仪厂生产的 ZC4 型砖回弹仪测试，测得回弹值如表 4-3 所示。

表 4-3   龙护舍利塔砖墙的回弹值

测试部位	砖墙上砖样的回弹值 $\overline{N}$	砖墙砖样最小回弹值 $\overline{N}_{j\,min}$
一层	33.2	30.1
四层	34.8	32.3
五层	34.3	29.2

按照《回弹仪评定烧结普通砖标号的方法》(JC/T 796—1999) 的评定方法，经过对现场测试数据进行换算，得各层砖的强度等级如表 4-4 所示。

表 4-4   龙护舍利塔砖强度等级

测试部位	一层	四层	五层
强度等级	MU10	MU10	MU10

2) 墙体砂浆强度等级的评定

采用江苏省苏州市建筑仪器公司生产的 SJY800B 型砂浆贯入仪测试，砂浆强度等级的确定参照《贯入法检测砌筑砂浆抗压强度技术规程》(JGJ/T 136—2001) 的计算评定方法，得各层砂浆强度等级如表 4-5 所示。

表 4-5   龙护舍利塔的砂浆强度等级

测试部位	贯入深度平均值/mm	砂浆强度换算值/MPa
一层	9.8	1.1
四层	10.20	1.0
五层	13.20	0.6

3) 砌体弹性模量的评定

根据测得的砖强度等级和砌筑灰浆强度等级，按照《砌体结构设计规范》(GB 50003—2011) 确定砌体抗压强度设计值 f 和弹性模量 E，当砂浆强度为 M0.4 时，$E=700f$；当砂浆强度为 M1.0 时，$E=1100f$；当砂浆强度为 M2.5 时，$E=1300f$。

2. 地质勘查

古塔所在场地及地基的勘查资料,是古塔场地抗震类别、地基承载力和稳定性的判定依据,也是考虑土与结构相互作用、建立包括地基在内的古塔有限元模型所必需的参数依据。

地质勘查资料表明,龙护舍利塔所在场地位于成都断陷西部边远构造带内,其西侧即是龙门山断裂带,受区域活动性断裂的影响,地震活动十分强烈且较频繁,以 2008 年 5 月 12 日汶川特大地震影响最为强烈。塔下地基的勘查布设了 4 个钻孔,各钻孔高程以场地北侧塔基与塔基护栏交界处中间缘口为相对高程零点引测,各钻孔位置详见图 4-15。

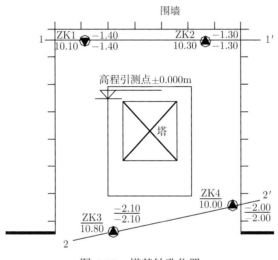

图 4-15　塔基钻孔位置

各钻孔工程地质情况描述如下:

(1) 杂填土:灰黑色,松散,上部含建筑垃圾,下部局部为耕土,含丰富植物茎系,全场分布,层厚 1.0~2.0m;

(2) 粉质黏土:黄褐色,黄色,硬塑,切面有光泽,韧性中等,干强高,无摇振反应,局部分布;

(3) 砾质黏性土:灰褐色,灰黄色,黏性土呈可塑状态,含砾石约 20%,局部为卵石含黏性土,黏性土以粉质黏土为主,全场分布;

(4) 圆砾:灰色、灰黄色,湿—饱和,松散—稍密,砾石为 40%,卵石为 25%,其余为中、细砂及少量泥质;

(5) 稍密卵石:灰色、灰白色,稍密—中密,湿—饱和,呈椭圆—亚圆形,磨圆度较好、分选性好,卵石母岩成分以砂岩、花岗岩、泥岩为主,卵石含量大于 50%,

粒径一般为 2~5cm，填充物为中粗砂，全场分布广泛。

场地地下水主要埋藏于砂卵石层中的第四系孔隙潜水，补给来源主要为大气降水、上游地下水及丰水期绵远河河水，水位随季节变化，其年变化幅度在 2.0m 左右，勘探期间为平水期，本次勘查测得场地地下水在天然地表下 4.5~5.1m。

从勘查钻探揭露及原位测试结果来看，地基土结构较简单，地层变化不大，地基土均匀性较好，可判定场地地基土为均匀地基。地基土物理力学指标值如表 4-6 所示。

表 4-6   地基土物理力学指标值

地基土层	压缩模量 E_s/MPa	变形模量 E_0/MPa	重度 γ/(kN/m³)	黏聚力标准值 c_k/kPa	内摩擦角标准值 φ_k/(°)	天然地基承载力特征值 f_{ak}/kPa
杂填土			18.5			70
粉质黏土	8.0		19.0	43	18	220
砾质黏性土		5.0	19.0		15	150
圆砾		12.0	20.0		22.0	180
稍密卵石		18.0	20.5		24.0	270
中密卵石		33.0	21.0		26.0	500

4.3.3   基于动力特性的有限元模型

由于砖石古塔的结构形式复杂、标准化程度低等特点，运用有限元软件直接建模工作量很大，通常利用绘图软件 CAD 完成古塔的初步建模工作，再通过绘图软件与有限元软件 ANSYS 的相关接口，可精确地将在绘图软件中生成的几何数据传入有限元软件。

1. 塔体结构及尺寸

龙护舍利塔塔身采用壁内折上式结构，蹬道位于外壁与塔心室之间，蹬道抵达各层塔心室时与心室平直相接，过塔心室后再继续盘旋而上，顺时针右旋而上直达顶层。龙护舍利塔的平截面如图 4-16 所示，几何尺寸如表 4-7 所示。

2. 塔体有限元模型

龙护舍利塔的蹬道内置于塔身之中，对塔体整体刚度影响较大，建立分析模型时应予以考虑。四川古塔在心室顶部或休息平台顶部均采用穿顶，塔身设置拱券形门窗，且真假洞口相结合布置，同样增加了建模的复杂性。因此在建模中采用了适当的简化，以便减少模型的单元数，从而适当减少计算工作量。对蹬道、门洞、窗洞的简化如图 4-17~ 图 4-19 所示，此外，塔心室的穿顶采用等效的平面来建立模型。

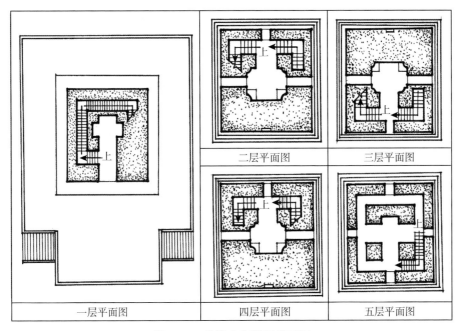

二层平面图　　　　三层平面图

一层平面图　　　　四层平面图　　　　五层平面图

图 4-16　龙护舍利塔平截面图

表 4-7　龙护舍利塔的几何尺寸

层号(内部)	层高/m	边长/m	心室面积/m²	平台墙厚/m	心室墙厚/m	洞口尺寸/m	密檐外挑/m
天宫层	3.827	5.494	—	1.897	—	—	0.616
五层	2.585	6.4	15.68	1.002	—	0.32	0.598
四层	5.266	7.223	9.35	0.988	2.238	0.535	1.008
三层	5.109	7.4	8.04	1.04	2.325	0.590	0.971
二层	5.406	7.451	18.74	1.003	2.263	0.526	1.144
一层	5.557	7.967	10.34	0.942	2.779	1.608	—

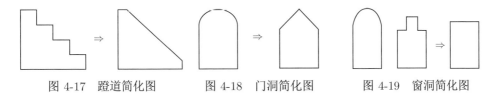

图 4-17　蹬道简化图　　　图 4-18　门洞简化图　　　图 4-19　窗洞简化图

龙护舍利塔三维实体图、透视图及数值计算图如图 4-20~图 4-22 所示。

3. 动力特性模型参数拟合

扬州大学古建筑保护课题组对龙护舍利塔的动力特性进行了现场测试,测试采用基于环境激振的脉动法进行,测试设备采用 DH5920 动态信号测试分析系统,

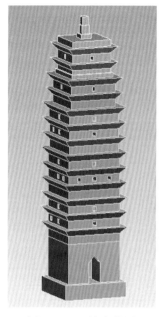
图 4-20   三维实体图

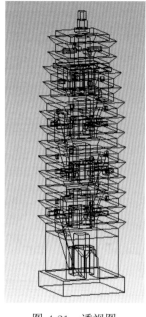
图 4-21   透视图

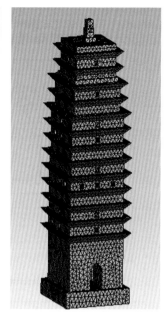
图 4-22   数值计算图

并通过 DHMA 实验模态分析系统对结构进行动力特性分析，得到古塔结构的前三阶固有频率如表 4-8 所示。

表 4-8   龙护舍利塔现场实测自振频率   (单位：Hz)

第一频率	第二频率	第三频率
1.27	5.08	9.57

按照第 4.1 节所述方法，对照龙护舍利塔现场实测的频率和振型，分别考虑塔檐、室内细部、建筑材料性质、残损及加固状况的影响，以结构刚度为主要影响参数，逐步调整模型刚度，修改有限元模型。

采用空间有限元法建模分析，刚度的计算受单元的属性和几何尺寸决定。为方便起见，材料、残损及加固状况对结构刚度的影响，可通过对初始弹性模量进行调节加以考虑。因此，分析模型中的弹性模量已不是单纯的材料弹性模量，可以称作广义模量，其意义接近于等效体积单元的弹性模量。

龙护舍利塔的建造年代久远，在风化作用影响下，塔体的破坏程度沿高度方向逐渐增大，且受古代施工工艺的影响，上部结构的施工质量较下部结构粗糙，因此上部结构材料应考虑较大的折减系数。对比模拟值与动力特性实测值，确定调整后砌体广义弹性模量如表 4-9 所示。

模态分析计算后，对龙护舍利塔的模态分析结果进行筛选与识别。图 4-23 为计算机模拟的前三阶振型分析结果图及动力测试振型图。

表 4-9 龙护舍利塔塔体弹性模量

测试部位	弹性模量/GPa
1~4 层	1.26
5 层以上	0.637

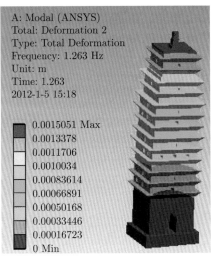

(a) 一阶平动振型图

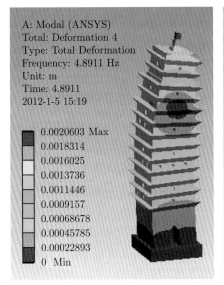
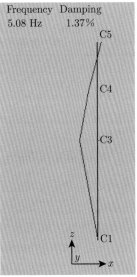

(b) 二阶平动振型图

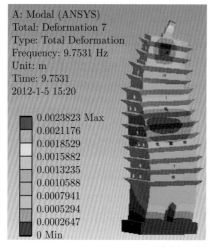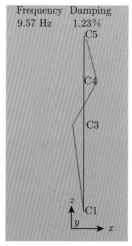

(c) 三阶平动振型图

图 4-23　龙护舍利塔前三阶振型图

4. 动力特性现场测试与理论分析结果对比

计算机模拟值和现场动力特性实测值的对比分析如表 4-10 所示，结果显示古塔模型的基频与实测值相当接近，而高阶频率的差值相对大一些，但在 5% 之内；这是因为传递矩阵法属于集中质量理论，原本连续的模型被离散后，高阶频率的计算误差较大，而一阶频率的值是相对可靠的。根据结果对比判定，误差在可接受的范围之内，所构建的有限元模型是基本可靠的，可用于古塔结构的动力时程分析。

表 4-10　龙护舍利塔计算机模拟值和动力特性实测值的对比

测试振型	测试振型频率/Hz	模拟振型频率/Hz	误差/%
第一振型	1.27	1.263	−0.55
第二振型	5.08	4.891	−3.7
第三振型	9.57	9.753	+1.9

4.3.4　考虑土-结构相互作用的分析模型

震源引起的地震波通过场地土传输到结构体系，使结构系统产生振动，同时，结构体系产生的惯性力反过来作用于场地，引起的地动又作用于结构体系，这种现象即土与结构体系的动力相互作用。土与结构体系的动力相互作用将使结构的基本周期延长，从而降低结构的地震作用，但结构的位移将增加；因此，古塔结构的动力反应分析，宜考虑上部结构与地基土的相互作用。

考虑土-结构动力相互作用的砖石古塔计算模型，可在上部结构模型的基础上，加上地基部分，形成一个体系完整的复合模型。建立模型时，考虑到地基具有无限边界，需在水平方向选取足够大的地基区域，在深度方向可根据地质勘查报告选取到岩石层。研究表明，当地基的宽度为基础宽度的 3~5 倍时就可以反映地基与结构的相互作用；当地基厚度为基础宽度的 2~3 倍时，底部边界的影响已经明显减弱，可以较好地模拟地基土的半无限空间效应。

为了考察土–结构相互作用效应对古塔地震反应的影响，在上节龙护舍利塔有限元建模的基础上，建立了包括地基的有限元模型 (图 4-24(b))，并与不包括地基的有限元模型 (图 4-24(a)) 进行地震响应对比分析。

包括地基的古塔有限元模型采用空间四面体单元，地基的侧面边界每个节点采用弹簧单元，地基的底面边界采用固结约束，如图 4-24(b) 所示。该模型在建模中做了如下考虑和假定：①地基与结构共用节点，变形协调；②忽略基础埋深，将古塔直接置于地基表面；③根据地质勘查报告，确定地基的水平计算范围取塔底换算半径的 5 倍，深度方向取换算半径的 2.5 倍；④地基土为弹性体。

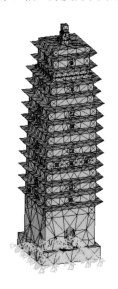
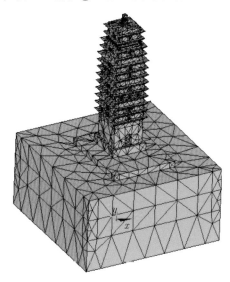

(a) 不包括地基的模型　　　　　　　　(b) 包括地基的模型

图 4-24　龙护舍利塔有限元模型

4.3.5　地震波的选用与处理

2008 年 5 月 12 日汶川地震中，中国地震局在四川省布设的地震台网测得了该次地震的地面加速度记录。根据扬州大学古建筑保护课题组与国家强震动台网签订的服务协议，获得了四川省各测站的记录，包括距离龙护舍利塔最近的什邡八角地震台的记录。经过数字化处理和频谱分析，得到什邡八角地震台三向时程曲线和反应谱曲线, 如图 4-25 和图 4-26 所示。

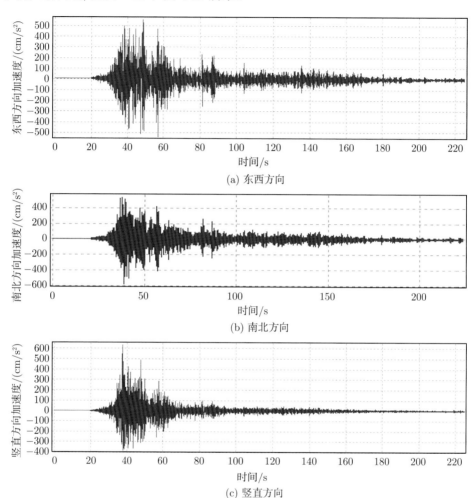

图 4-25   什邡八角汶川地震波三向时程曲线图

　　什邡八角地震台原始地震记录为每隔 0.005s 输出一个数据, 由于时程分析过程中每个时间步长需要进行多次迭代计算, 对计算机配置要求高, 且计算时间冗长。借助 SeismoSignal 软件对地震波原始记录进行修正, 调整采样频率与时间间隔, 并保证波形特征与原始地震波在时域、频域的加速度峰值等相关参数一致。修正后的地震波强震持时为 90s、时间间隔为 0.1s、地面加速度峰值为 0.56g, 适合采用微型计算机分析。调整后用于龙护舍利塔时程分析的三向时程曲线和反应谱曲线分别如图 4-27、图 4-28 所示。

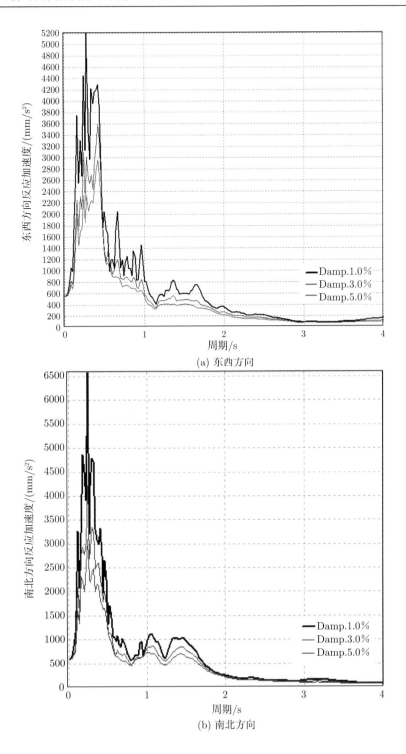

(a) 东西方向

(b) 南北方向

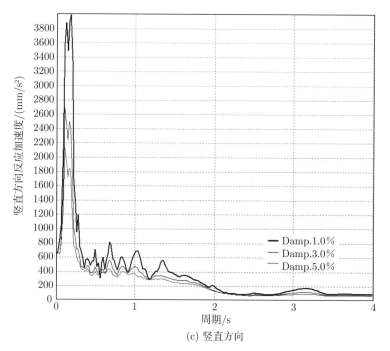

(c) 竖直方向

图 4-26   什邡八角汶川地震波三向反应谱曲线图

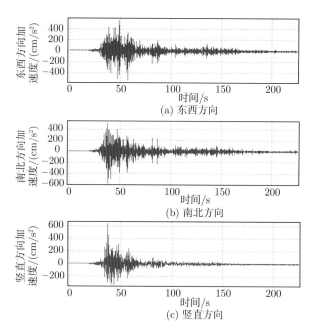

(a) 东西方向

(b) 南北方向

(c) 竖直方向

图 4-27   什邡八角汶川地震波调整后三向时程曲线图

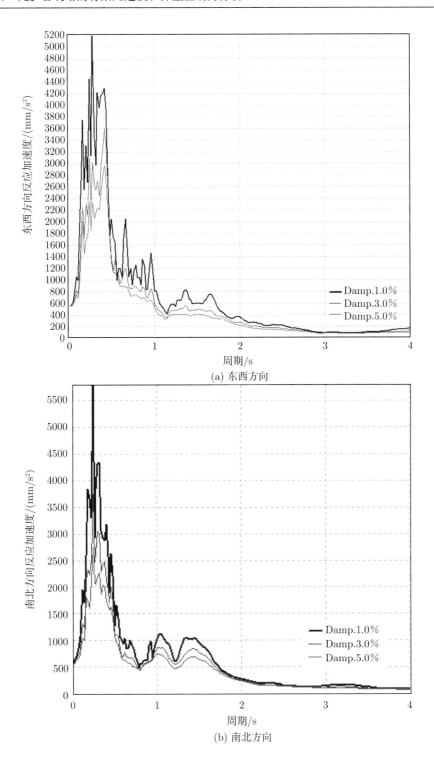

(a) 东西方向

(b) 南北方向

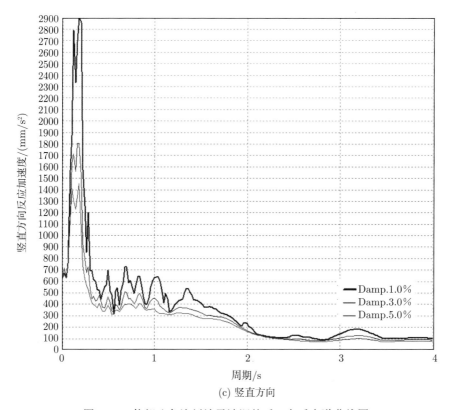

(c) 竖直方向

图 4-28   什邡八角汶川地震波调整后三向反应谱曲线图

4.3.6   古塔地震响应的弹性时程分析

为了直观地比较古塔有、无地基模型对地震响应的影响，本节采用弹性时程分析方法对龙护舍利塔进行地震响应分析。运用 ANSYS 软件建模和分析，输入调整后的什邡八角地震波，计算模型在地震作用下的动态响应，分析的重点为塔层水平位移和地震剪力。

1. 塔体水平向位移分析

1) 东西向水平位移

将东西向地震波沿模型底部输入，经分析，不包括地基的模型塔体水平位移的峰值反应时刻为 57s，包括地基的模型塔体水平位移的峰值反应时刻为 49.7s。两种情况的位移反应如图 4-29、图 4-30 所示，图中，位移时程选取第 30~70s 的有效地震持时段；各塔层的水平位移值详见表 4-11。

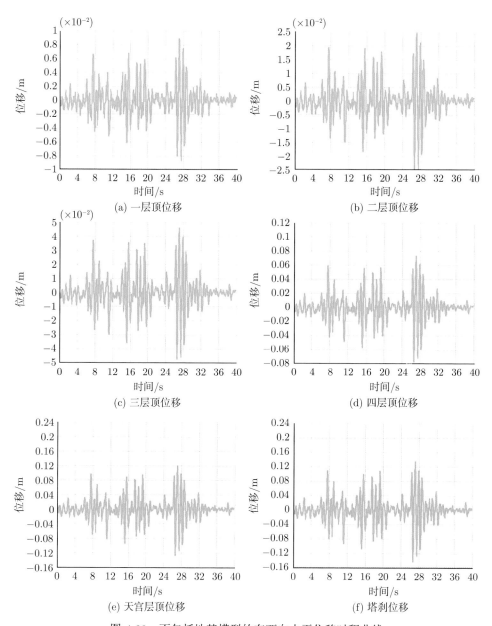

图 4-29　不包括地基模型的东西向水平位移时程曲线

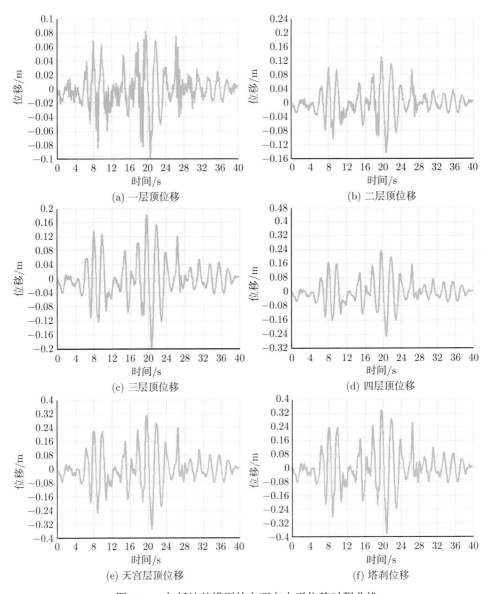

图 4-30   包括地基模型的东西向水平位移时程曲线

根据表 4-11 的数据，将两种模型的塔层水平位移值绘于图 4-31，可以看出，按弹性时程分析时，两种模型塔体变形呈弯曲剪切型；塔层水平位移沿塔体高度的增加趋势相似，包括地基模型比不包括地基模型的层间位移增大较多，在第 1 层约为 4 倍，在天宫处约为 2 倍多。

表 4-11　两种模型塔体的东西向水平位移值

层数	不包括地基模型			包括地基模型		
	位移/mm	层间位移/mm	层间位移角	位移/mm	层间位移/mm	层间位移角
塔刹	135.06	15.18	1/165	381.99	32.57	1/77
天宫	119.88	25.86	1/167	349.42	59.03	1/73
五层	94.02	20.53	1/168	290.39	36.94	1/116
四层	73.49	27.12	1/194	253.45	57.51	1/91
三层	46.37	21.92	1/240	195.94	52.64	1/100
二层	24.45	15.57	1/337	143.30	44.25	1/119
一层	8.88	8.88	1/730	99.05	35.05	1/185
地基	—	—		64.00	—	—

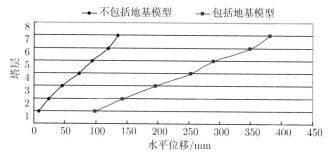

图 4-31　塔层东西向水平位移对比图

2) 南北向水平位移

将南北向地震波沿模型底部输入，经分析，不包括地基的模型塔体水平位移的峰值反应时刻为 41.2s，包括地基的模型塔体水平位移的峰值反应时刻为 38.7s。两种情况的位移反应值详见表 4-12。同样，根据表 4-12 的数据，将两种模型的塔层水平位移值绘于图 4-32，可以看出，按弹性时程分析时，两种模型塔层水平位移沿高度的增加趋势相似，且包括地基模型比不包括地基模型的层间位移增大较多，在第 1 层约为 3 倍，在天宫处约为 2 倍多。

表 4-12　两种模型塔体的南北向水平位移值

层数	不包括地基模型			包括地基模型		
	位移/mm	层间位移/mm	层间位移角	位移/mm	层间位移/mm	层间位移角
塔刹	130.6	14.65	1/171	440.58	36.03	1/69
天宫	115.95	24.94	1/174	404.55	64.86	1/67
五层	91.01	19.94	1/173	339.69	47.09	1/73
四层	71.07	25.96	1/202	292.60	72.57	1/72
三层	45.11	20.36	1/258	220.03	68.15	1/77
二层	24.75	16.02	1/328	151.88	63.91	1/82
一层	8.73	8.73	1/742	87.97	28.12	1/230
地基	—	—		59.85		

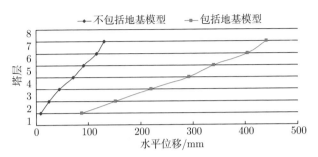

图 4-32　塔层南北向水平位移对比图

2. 水平地震剪应力反应分析

1) 东西向水平剪应力

经分析，得到不包括地基模型塔体各层东西向水平剪应力时程曲线如图 4-33

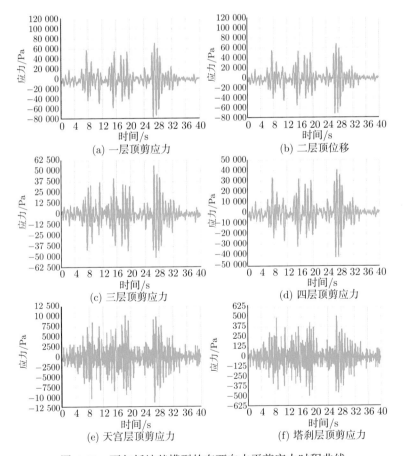

图 4-33　不包括地基模型的东西向水平剪应力时程曲线

所示，包括地基模型塔体各层水平剪应力时程曲线如图 4-34 所示。

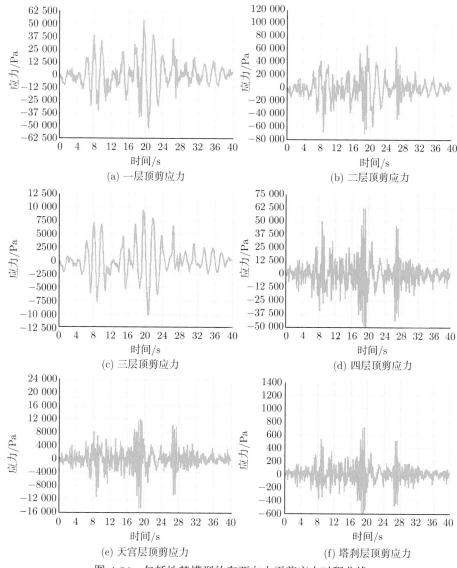

图 4-34 包括地基模型的东西向水平剪应力时程曲线

为便于比较，将两种模型的塔层最大剪应力绘于图 4-35。由图 4-35 可知，不包括地基模型的剪应力随高度的增加，剪应力值逐渐减小，呈下大上小的三角形分布；包括地基模型的剪应力呈中部大和向上、下递减的分布，在第 3 层达到最大值，与不包括地基模型之值相比，第 3 层及以上均较大，但在第 1 层较小，这可能是受地基的影响，包含了高振型的分量所致。

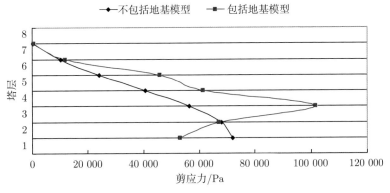

图 4-35　东西向水平剪应力对比图

2) 南北向水平剪力

经分析,南北向水平剪应力反应与东西向水平剪应力反应呈现的规律一致,只是出现峰值的时刻和峰值的大小有所不同,在此不再赘述。

3. 分析结论

(1) 进行古塔弹性时程分析时,包括地基和不包括地基的模型对古塔的地震反应有不同的影响,对塔体水平位移的影响较大,但对塔体水平剪应力的影响并不很明显。

(2) 包括地基和不包括地基的模型,在水平地震作用下塔体的变形呈弯曲剪切型,两者的塔层位移沿高度的变化趋势较为一致,但前者的上部塔层层间位移是后者的 2 倍多,说明地基对塔体的变形有显著的放大作用。

(3) 不包括地基的模型,在水平地震作用下塔体的水平剪应力分布呈上小下大的倒三角形,主要受第一振型的影响;包括地基的模型,在水平地震作用下塔体的水平剪应力分布为中间大、上下小的形状,其形态的分布可能受到包含地基在内的高振型的影响。

4.3.7　古塔地震响应的弹塑性时程分析

1. 基于 LS-DYNA 的模拟分析方法

LS-DYNA 作为 ANSYS/LS-DYNA 程序系统的一个求解模块,以显式积分法求解非线性动力问题。采用 LS-DYNA 的显式动力分析法对古塔在地震作用下破坏过程进行动态弹塑性分析,具有计算速度快、占用电脑内存较少的优势。龙护舍利塔地震响应的弹塑性时程分析方法如下:

(1) 选用 LS-DYNA 中的 SOLID164 八节点实体单元建模,可较真实地反映砌体构件的接触和碰撞关系,应用缩减 (单点) 积分和黏性沙漏控制,适用于抗压能力远大于抗拉能力的非均匀、大变形砌体。

(2) 砌体的材料模型采用 LS-DYNA 中的 Elastic Plastic with Kinematic Hardening 模型，材料屈服准则为 von Mises 双线性随动强化准则。

(3) 地震记录选用汶川地震波中距龙护舍利塔最近的地震台记录的什邡八角地震波，借助 SeismoSignal 软件对原始波进行修正处理，调整采样频率与时间间隔，并保证波形特征与原地震波在时域、频域的加速度峰值等相关参数保持一致。修正地震波持时为 90s，时间间隔为 0.1s，地面加速度峰值 0.56g，适合采用微型计算机分析。

(4) 通过 ANSYS/LS-DYNA 中的 EDLOAD 命令，向古塔模型的所有基础节点上施加加速度–时间曲线，用以输入地震波的加速度时程记录。整个古塔模型将在统一的地震加速度作用下开始振动，直至损伤、破坏。

2. 破坏演化过程及模拟结果分析

借助 LS-DYNA，输入汶川地震的什邡八角地震波，对龙护舍利塔从开始振动到局部发生损伤的整个过程进行弹塑性动力计算分析，计算结果经过后处理模块可以生成动画显示。

图 4-36 ~ 图 4-38 分别为龙护舍利塔地震响应在南立面、北立面和西立面的剪应力云图。为了便于将模拟结果与实际地震损坏状态相对比，图 4-39 给出了龙护舍利塔在汶川地震中的立面残损图。

1) 模型南立面破坏状况分析

龙护舍利塔模型南立面剪应力变化云图如图 4-36 所示，图中红棕色区域代表模型中退出工作的失效单元，图 4-36(a)~(f) 给出了失效单元的发展情况。破坏状况分析如下：①在地震作用过程中，模型南立面第 5 层 (内部实际层数) 塔檐在 35.784s 出现失效单元，随着地震反复作用，模型中退出工作的单元越来越多；②模型第 5 层塔角部位出现的失效单元呈斜线发展，在 63.714s 第 5 层角部檐口发生砌体坍塌的现象；③模型中轴线开洞区域的失效单元以竖向发展为主，第 3 层和第 5 层中部开窗洞处出现很多失效单元，并有上下贯通的趋势；④整个模拟分析结果与龙护舍利塔南立面的实际残损状况 (图 4-39(a)) 类似。

2) 模型北立面破坏状况分析

龙护舍利塔模型北立面剪应力变化云图如图 4-37 所示。在地震作用过程中，模型北立面第 5 层塔檐在 33.186s 出现失效单元，在 63.51s 后失效单元基本不再增多。模型中失效单元的发展规律和南立面发展情况相似，但第 5 层的失效单元数量更多。

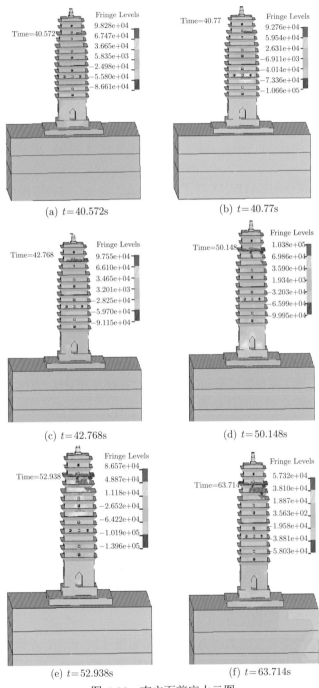

图 4-36 南立面剪应力云图

图中红棕色区域表示失效单元区域

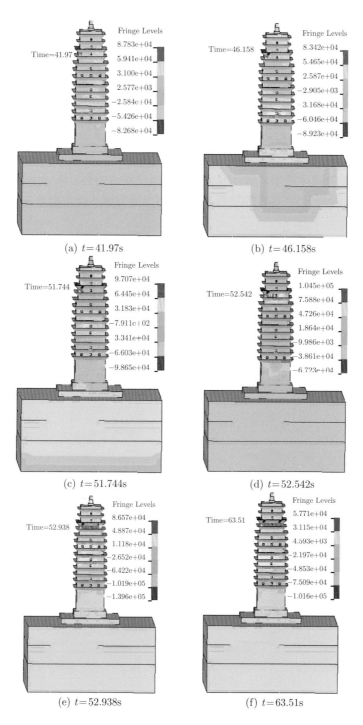

图 4-37 北立面剪应力云图

3) 模型西立面破坏状况分析

龙护舍利塔模型西立面剪应力变化云图如图 4-38 所示。模型西立面第 5 层塔檐在 34.968s 出现失效单元,在 62.514s 后失效单元基本不再增多。模型西立面破坏没有南北立面严重,失效单元集中出现在第 5 层角部,且斜向发展。

采用单元非线性赋予模型结构非线性,借助 ANSYS 中显示动力学模块 LS-DYNA,可以反演古塔破坏的损伤特征,是一种研究古塔结构损伤的新手段。分析结果显示:多应力复合作用状态下,龙护舍利塔呈现出复杂的破坏损伤特征——塔体的第 5 层处破坏严重,塔体四角失效单元呈斜线发展,塔体中轴线开洞处裂缝沿竖向发展,并有上下贯通的趋势,塔体的南北方向破坏比东西方向破坏严重。模

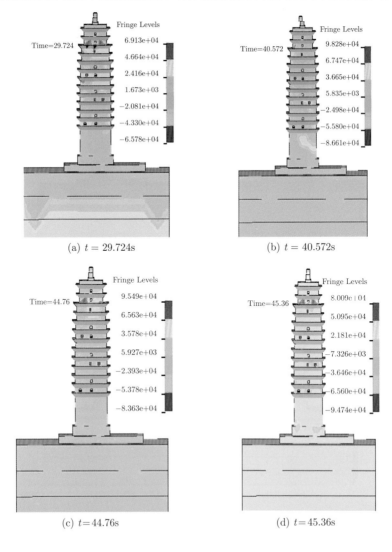

(a) $t = 29.724$s   (b) $t = 40.572$s

(c) $t = 44.76$s   (d) $t = 45.36$s

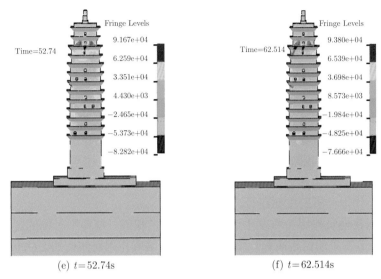

(e) $t=52.74$s   (f) $t=62.514$s

图 4-38 西立面剪应力云图

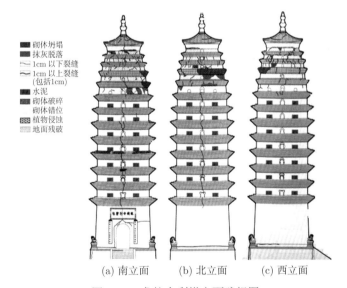

(a) 南立面   (b) 北立面   (c) 西立面

图 4-39 龙护舍利塔立面残损图

图片来源: 中国文化遗产研究院. 四川德阳龙护舍利宝塔现状勘查报告

拟结果与龙护舍利塔立面残损图所描述的实际损伤状况基本一致: 中轴附近以竖向贯通裂缝为主, 塔角处以斜向裂缝为主, 第 5 层至塔顶部破坏严重, 且周边多处震落。

第5章 古塔地震作用的分析方法

古塔的地震作用分析是抗震鉴定的基本工作。由于我国古建筑抗震研究的进展较为缓慢且受文物保护特定要求的制约，古塔的地震作用分析至今尚无相应的规范可以依循。借鉴我国现行《建筑抗震设计规范》(GB 50011—2010) 的基本方法，并参考结构类型较为接近的砌体结构房屋和砖烟囱的抗震分析方法，是现阶段砖石古塔地震作用分析的主要路径。

建筑物在地震作用下将发生水平振动和竖向振动，结构不对称的建筑还将产生扭转振动。古塔的结构高耸、自重较大，水平地震作用对结构的影响和损坏较为显著，是导致古塔开裂、倒塌的主要因素；在 8 度及以上的高烈度区，竖向地震作用常导致高耸古塔的上部开裂，并与水平地震作用产生组合效应，加剧了古塔的破坏程度；鉴于古塔采用对称的截面形式和均匀分布的结构构件，其质量中心与刚度中心基本上重合，可以不考虑扭转振动的作用。本章参照《建筑抗震设计规范》和《烟囱设计规范》(GB 50051—2013) 的基本方法，提出古塔水平地震作用和竖向地震作用的分析方法，并结合典型古塔地震作用的计算分析，探讨分析方法的适用性。

5.1 古塔水平地震作用分析方法

在《建筑抗震设计规范》(GB 50011—2010) 中，底部剪力法和振型分解反应谱法是计算建筑结构水平地震作用的基本方法；对于高度不超过 40m、体型规则的砌体结构房屋，一般采用底部剪力法计算水平地震作用。在《烟囱设计规范》(GB 50051—2013) 中，要求砖烟囱的水平地震作用按照《建筑抗震设计规范》规定的振型分解反应谱法进行计算。

本节将结合古塔抗震鉴定研究，探讨古塔计算模型的建立方法，以及振型分解反应谱法和底部剪力法中相关计算参数的确定方法，并以典型古塔为例进行结构的水平地震作用及效应分析，比较两种方法的适用性和差异，为制定相应的抗震鉴定和加固规程提供依据。

5.1.1 计算模型的确定

在进行结构动力分析时，通常将多层或高层结构简化为底端固定的多质点悬臂杆体系。对于楼盖为刚性的多层房屋，可将其质量集中在每一层的楼面处

(图 5-1(a))；对于烟囱，则可根据计算要求将其分为若干段，然后将各段质量集中在其中部 (图 5-1(b))。

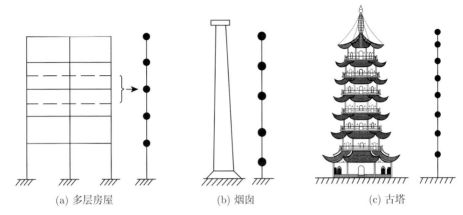

(a) 多层房屋　　　　(b) 烟囱　　　　(c) 古塔

图 5-1　多质点悬臂杆体系

　　砖石古塔的建筑类型丰富多样，其中，楼阁式塔、密檐式塔因结构高耸、外形美观，是古塔的代表性类型，且因数量众多，为抗震鉴定的主要对象。楼阁式、密檐式古塔的上部结构为直立式筒体、基础埋置在地基之中，采用底端固定的多质点悬臂杆体系作为计算模型，既符合结构的边界条件和受力特征，也便于按照《建筑抗震设计规范》进行地震作用分析。图 5-1(c) 为楼阁式古塔常采用的多质点悬臂杆模型，模型以楼层位置作为质点的计算高度，将楼层上下各一半的塔体质量集中在质点上；对突出屋面的塔顶，当其上有较为高大的塔刹时，通常将塔顶和塔刹合为一个质点，并以两者的结合位置为质点的计算高度。

5.1.2　振型分解反应谱法的运用

1. 基本公式及定义

　　按照《建筑抗震设计规范》，结构 j 振型 i 质点的水平地震作用标准值，按下列公式确定：

$$F_{ji} = \alpha_j \gamma_j X_{ji} G_i \quad (i = 1, 2, \cdots, n; j = 1, 2, \cdots, m) \tag{5-1}$$

$$\gamma_j = \sum_{i=1}^{n} X_{ji} G_i \Big/ \sum_{i=1}^{n} X_{ji}^2 G_i \tag{5-2}$$

式中，F_{ji} 为 j 振型 i 质点的水平地震作用标准值；α_j 为相应于 j 振型自振周期的地震影响系数，根据地震影响系数曲线 (图 5-2) 确定；X_{ji} 为 j 振型 i 质点的水平相对位移；γ_j 为 j 的振型参与系数；G_i 为集中于质点 i 的重力荷载代表值。

当结构的阻尼比不等于 0.05 时，曲线下降段的衰减指数 γ 应按下式确定：

$$\gamma = 0.9 + \frac{0.05 - \zeta}{0.3 + 6\zeta} \tag{5-3}$$

式中，ζ 为阻尼比；且阻尼调整系数 η_2 应按下式确定：

$$\eta_2 = 1 + \frac{0.05 - \zeta}{0.08 + 1.6\zeta} \tag{5-4}$$

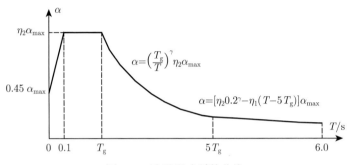

图 5-2   地震影响系数曲线

α. 地震影响系数；$\alpha_{\max}$. 地震影响系数最大值；η_1. 直线下降段的下降斜率调整系数；γ. 衰减指数；T_g.
特征周期；η_2. 阻尼调整系数；T. 结构自振周期

当相邻振型周期比小于 0.85 时，振型之间的偶联性较小，水平地震作用效应 (弯矩、剪力、轴向力和变形) 可采用 SRSS 组合方法，按下式确定：

$$S_{Ek} = \sqrt{\sum S_j^2} \tag{5-5}$$

式中，S_{Ek} 为水平地震作用标准值的效应；S_j 为 j 振型水平地震作用标准值的效应，可取前 2~3 个振型，当基本自振周期大于 1.5s 或房屋高宽比大于 5 时，振型个数应适当增加。

2. 古塔相关参数的确定

1) 质点的重力荷载代表值

运用上述公式计算古塔水平地震作用及效应时，首先需要确定各质点的重力荷载代表值 G_i。古塔的重力荷载代表值应取塔体结构和塔檐、塔刹等构件的自重标准值与可变荷载组合值之和。古塔的自重标准值可通过测量和计算各组成部分的尺寸及材料的自重获得，砖石古塔常用材料的自重见第 3 章中表 3-1。古塔的可变荷载为塔顶雪荷载和可上人楼面的人群荷载，可参照现行国家标准《建筑结构荷载规范》(GB 50009—2001) 并根据实际情况确定，其组合值系数分别取 0.5 和 1.0。

2) 地震影响系数

古塔的地震影响系数需根据烈度、场地类别、设计地震分组和结构自振周期以及阻尼比确定。其中，古塔所在地区的抗震设防烈度、设计地震分组均按照国家的规定选用，场地类别也可由该地区的地震管理部门提供，关键的问题是确定古塔的结构自振周期和阻尼比。

古塔的结构自振周期可采用结构动力学的方法或运用有限元分析软件计算确定。建立古塔有限元模型时，砌体的弹性模量是表达古塔刚度的重要参数之一。试验与统计分析表明，砖砌体的弹性模量大体上与砌体的抗压强度成正比，并与砂浆的强度等级有关；石砌体的变形主要取决于砂浆的变形，其弹性模量与石料的加工精度和砂浆的强度等级有关。现行的建模方法中，通常在古塔现场材料强度测试的基础上，参照现行《砌体结构设计规范》(GB 50003—2011)，根据砌体的种类、砂浆强度等级和砌体的抗压强度设计值来确定砌体的弹性模量。

大多数古塔由于建造年代久远，缺乏原始建造记录，且塔体复杂的内部构造以及基础等隐蔽工程参数，难于用常规的检测方法获得；因此，理论计算依据的不确定性，易造成计算结果与实际动力特性的差异。利用现场实测得到结构真实的动力特性数据，可以与理论计算数据进行对照比较，验证理论计算的可靠性。扬州大学古建筑保护课题组以苏州虎丘塔为研究样本，将现场脉动法测试与计算机模拟分析结合，提出了基于动力特性的古塔建模方法。从已有的古塔动力特性测试成果来看，目前采用的脉动法测试技术可较好地获得古塔的前三阶振动周期，基本满足振型分解反应谱法的计算要求。

古塔的结构阻尼比需要通过现场动力测试的方法确定，由于古塔的结构类型和所用测试仪器的不同，获得的阻尼比差异较大；根据已有的脉动法现场测试提供的数据，古塔的阻尼比大多在 0.01~0.03 之间，小于钢筋混凝土结构 0.05 的阻尼比，这可能与脉动法所依据的环境振动较为微弱、古塔实测振动变形较小有关。图 5-2 给出的地震影响系数曲线，是按建筑结构的阻尼比为 0.05 确定的；当计算古塔的地震影响系数时，可根据基本周期所对应的阻尼比计算曲线下降段的衰减指数和阻尼调整系数。计算分析表明，阻尼比在 0.01~0.03 之间的古塔，其地震影响系数要比阻尼比为 0.05 的建筑结构大 1.3 倍左右。

3) 振型参与系数

振型参与系数是确定各振型参与地震作用的关键指标，取决于质点的重力荷载代表值和水平相对位移。质点的水平相对位移由古塔的各阶振型确定，当采用现场测试与计算机模拟结合的方法拟合古塔的振型时，可利用下式对规准化的水平相对位移进行校准：

$$\sum_{j=1}^{n} \gamma_j X_{ji} = 1 \quad (j = 1, 2, \cdots, n) \tag{5-6}$$

4) 相邻振型的周期比

表 5-1 列出了我国一些古塔实测的自振周期值，从表中数据可以看出，除了长细比 H/D 较大的千寻塔、兴福寺塔、奎光塔，大多数古塔的第一周期 (基本周期) 在 0.58~0.89s，第二周期在 0.17~0.27s，第三周期在 0.09~0.18s；第二周期与第一周期之比约为 0.3，第三周期与第二周期之比约为 0.5。由于相邻振型的周期比小于 0.85，振型之间的偶联性较小，因此，可以按照式 (5-5) 采用 SRSS 组合方法计算水平地震作用效应。

5) 高振型的影响

由图 5-2 可知，地震影响系数最大值对应的主周期范围在 0.1s~T_{g} 之间，按照《建筑抗震设计规范》(GB 50011—2010)，Ⅰ ~ Ⅲ类场地的特征周期 T_{g} 取为 0.20~0.65s；鉴于大多数古塔的第二、第三自振周期在该主周期范围之内 (表 5-1)，在分析古塔的地震作用时，需要对高振型反应的影响给予足够的重视。

表 5-1　典型古塔的实测周期及周期比

古塔	高度 H/m	外径 D/m	H/D	周期 1/s	周期 2/s	周期 3/s	周期 1:周期 2:周期 3	周期 2:周期 3
大雁塔	49.8	25.2	1.98	0.67	0.25		1:0.37	
小雁塔	40.2	11.4	3.52	0.74	0.18		1:0.24	
千寻塔	63.0	9.9	6.36	2.00	0.42		1:0.21	
法王塔	27.8	8.4	3.31	0.59	0.17	0.09	1:0.29:0.15	1:0.53
兴福寺塔	52.1	9.0	5.79	1.61	0.64	0.46	1:040:0.29	1:0.71
六胜塔	33.5	12.7	2.64	0.58	0.18	0.09	1:0.31:0.16	1:0.50
镇国塔	41.9	14.0	2.99	0.84	0.27	0.10	1:0.32:0.12	1:0.40
仁寿塔	39.9	13.3	3.00	0.70	0.25	0.10	1:0.36:14	1:0.40
虎丘塔	45.1	13.8	3.27	0.83	0.26	0.14	1:0.31:0.17	1:0.54
文峰塔	38.3	10.3	3.72	0.89	0.23	0.13	1:0.26:0.15	1:0.57
光塔	34.2	8.5	4.02	0.80	0.40	0.18	1:0.50:0.23	1:0.45
龙护塔	33.0	8.0	4.13	0.79	0.20	0.10	1:0.25:0.13	1:0.50
中江南塔	28.2	7.9	3.57	0.64	0.18	0.09	1:0.28:0.14	1:0.50
奎光塔	49.9	9.9	5.04	1.47	0.15	0.09	1:0.10:0.06	1:0.60

注: 大雁塔、小雁塔、千寻塔数据源于李德虎和何江 (1990)；法王塔数据源于文立华等 (1995)；兴福寺塔数据源于曹双寅等 (1999)；六胜塔数据源于郭小东等 (2005)；虎丘塔数据源于袁建力等 (2005)；文峰塔数据源于高久斌等 (2006)；镇国塔、仁寿塔数据源于蔡辉腾和李强 (2009)；光塔数据源于侯俊锋等 (2010)；龙护塔、中江南塔、奎光塔数据源于樊华等 (2013)。

5.1.3　底部剪力法的运用

1. 基本公式及定义

采用底部剪力法时，结构的水平地震作用标准值按下列公式确定 (图 5-3)：

$$F_{\mathrm{Ek}} = \alpha_1 G_{\mathrm{eq}} \tag{5-7}$$

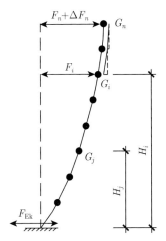

图 5-3 底部剪力法计算简图

$$F_i = \frac{G_i H_i}{\sum_{j=1}^{n} G_i H_i} F_{Ek}(1 - \delta_n) \quad (i = 1, 2, \cdots, n) \tag{5-8}$$

$$\Delta F_n = \delta_n F_{Ek} \tag{5-9}$$

式中，F_{Ek} 为结构总水平地震作用标准值；α_1 为相应于结构基本周期的水平地震影响系数值，根据地震影响系数曲线 (图 5-2) 确定；G_{eq} 为结构等效总动力荷载，可取总重力荷载代表值的 85%；F_i 为质点 i 的水平地震作用标准值；G_i, G_j 分别为集中于质点 i、j 的重力荷载代表值；H_i, H_j 分别为质点 i、j 的计算高度；δ_n 为顶部附加地震作用系数，多层钢筋混凝土和钢结构房屋可按表 5-2 采用；ΔF_n 为顶部附加水平地震作用。

表 5-2   顶部附加地震作用系数

T_g/s	$T_1 > 1.4T_g$	$T_1 \leqslant 1.4T_g$
$T_g \leqslant 0.35$	$0.08T_1 + 0.07$	0.0
$0.35 < T_g \leqslant 0.55$	$0.08T_1 + 0.01$	0.0
$T_g > 0.55$	$0.08T_1 - 0.02$	0.0

注: T_g 为与场地类别和设计地震分组有关的特征周期值；T_1 为结构基本自振周期。

2. 古塔相关参数的确定

1) 地震作用的分布

底部剪力法将地震作用沿结构高度按倒三角形分布，引入与场地类别和结构周期相关的顶部附加水平地震作用，以考虑长周期高振型的影响。

底部剪力法适用条件为高度不超过 40m，以剪切变形为主且质量和刚度沿高度分布比较均匀的结构。大多数楼阁式、密檐式古塔的质量和刚度分布基本符合上述条件，但侧向变形以弯曲变形为主 (图 5-4)，与剪切变形曲线相比 (图 5-3)，其上部塔层的层间侧移较大，需要适当增加顶部附加水平作用以考虑这一差异。

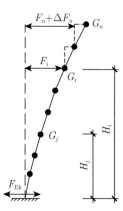

图 5-4　弯曲变形曲线

表 5-2 列出的顶部附加地震作用系数主要用于结构柔度和自振周期相对较大的建筑结构，鉴于较多高耸古塔的长细比和自振周期较大，借用该表提供的系数计算顶部附加地震作用也是较为合理的办法。此外，从汶川地震古塔地震损伤的状况来看，大多数古塔上部开裂、坍塌现象严重 (图 5-5)，运用底部剪力法计算地震作用时，在塔顶采用较高的附加水平地震作用，可有效地提高古塔抗震鉴定水准和防破坏能力。

　　(a) 阆中白塔　　　　　　(b) 苍溪崇霞宝塔　　　　　(c) 绵阳三台北塔

图 5-5　汶川地震中四川古塔上部的破坏

2) 等效质量系数

底部剪力法视多质点体系为等效单质点体系, 引入等效质量系数 0.85 以反映多质点体系底部剪力值与对应单质点体系 (质量等于多质点体系总质量, 周期等于多质点体系基本周期) 剪力值的差异。

等效质量系数的取值与结构的基本周期和场地条件有关。资料研究表明, 大多数古塔建于地基较为坚硬的场地上, 其场地特征周期在 $0.25 \sim 0.45\text{s}$; 将表 5-1 中各振型周期与图 5-2 地震系数影响曲线相对照可以发现, 古塔的基本周期 T_1 均大于特征周期 T_g, 相应的地震影响系数位于曲线的下降段; 而第二、第三周期大多数在 $0.1\text{s} \sim T_\text{g}$ 之间, 相应的地震影响系数位于曲线的水平段。底部剪力法仅考虑基本周期的地震影响而忽略第二、第三周期的地震影响, 将会低估古塔的总体水平剪力值, 偏于不安全。计算分析表明, 特征周期 T_g 与基本周期 T_1 的比值越小, 底部剪力法与振型分解反应谱法计算的基底剪力值的差值越大; 因此, 需要根据特征周期 T_g 与基本周期 T_1 的比值, 适当增大等效质量系数。

3) 结构的基本周期

由于底部剪力法仅需考虑结构的基本周期, 因此, 不需运用经典力学方法或高精度测试仪器来确定古塔的前几阶周期和振型参数, 这使得地震作用的分析大为简便。本书第 3 章中提供了古塔基本周期 T_1 的经验公式, 可用于底部剪力法的计算分析。

5.1.4 计算示例与地震作用对比分析

1. 示例古塔的概况及相关参数

本节以扬州文峰塔为分析示例, 对比振型分解反应谱法与底部剪力法所计算的水平地震作用的差异。

扬州文峰塔为 7 层八角形楼阁式古塔, 自室外地坪至塔顶的总高度 $H=36.8+1.6=38.4\text{m}$, 底边对角线长度 11.3m, 塔体采用青砖砌筑, 每层设有木质外廊和塔檐, 塔顶设置金属塔刹, 具有典型的江南古塔构造特征, 其建筑和结构的详细资料可参见第 6.4 节。

按照《建筑抗震设计规范》, 扬州市设计地震分组为第一组, 抗震设防烈度 7 度, 设计基本地震加速度为 $0.15g$, 多遇地震的水平地震影响系数最大值 $\alpha_\text{max} = 0.12$; 文峰塔所在的场地属 II 类, $T_\text{g} = 0.35\text{s}$。

文峰塔结构体系的计算简图见图 5-6。图中, 质点 $1 \sim 7$ 的计算高度取各楼层高度, 质点 8 取塔顶二分之一高度处, 各质点重力荷载代表值见表 5-3。综合有限元分析和现场动力特性试验, 得到该塔阻尼比为 0.016, 前三阶振型的周期和质点的水平相对位移 X_{ji} 值见图 5-7。

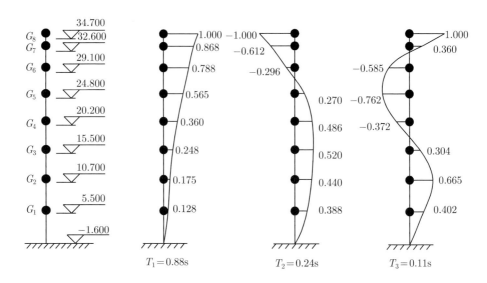

图 5-6　计算简图(标高：m)　　　　　图 5-7　前三阶振型图(标高：m)

表 5-3　各层质点重力荷载代表值 G_i　　　　(单位：kN)

质点	1	2	3	4	5	6	7	8
G_i	7427	5532	4363	4010	3712	3006	1662	1042

2. 按振型分解反应谱法计算水平地震作用

1) 曲线下降段衰减指数和阻尼调整系数

示例古塔阻尼比 $\zeta = 0.016 < 0.05$，需按照式 (5-3)、式 (5-4) 计算曲线下降段衰减指数 γ 和阻尼调整系数 η_2。

$$\gamma = 0.9 + \frac{0.05 - \zeta}{0.3 + 6\zeta} = 0.9 + \frac{0.05 - 0.016}{0.3 + 6 \times 0.016} = 0.99$$

$$\eta_2 = 1 + \frac{0.05 - \zeta}{0.08 + 1.6\zeta} = 1 + \frac{0.05 - 0.016}{0.08 + 1.6 \times 0.016} = 1.32$$

2) 各振型的地震影响系数 α_j

第一振型：$T_\mathrm{g} < T_1 = 0.88\mathrm{s} < 5T_\mathrm{g}$，

$$\alpha_1 = \left(\frac{T_\mathrm{g}}{T_1}\right)^{\gamma} \eta_2 \alpha_{\max} = \left(\frac{0.35}{0.88}\right)^{0.99} \times 1.32 \times 0.12 = 0.064$$

第二振型：$T_\mathrm{g} > T_2 = 0.24\mathrm{s} > 0.1\mathrm{s}$，

$$\alpha_2 = \eta_2 \alpha_{\max} = 1.32 \times 0.12 = 0.158$$

第三振型: $T_g > T_3 = 0.11s > 0.1s$,

$$\alpha_3 = \eta_2 \alpha_{\max} = 1.32 \times 0.12 = 0.158$$

3) 各振型参与系数 γ_j

按照公式 (5-2), 并根据表 5-3 和图 5-6、图 5-7 给定的数据, 算得古塔各振型参与系数分别为: $\gamma_1 = 1.773$、$\gamma_2 = 1.165$、$\gamma_3 = 0.393$。详细计算过程可参见第 6.4 节。

4) 水平地震作用及剪力

按照公式 (5-1), 算得古塔各振型各质点的水平地震作用并列入表 5-4。依据所得各振型各质点的水平地震作用, 按照公式 (5-5) 求得各塔层处的剪力 V_{zi}, 也列入表 5-4 中。

表 5-4   塔层的水平地震作用和剪力   (单位: kN)

塔层	F_{1i}	F_{2i}	F_{3i}	V_{1i}	V_{2i}	V_{3i}	剪力 V_{zi}
塔顶塔刹	118	−192	64	118	−192	64	234
七层	164	−188	37	282	−380	101	484
六层	269	−164	−109	551	−544	−8	774
五层	238	184	−176	789	−360	−184	887
四层	164	359	−93	953	−1	−277	992
三层	122	417	82	1075	416	−195	1169
二层	110	448	228	1185	864	33	1467
一层	108	530	185	1293	1394	218	1914

值得注意的是, 由于第二振型的地震影响系数 $\alpha_2 = \eta_2 \alpha_{\max} = 0.158$, 且振型参与系数 $\gamma_2 = 1.165$, 相应的地震作用已超过了第一振型的地震作用, 表明其对古塔的地震作用具有较大的影响; 第三振型由于振型参与系数较小, 对古塔地震作用的影响已降至较低的水准。

3. 按底部剪力法计算水平地震作用

底部剪力法的计算简图如图 5-3 所示, 古塔各质点的计算高度和重力荷载代表值见表 5-5。

1) 结构总水平地震作用标准值

按公式 (5-7) 计算结构总水平地震作用标准值, 相应于 T_1 的水平地震影响系数 $\alpha_1 = 0.064$, 作用在结构上的总重力荷载代表值为 30 754kN, 则有

$$F_{Ek} = \alpha_1 G_{eq} = 0.064 \times 0.85 \times 30\ 754 = 1673kN$$

2) 顶部附加水平地震作用

已知特征周期 $T_g = 0.35s$, 基本周期 $T_1 = 0.88s > 1.4T_g = 1.4 \times 0.35 = 0.49s$, 查表 5-2, 顶部附加地震作用系数 $\delta_n = 0.08T_1 + 0.07 = 0.08 \times 0.88 + 0.07 = 0.140$, 则由公式 (5-9) 算得顶部附加水平地震作用 $\Delta F_n = \delta_n F_{Ek} = 0.140 \times 1673 = 234kN$。

将相关数据代入公式 (5-8)，依次算得各塔层水平地震作用 F_i，据此计算出各塔层处的剪力 V_{Di}，见表 5-5。

表 5-5   塔层的水平地震作用值及剪力

塔层	计算高度/m	G_i/kN	G_iH_i/(kN·m)	ΔF_n/kN	F_i/kN	剪力 V_{Di}/kN
塔顶塔刹	36.3	1042	37824	234	96	330
七层	34.2	1662	56840		144	474
六层	30.7	3006	92284		234	708
五层	26.4	3712	97997		248	956
四层	21.8	4010	87418		222	1178
三层	17.1	4363	74607		189	1367
二层	12.3	5532	68044		172	1539
一层	7.1	7427	52732		134	1673

4. 两种方法计算结果的比较

将振型分解反应谱法和底部剪力法计算所得剪力列入表 5-6，通过对比可以发现：① 由于忽略了高振型对地震作用的影响，底部剪力法计算的基底剪力值偏低，约为振型分解反应谱法的基底剪力值的 87%；② 底部剪力法通过调整附加水平地震作用，增大了上部塔层的剪力值，相应地提高了上部塔层的抗震受剪鉴定标准。

表 5-6   两种方法计算的剪力对比

塔层	剪力 V_{zi}/kN	剪力 V_{Di}/kN	V_{Di}/V_{zi}
塔顶塔刹	234	330	1.41
七层	484	474	0.98
六层	774	708	0.91
五层	887	956	1.08
四层	992	1178	1.19
三层	1169	1367	1.17
二层	1467	1539	1.05
一层	1914	1673	0.87

5. 场地类别对地震作用的影响

由于地震影响系数和顶部附加地震作用系数均与特征周期值密切相关，因此，仍以文峰塔为例，假定场地类别分别为 I_1、II、III、IV 类，相应的特征周期 T_g 分别为 0.25s、0.35s、0.45s、0.65s，进行振型分解反应谱法和底部剪力法的对比分析，以进一步了解两种方法的差异和变化规律。按照两种方法所用的参数和计算塔层剪力列于表 5-7。

对比表 5-7 中数据，可发现如下特征和规律：

表 5-7 不同场地类别下塔层剪力的对比

场地类别	I₁			II			III			IV		
特征周期	0.25s			0.35s			0.45s			0.65s		
T_g/T_1	0.284			0.398			0.511			0.739		
地震影响系数 α_i	$\alpha_1=0.046$ $\alpha_2=0.158$ $\alpha_3=0.158$			$\alpha_1=0.064$ $\alpha_2=0.158$ $\alpha_3=0.158$			$\alpha_1=0.082$ $\alpha_2=0.158$ $\alpha_3=0.158$			$\alpha_1=0.117$ $\alpha_2=0.158$ $\alpha_3=0.158$		
顶部附加地震作用系数 δ_n	$\delta_n=0.08T_1+0.07=0.14$			$\delta_n=0.08T_1+0.07=0.14$			$\delta_n=0.08T_1+0.01=0.08$			$T_1\leqslant 1.4T_g$ $\delta_n=0.0$		
塔层	V_{Di}/kN	V_{zi}/kN	V_{Di}/V_{zi}	V_{Di}/kN	V_{zi}/kN	V_{Di}/V_{zi}	V_{Di}/kN	V_{zi}/kN	V_{Di}/V_{zi}	V_{Di}/kN	V_{zi}/kN	V_{Di}/V_{zi}
塔顶塔刹	237	220	**1.08**	330	234	**1.41**	303	253	**1.20**	204	296	**0.69**
七层	341	443	0.77	474	484	0.98	500	534	0.94	511	648	0.79
六层	510	673	0.76	708	774	0.91	820	891	0.92	1009	1144	0.88
五层	689	696	0.99	956	887	1.08	1159	1088	1.07	1538	1497	1.03
四层	849	739	1.15	1178	992	1.19	1462	1251	1.17	2009	1763	1.14
三层	986	899	1.10	1367	1169	1.17	1720	1452	1.18	2411	2018	1.19
二层	1111	1214	0.92	1539	1467	1.05	1956	1747	1.12	2778	2332	1.19
一层	1208	1689	**0.72**	1673	1914	**0.87**	2139	2177	**0.98**	3062	2752	1.11

(1) 由地震影响系数的变化可知，该塔的基本周期 $T_1=0.88\mathrm{s}$，位于地震影响系数曲线 (图 5-2) 的下降段 ($T_\mathrm{g} \sim 5T_\mathrm{g}$ 之间)，其相应的地震影响系数 α_1 随 T_g 的增加而增大；当场地类别由 I_1 改变为 IV 时，地震影响系数 α_1 由 0.046 增大到 0.117。而该塔的第二周期 $T_2=0.24\mathrm{s}$、第三周期 $T_3=0.11\mathrm{s}$，均位于地震影响系数曲线 (图 5-2) 的水平段 ($0.1\mathrm{s}\sim T_\mathrm{g}$ 之间)，相应的地震影响系数 α_2、α_3 并未受场地类别改变的影响。

(2) 当场地类别由 I_1 改变为 IV 时，两种方法计算的基底 (第 1 层) 剪力均相应地增大；底部剪力法的剪力增大比例为：1.0:1.39:1.77:2.53，振型分解反应谱法的剪力增大比例为：1.0:1.13:1.29:1.63，表明底部剪力法计算值的增幅较大。这是因为场地类别对古塔地震作用的影响，主要体现在第一振型相应的地震影响系数上，随着 T_g/T_1 的增加，地震影响系数相应增大。由于底部剪力法计算的剪力仅考虑第一振型的作用，场地类别的变化对计算结果影响较大；而振型分解反应谱法计算的剪力涉及前三阶振型的作用，当第二、第三振型的作用保持不变，则场地类别的变化对计算结果的影响相对较小。

(3) 当场地类别由 I_1 改变为 III 时，底部剪力法与振型分解反应谱法的基底剪力比值分别为：0.72、0.87 和 0.98，表明按底部剪力法计算的基底剪力总体偏小；特征周期 T_g 与基本周期 T_1 的比值越低，两种方法的差距越大。

(4) 底部剪力法通过调整附加水平地震作用，增大了上部塔层的剪力值；当场地类别由 I_1 改变为 III 时，在塔顶塔刹部位，底部剪力法与振型分解反应谱法的比值分别为：1.08、1.41 和 1.20；但在场地类别 IV 的情况下，由于 $T_1 = 0.88 < 1.4T_\mathrm{g} = 1.4 \times 0.65 = 0.91$，按照表 5-7，顶部附加地震作用系数为 0，计算的剪力值也未考虑顶部附加剪力的调整，因此，底部剪力法与振型分解反应谱法的比值仅为 0.69。

需要关注的是：①在场地类别 $\mathrm{I}_1 \sim$ III 的情况下，由于 T_g/T_1 较小，按照底部剪力法计算的基底剪力均小于振型分解反应谱法的计算值，对古塔的抗震验算偏于不安全；②在场地类别 IV 的情况下，由于 $T_1 \leqslant 1.4T_\mathrm{g}$，按照底部剪力法计算的顶部剪力明显小于振型分解反应谱法的计算值，对古塔的抗震验算偏于不安全。

5.1.5　结论与建议

本节结合典型古塔的地震作用分析研究，探讨了古塔计算模型的建立方法，以及振型分解反应谱法和底部剪力法中相关计算参数的确定方法，并进行了结构的水平地震作用及效应的对比分析。通过研究和分析，可得到下述结论并提出相应的建议。

(1) 楼阁式、密檐式古塔是中国古塔的代表性类型，其上部结构为直立式筒体，基础埋置在地基之中，采用底端固定的多质点悬臂杆体系作为计算模型，符合结构的边界条件和受力特征，便于参照《建筑抗震设计规范》进行地震作用分析。

(2) 古塔在弹性阶段的阻尼比较低，一般小于 0.05；按照《建筑抗震设计规范》计算地震影响系数时，需根据实测阻尼比计入相应的阻尼调整系数。

(3) 采用振型分解反应谱法计算古塔水平地震作用时，宜取前三阶振型分析，以考虑高振型对地震作用的影响。

(4) 采用底部剪力法计算古塔水平地震作用，可使计算工作大为简化，但应注意古塔的弯曲变形特征与计算假定中剪切变形的差异；采用附加水平地震作用来增大上部塔层的剪力值，可减少这一差异，有利于古塔上部塔层的抗震鉴定和加固。对于场地特征周期 $T_g > 0.55s$、且 $T_1 \leqslant 1.4T_g$ 的古塔，建议取 $\delta_n = 0.08T_1 - 0.02$ 作为顶部附加地震作用系数，以保证上部塔层的抗震安全度。

(5) 在场地类别 $\text{I}_1 \sim \text{III}$ 且特征周期 $T_g \leqslant 0.45s$ 的情况下，按照底部剪力法计算的基底剪力小于振型分解反应谱法的计算值，且 T_g/T_1 值越小，基底剪力的差值越大，这对古塔的抗震验算偏于不安全。对于 $T_g/T_1 \leqslant 0.5$ 的古塔，建议适当增大底部剪力法中的结构等效总动力荷载，将等效质量系数由 0.85 调整为 1.00~0.90，T_g/T_1 值较小者宜取较大的等效质量系数。

5.2 古塔竖向地震作用分析方法

5.2.1 古塔竖向地震作用研究状况

砖石古塔在大地震中，常发生塔刹塌落、上部塔层严重开裂或倒塌的震害。一些著名的古塔如大理三塔、西安小雁塔等，上部塔体在地震中多次损坏。据 2008 年汶川地震四川省损坏古塔的统计分析，在 VII 度地震区有 7 座古塔的中、上部倒塌；在 VIII 度地震区有 5 座古塔的中、上部倒塌，1 座古塔整体垮塌；在 IX 度及 IX 度以上地震区，3 座古塔整体垮塌；古塔破坏的一般规律为：随着地震烈度的增大，塔体由上部断裂逐步加剧为整体垮塌。

针对古塔上部塔层的震害状况，一些学者结合古塔的构造特征和地震作用提出了两种鉴定观点。一种观点认为，古塔的塔刹因刚度突变易产生鞭梢效应，以及上部塔体因尺寸明显收缩受高振型影响较大，是导致古塔上部破坏的主要因素。另一种观点认为，导致古塔上部破坏的主要因素是竖向地震作用，其实际作用值可能远大于《建筑抗震设计规范》规定的竖向地震作用值；理由是在水平地震作用下塔体中上层截面的应力基本小于砌体的抗震强度设计值，若能充分考虑竖向地震的拉力效应，将出现导致上部塔层破坏的力学条件。

对于竖向地震作用的取值、沿结构高度的分布和作用效应，是第二种观点需解决的核心问题。钱培风 (1985) 较早在此方面开展了研究，并根据唐山地震中北京北海白塔塔顶断裂后抛落的距离，推定水平地震作用达最大值时，将伴随着很大的竖向地震作用。但文立华等 (1995) 对陕西法王塔抗震性能的研究表明，当竖向地震最大加速度取水平地震最大加速度的 2/3 时，竖向地震作用在塔顶产生的最大竖向拉力仅为其自重的 42%，对塔体破坏的影响很小。孔德刚等 (2011) 对都江堰奎光塔的抗震性能进行了计算，在 8 度多遇地震情况下，竖向地震作用效应与水平地震作用效应的组合，将使塔体自上而下出现拉应力。总体上看，目前对古塔竖向地震作用的研究资料尚不够充分，且难以给出较为一致的规律，有待于继续拓展和深化。

鉴于我国砖石古建筑的地震作用分析尚无相应的规范可以依循，借鉴现行《建筑抗震设计规范》的基本方法，并参考结构类型较为接近的砖烟囱抗震分析方法，是现阶段砖石古塔地震作用分析的主要路径。

在《建筑抗震设计规范》(GB J11—1989) 中，曾提出烟囱和类似高层结构的竖向地震作用计算方法；在《烟囱设计规范》(GB 50051—2013) 中，给出了砖烟囱的竖向地震作用计算方法。本节将借鉴上述规范的基本方法，探讨古塔竖向地震作用的计算模型以及相关参数的确定方法；结合典型古塔的上部结构震害，进行竖向地震作用的对比分析并重点考察拉力效应的影响，为制定古塔的抗震鉴定和加固规程提供有效的依据。

5.2.2   竖向地震作用基本公式分析

1.《建筑抗震设计规范》公式及特征

在《建筑抗震设计规范》(GB J11—1989) 中，第 4.1.1 条规定，对于 8 度和 9 度时的烟囱和类似的高耸结构，应考虑竖向地震作用；第 4.3.1 条规定，竖向地震作用标准值应按下列公式确定 (计算简图见图 5-8)。

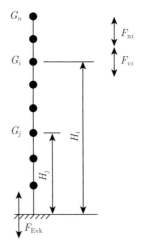

图 5-8   竖向地震作用计算简图

$$F_{\text{Evk}} = \alpha_{\text{v max}} G_{\text{eq}} \tag{5-10}$$

$$F_{\text{v}i} = \frac{G_i H_i}{\sum G_j H_j} F_{\text{Evk}} \tag{5-11}$$

式中，F_{Evk} 为结构总竖向地震作用标准值；$F_{\text{v}i}$ 为质点 i 的竖向地震作用标准值；$\alpha_{\text{v max}}$ 为竖向地震影响系数最大值，可取水平地震影响系数最大值的 65%；G_{eq} 为结构等效总重力荷载，可取其重力荷载代表值的 75%；G_i, G_j 分别为集中于质点 i、j 的重力荷载代表值；H_i, H_j 分别为质点 i、j 的计算高度。

在该规范第 11.1.5 条中，规定按第 4.3.1 条计算烟囱竖向地震作用时，竖向地震作用效应的增大系数可采用 2.5。

上述公式与现行《建筑抗震设计规范》(GB 50011—2010) 规定的公式完全一致；不同之处在于：①现行规范仅适用于 9 度时的高层建筑，将烟囱的抗震设计划入《烟囱设计规范》；②现行规范根据台湾集集大地震的经验，将竖向地震作用效应的增大系数取为 1.5。

《建筑抗震设计规范》的计算方法具有如下特征：①总竖向地震作用标准值为竖向地震影响系数的最大值与等效总重力荷载代表值的乘积，竖向地震影响系数的最大值取水平地震影响系数最大值的 65%；②各质点的竖向地震作用标准值与结构总竖向地震作用成正比，与其计算高度成正比；③竖向地震作用在各截面产生的拉力 (或压力)，沿结构高度自上向下逐步增大 (图 5-9)，在底部等于结构总竖向地震作用产生的拉力 (或压力)。

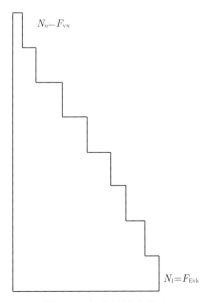

图 5-9 竖向地震力分布

2.《烟囱设计规范》公式及特征

在现行《烟囱设计规范》中，第 5.5.1 条规定，对于 8 度和 9 度时的烟囱，应考虑竖向地震作用。第 5.5.4 条规定，烟囱竖向地震作用标准值可按下列公式计算。

烟囱根部的竖向地震作用可按下式计算：

$$F_{\mathrm{Evo}} = \pm 0.75 \alpha_{\mathrm{v\,max}} G_{\mathrm{E}} \tag{5-12}$$

其余各截面可按下列公式计算：

$$F_{\mathrm{Evk}} = \pm \eta \left(G_{i\mathrm{E}} - \frac{G_{i\mathrm{E}}^2}{G_{\mathrm{E}}} \right) \tag{5-13}$$

$$\eta = 4(1+C)\kappa_{\mathrm{v}} \tag{5-14}$$

式中，F_{Evk} 为计算截面 i 的竖向地震作用标准值 (kN)，对于烟囱根部截面，当 $F_{\mathrm{Evk}} < F_{\mathrm{Evo}}$ 时，取 $F_{\mathrm{Evk}} = F_{\mathrm{Evo}}$；$G_{i\mathrm{E}}$ 为计算截面 i 以上的烟囱重力荷载代表值 (kN)；G_{E} 为基础顶面以上的烟囱总重力荷载代表值 (kN)；C 为结构材料的弹性恢复系数，对砖烟囱取 $C=0.6$；κ_{v} 为竖向地震系数，按《建筑抗震设计规范》规定的设计基本地震加速度与重力加速度比值的 65% 采用，7 度取 $\kappa_{\mathrm{v}}=0.065(0.1)$，8 度取 $\kappa_{\mathrm{v}}=0.13(0.2)$，9 度取 $\kappa_{\mathrm{v}}=0.26$；$\kappa_{\mathrm{v}}=0.1$ 和 $\kappa_{\mathrm{v}}=0.2$ 分别用于设计基本地震加速度为 $0.15g$ 和 $0.30g$ 的地区；$\alpha_{\mathrm{v\,max}}$ 为竖向地震影响系数最大值，按现行《建筑抗震设计规范》的规定，取水平地震影响系数最大值的 65%。

对公式 (5-13) 进行处理可得

$$\frac{F_{\mathrm{Evk}}}{G_{i\mathrm{E}}} = \eta \left(G_{i\mathrm{E}} - \frac{G_{i\mathrm{E}^2}}{G_{\mathrm{E}}} \right) / G_{i\mathrm{E}} = \eta \left(1 - \frac{G_{i\mathrm{E}}}{G_{\mathrm{E}}} \right) \tag{5-15}$$

式 (5-15) 表明竖向地震作用与结构自重荷载的比值，自下而上呈线性增大规律。

针对上述计算公式，该规范编制组通过砖烟囱的振动台试验，证明试验结果与理论计算结果吻合较好 (图 5-10)。由图 5-10 可知，在烟囱的上部约 $2/3h$ 范围内，按该规范计算的竖向地震力较《建筑抗震设计规范》计算结果偏大，符合震害分布规律。

《烟囱设计规范》的计算方法，具有如下特征：①竖向地震系数按照《建筑抗震设计规范》的规定，取基本地震加速度与重力加速度比值的 65%；②计算截面的竖向地震作用与竖向地震系数成正比，取决于该截面以上的重力荷载代表值和烟囱总重力荷载代表值的比值，但与烟囱底部的竖向地震作用无直接关系；③竖向地震力沿结构高度的分布规律为：在烟囱上部和下部相对较小，而在烟囱中下部 $1/3h$ 附近 (在烟囱质量中心处) 竖向地震力最大 (图 5-11)。

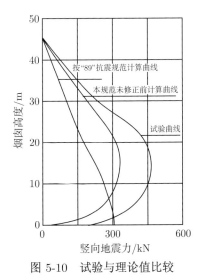

图 5-10 试验与理论值比较

图 5-11 竖向地震力分布

5.2.3 古塔竖向地震作用的分析方法

1. 竖向地震作用的计算模型

参照《建筑抗震设计规范》分析竖向地震作用时，可将古塔视为底端固定的多质点悬臂杆体系 (图 5-12(b))，各质点的计算高度和重力荷载代表值 G_i 的取值与第 5.1 节水平地震作用分析的计算模型相同。

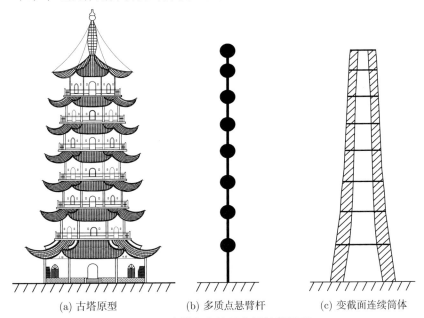

(a) 古塔原型   (b) 多质点悬臂杆   (c) 变截面连续筒体

图 5-12 古塔竖向地震作用计算模型

参照《烟囱设计规范》分析竖向地震作用时，可将古塔视为底端固定的变截面连续筒体 (图 5-12(c))，这对于空心塔体古塔，结构体系更接近计算模型所依据的烟囱构造特征。该模型以塔层的楼面为计算截面，各计算截面以上的重力荷载代表值 G_{iE}，可根据塔体截面沿结构高度的变化、附属构件的部位以及可变荷载的分布计算确定。

需要注意的是，由于计算模型的不同，两种规范在塔层部位的质量分布以及截面以上的重力荷载代表值并不相同。《建筑抗震设计规范》采用了质量集中方法，在每一塔层部位的质量包含了下半层塔体的质量，相应的重力荷载代表值要大于《烟囱设计规范》按连续塔体计算的重力荷载代表值。

2. 竖向地震作用效应的计算

按《建筑抗震设计规范》分析竖向地震作用效应时，需运用式 (5-10) 和式(5-11)计算出各质点的竖向地震作用标准值，然后用截面法计算各塔层截面的地震竖向拉 (压) 力。

与《建筑抗震设计规范》的计算方法不同,《烟囱设计规范》的式 (5-13) 和式 (5-14) 直接给出了计算截面的竖向地震作用标准值，即各塔层截面的地震竖向拉 (压) 力。

3. 竖向地震系数与抗震设防水准的关系

古塔的抗震鉴定需根据抗震设防三个烈度水准制定相应的鉴定目标，计算竖向地震作用时，必须明确两种规范中竖向地震系数与各烈度水准的对应关系。

在《建筑抗震设计规范》中，质点竖向地震作用与竖向地震影响系数的最大值 $\alpha_{v\,max}$ 相关，$\alpha_{v\,max}$ 取水平地震影响系数最大值 α_{max} 的 65%；水平地震影响系数最大值 α_{max} 可根据抗震设防水准，按照多遇地震、设防地震、罕遇地震分别确定。

在《烟囱设计规范》中，截面竖向地震作用与系数 η 值相关，即与材料弹性恢复系数 C 和竖向地震系数 κ_v 相关。按照公式 (5-14) 的定义，可将给定的竖向地震系数 κ_v 值视为与多遇地震水准相对应。但由《烟囱设计规范》条文说明知，η 值中已考虑了《建筑抗震设计规范》要求的增大系数，所计算的竖向地震作用值相当于 2.5 倍按照《建筑抗震设计规范》的计算值；鉴于设防地震与多遇地震两者的地面运动峰值加速度比约为 2.8，在保持材料弹性恢复系数 C 不变的情况下，也可将给定的竖向地震系数 κ_v 值视为与设防地震相对应。

为了对两种规范的竖向地震作用效应进行对比分析，拟按以下方法协调竖向地震系数：①以现行《建筑抗震设计规范》为依据，选定多遇地震、设防地震、罕遇地震相应的水平地震影响系数最大值 α_{max}，再确定相应的竖向地震影响系数的最大值 $\alpha_{v\,max}$；②将《烟囱设计规范》中给定的竖向地震系数 κ_v 分别作为多遇地震、设防地震的基准值,根据抗震设防三个烈度水准对应的地面运动峰值加速度的比值,分别确定相应的竖向地震系数,再通过竖向地震效应分析进行比照优选。按照上述建议确定的与抗震设防水准对应的竖向地震系数见表 5-8。

表 5-8   与抗震设防水准对应的竖向地震系数

地震系数	设防烈度	8 度 $(0.2g)$	8 度 $(0.3g)$	9 度 $(0.4g)$
地面运动峰值加速度/(cm/s^2)	多遇地震	70	110	140
	设防地震	200	300	400
	罕遇地震	400	510	620
竖向地震影响系数的最大值 $\alpha_{v\,max}$(用于《建筑抗震设计规范》)	多遇地震	0.104	0.156	0.208
	设防地震	0.293	0.442	0.585
	罕遇地震	0.585	0.780	0.910
竖向地震系数 κ_{vo}(将《烟囱设计规范》给定值作为多遇地震的基准值)	多遇地震	0.130	0.200	0.260
	设防地震	0.371	0.545	0.743
	罕遇地震	0.743	0.927	1.151
竖向地震系数 κ_v(将《烟囱设计规范》给定值作为设防地震的基准值)	多遇地震	0.046	0.073	0.091
	设防地震	0.130	0.200	0.260
	罕遇地震	0.260	0.340	0.403

5.2.4   计算示例与竖向地震作用效应分析

本节以西安小雁塔为示例,分别采用上述两种规范提供的方法计算竖向地震作用和对塔体产生的拉力效应,并结合历史大震的损伤状况,进行对比分析。

1. 示例古塔的概况及相关参数

1) 小雁塔建筑特征

小雁塔位于西安市荐福寺内,建于唐景龙年间 (707~709 年),是中国早期方形密檐式砖塔的典型作品 (图 5-13(a)),为国务院 1961 年公布的第一批全国重点文物保护单位。小雁塔原有 15 层,因地震损坏,现存 13 层,总高 43.465m (含基座,图 5-13(b));结构为单筒式砖塔体,内部设木楼板和砖砌蹬道,可至塔顶。

2) 地震分析参数

小雁塔自建成后经历过多次地震,其中对塔体破坏较为严重的有明成化二十三年 (1487 年) 的临潼大地震和明嘉靖三十四年 (1556 年) 的华县大地震。据研究资料考证,公元 1556 年陕西华县发生特大地震,使小雁塔塔顶坠落,塔身中裂 (图 5-13(c))。

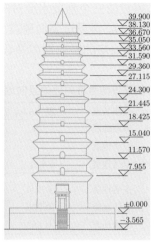

(a) 现状照片　　　　　　　　(b) 立面尺寸　　　　　　　(c) 历史震害照片

图 5-13　西安小雁塔

参照文献《1556 年陕西华县大地震的地面破裂》(王景明, 1980), 华县大地震时西安位于地震烈度Ⅸ度区的边缘 (参见图 2-6)。依据《新的中国地震烈度表》(谢毓寿, 1957) 和《砖石古塔震害程度与地震烈度的对应关系研究》(袁建力, 2013) 给定的古塔震害程度与地震烈度的对应关系, 可判定小雁塔当时遭受的地震烈度为Ⅷ度; 对照《中国地震烈度表》(GB/T 17742—2008), 地震时小雁塔地面水平向地震峰值加速度在 $178\sim353$ cm/s^2。

按照现行《建筑抗震设计规范》, 小雁塔所在的西安市碑林区抗震设防烈度为 8 度, 设计基本地震加速度为 $0.20g$, 设计地震分组为第二组; 考虑古建筑抗震鉴定的三个烈度水准要求, 多遇地震、设防地震、罕遇地震的水平地震影响系数最大值 $\alpha_{\max}$ 分别为 0.16、0.45、0.90, 相应的地面水平地震峰值加速度分别为 70cm/s^2、200cm/s^2、400 cm/s^2。

本书进行古塔竖向地震作用分析时, 将针对小雁塔"塔顶坠落、塔身中裂"的历史震害实况, 以设防地震下塔体截面竖向拉力效应为重点, 检验两种规范方法的适用性和有效性。

3) 计算简图及基本数据

小雁塔按《建筑抗震设计规范》《烟囱设计规范》分析的计算简图分别如图 5-14、图 5-15 所示。

为便于两种规范方法的分析对比, 统一计算出小雁塔的几何尺寸、自重及重力荷载代表值, 列入表 5-9。

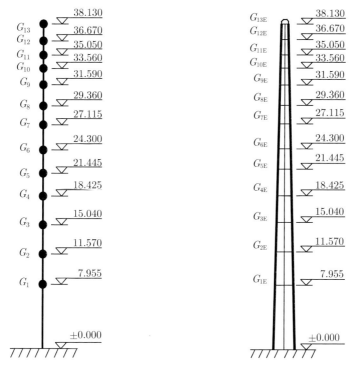

图 5-14 多质点悬臂杆计算简图 (标高: m)　图 5-15 连续筒体计算简图 (标高: m)

表 5-9　小雁塔几何尺寸、自重及重力荷载代表值

层号	标高/m	层高/m	边长/m	墙厚/m	墙体面积/m²	层自重/kN	质点处 G_i/kN	截面以上 G_{iE}/kN
14~15 残体	39.900	1.77	6.00	0.45	8.32	265		
13	38.130	1.460	6.50	1.75	33.30	875	703	265
12	36.670	1.620	7.13	1.94	40.20	1172	1023	1140
11	35.050	1.490	7.69	2.20	48.20	1293	1233	2312
10	33.560	1.970	8.00	2.26	51.80	1837	1565	3605
9	31.590	2.230	8.56	2.50	60.60	2433	2134	5443
8	29.360	2.245	9.13	2.78	70.60	2853	2643	7876
7	27.115	2.815	9.44	2.85	75.10	3806	3329	10 729
6	24.300	2.855	9.87	3.00	83.00	4265	4035	14 535
5	21.445	3.020	10.10	3.10	87.00	4729	4497	18 900
4	18.425	3.385	10.30	3.20	90.90	5538	5134	23 529
3	15.040	3.470	10.50	3.28	94.70	5914	5727	29 067
2	11.570	3.615	10.86	3.38	101.80	6624	6270	34 981
1	7.955	7.955	11.38	3.57	111.00	15 894	19 206	41 605
基础顶面	±0.000					$\Sigma=57\,499$	$\Sigma G_i=57\,499$	$G_E=57\,499$

注: 1. 砖砌体的自重按 18kN/m³ 计算; 2. 按多质点悬臂杆模型计算质点处 G_i 时, 取该塔层上下塔体各一半自重, 第 1 层 G_1 偏安全地取第 2 层一半自重和第 1 层全部自重, 第 13 层 G_{13} 取第 13 层一半自重和第 14~15 层残体的全部自重; 3. 按连续筒体模型计算 G_{iE} 时, 取 i 层截面以上塔体的自重之和。

2. 按《建筑抗震设计规范》分析竖向地震作用

1) 三个设防水准的竖向地震作用计算

由表 5-8 知，多遇地震、设防地震、罕遇地震下的竖向地震影响系数的最大值 $\alpha_{v\,max}$ 分别为 0.104、0.293、0.585。按照式 (5-10)、式 (5-11)，分别计算出三种设防水准下的质点竖向地震作用及塔层截面拉力，列入表 5-10。

表 5-10　塔层的竖向地震作用值及拉力

层号	计算高度 H_i /m	G_i /kN	G_iH_i /(kN·m)	质点竖向地震作用 F_{vi}/kN			塔层截面拉力 N_i/kN		
				多遇地震	设防地震	罕遇地震	多遇地震	设防地震	罕遇地震
13	38.130	703	26 803	121	340	680	121	340	680
12	36.670	1023	37 519	169	475	950	290	815	1630
11	35.050	1233	43 200	194	546	1092	484	1361	2722
10	33.560	1565	52 523	237	667	1334	721	2028	4056
9	31.590	2134	67 426	303	852	1704	1024	2880	5760
8	29.360	2643	77 603	350	984	1968	1374	3864	7728
7	27.115	3329	90 267	406	1142	2284	1780	5006	10 012
6	24.300	4035	98 046	441	1240	2480	2221	6246	12 492
5	21.445	4497	96 441	434	1221	2442	2655	7467	14 934
4	18.425	5134	94 590	426	1198	2396	3081	8665	17 330
3	15.040	5727	86 132	387	1088	2176	3468	9753	19 506
2	11.570	6270	72 540	327	920	1840	3795	10 673	21 346
1	7.955	19 206	152 783	688	1935	3870	4483	12 608	25 216
合计		57 499	995 873	4483	12 608	25 216			

为了考察塔体在竖向地震作用下的受拉状况，将表 5-10 中的塔层截面拉力与自重压力 (即本层以上的重力荷载代表值之和 $\sum G_i$) 相比，列入表 5-11。表 5-11 中，还给出了对截面拉力乘以增大系数 2.5(按照《建筑抗震设计规范》(GB J11—1989))，和对截面拉力乘以增大系数 1.5(参照现行《建筑抗震设计规范》(GB 50011—2010)) 两种情况，以便进一步对比。

2) 塔体截面受拉状况分析与评价

由表 5-10、表 5-11 中数据可知：①随着地震加速度增加，竖向地震引起的截面拉力成比例增加；②竖向地震作用产生的拉力自塔顶向塔底逐步增大，基本呈线性分布，最大值在基础顶面；③各塔层截面拉力与自重压力的比值也呈线性分布，自上向下逐步减小，最大值在塔顶；④在多遇地震情况下，上部塔层拉力与自重压力的比值较小，即使乘以《建筑抗震设计规范》给定的增大系数，也不致引起截面断裂。

根据表 5-11 中塔层截面拉力与自重压力之比的分布情况，可针对小雁塔实际震害与设防地震的对应关系，并考虑罕遇地震将引起的整体倒塌可能性，对竖向地

表 5-11 塔层截面拉力与自重压力的比值

塔层	计算高度/m	ΣG_i/kN	$N_i/\Sigma G_i$			$2.5N_i/\Sigma G_i$			$1.5N_i/\Sigma G_i$		
			多遇地震	设防地震	罕遇地震	多遇地震	设防地震	罕遇地震	多遇地震	设防地震	罕遇地震
13	38.130	703	0.172	0.484	0.968	0.430	1.210	2.420	0.258	0.726	1.452
12	36.670	1726	0.168	0.473	0.946	0.420	1.183	2.365	0.252	0.710	1.419
11	35.050	2967	0.163	0.458	0.916	0.408	1.145	2.290	0.245	0.687	1.374
10	33.560	4524	0.159	0.447	0.894	0.398	1.118	2.236	0.239	0.671	1.341
9	31.590	6658	0.154	0.433	0.866	0.385	1.083	2.166	0.231	0.650	1.299
8	29.360	9301	0.148	0.416	0.832	0.370	1.040	2.080	0.222	0.624	1.248
7	27.115	12 630	0.141	0.397	0.794	0.353	0.993	1.986	0.212	0.596	1.191
6	24.300	16 665	0.133	0.374	0.748	0.333	0.935	1.870	0.200	0.561	1.122
5	21.445	21 162	0.125	0.351	0.702	0.313	0.878	1.756	0.188	0.527	.053
4	18.425	26 296	0.117	0.329	0.658	0.293	0.823	1.646	0.176	0.494	0.987
3	15.040	32 022	0.108	0.304	0.608	0.270	0.760	1.520	0.162	0.456	0.912
2	11.570	38 293	0.099	0.278	0.556	0.248	0.695	1.390	0.149	0.417	0.834
1	7.955	57 499	0.078	0.219	0.438	0.195	0.548	1.096	0.117	0.329	0.657

震作用效应增大系数进行如下讨论。

(1) 不考虑竖向地震作用效应增大系数。在设防地震情况下，顶层截面的拉力与自重压力的比值仅为 0.484，若与水平地震作用组合，截面应处于偏心受压状态，塔体一般不易断裂；在罕遇地震情况下，顶层截面的拉力与自重压力之比增大为 0.968，可能导致上部塔体断裂；从总体上看，竖向地震作用效应产生的震害明显低于小雁塔的实际震害。

(2) 考虑竖向地震作用效应增大系数 2.5。在设防地震情况下，自第 8 层起截面拉力已大于自重压力，比值达 1.04；在罕遇地震情况下，全塔自下而上截面拉力均大于自重压力，且塔的上部截面拉力与自重压力之比已超过 2.0；在这两种情况下，即使不考虑水平地震作用组合，塔体也将发生多层断裂或整体垮塌，表明竖向地震作用效应产生的震害明显高于小雁塔的实际震害。

(3) 考虑竖向地震作用效应增大系数 1.5。在设防地震情况下，自第 5 层起截面拉力与自重压力的比值已超过 0.5，在顶层的比值达到 0.726，与水平地震作用组合后，有可能导致塔顶断裂；在罕遇地震情况下，自第 5 层起向上截面拉力均大于自重压力，与水平地震作用组合后，塔体也将大部分倒塌；从总体上看，竖向地震作用效应产生的震害接近但低于小雁塔的实际震害。

3. 按《烟囱设计规范》分析竖向地震作用

1) 三个设防水准的竖向地震作用计算

参照表 5-8 并根据公式 (5-14) 的定义，砖结构材料的弹性恢复系数 $C = 0.6$；当给定的竖向地震系数 κ_{vo} 与多遇地震对应时，分别取 0.130、0.371、0.743，则相应的系数 η 分别为 0.832、2.374、4.755；当给定的竖向地震系数 κ_v 与设防地震对应时，分别取 0.046、0.130、0.260，则相应的系数 η 分别为 0.294、0.832、1.664。

根据公式 (5-13) 分别计算出两种竖向地震系数对应的各塔层的竖向拉力 F_{Evk}，并与本层的自重压力 G_iE 相比，列入表 5-12、表 5-13。

表 5-12　塔层截面拉力与自重压力的比值（κ_{vo} 与多遇地震对应）

塔层	计算高度 /m	G_iE /kN	F_{Evk}/kN			F_{Evk}/G_iE		
			多遇地震	设防地震	罕遇地震	多遇地震	设防地震	罕遇地震
13	38.130	265	217	628	1257	0.824	2.368	4.736
12	36.670	1140	930	2654	5315	0.818	2.328	4.656
11	35.050	2312	1845	5268	10 551	0.798	2.277	4.554
10	33.560	3605	2809	8025	16 072	0.781	2.226	4.452
9	31.590	5443	4098	11 718	23 456	0.756	2.151	4.302
8	29.360	7876	5647	16 139	32 321	0.719	2.049	4.098
7	27.115	10 729	7249	20 722	41 499	0.679	1.932	3.864
6	24.300	14 535	9024	25 785	51 639	0.623	1.775	3.550
5	21.445	18 900	10 513	30 042	60 166	0.560	1.598	3.196
4	18.425	23 529	11 595	33 142	66 373	0.495	1.410	2.820
3	15.040	29 067	11 940	34 117	68 345	0.410	1.173	2.346
2	11.570	34 981	11 381	32 520	65 144	0.325	0.930	1.860
1	7.955	41 605	9555	27 299	54 685	0.229	0.656	1.312

表 5-13　塔层截面拉力与自重压力的比值（κ_v 与设防地震对应）

塔层	计算高度 /m	G_iE /kN	F_{Evk}/kN			F_{Evk}/G_iE		
			多遇地震	设防地震	罕遇地震	多遇地震	设防地震	罕遇地震
13	38.130	265	77	220	440	0.291	0.830	1.660
12	36.670	1140	329	930	1860	0.289	0.816	1.632
11	35.050	2312	653	1846	3692	0.282	0.798	1.596
10	33.560	3605	994	2812	5624	0.276	0.780	1.560
9	31.590	5443	1450	4106	8208	0.267	0.754	1.508
8	29.360	7876	1998	5655	11 310	0.254	0.718	1.436
7	27.115	10 729	2565	7261	14 522	0.240	0.677	1.354
6	24.300	14 535	3193	9035	18 070	0.220	0.622	1.244
5	21.445	18 900	3720	10 527	21 054	0.198	0.560	1.120
4	18.425	23 529	4103	11 613	23 226	0.175	0.494	0.988
3	15.040	29 067	4225	11 958	23 916	0.145	0.411	0.822
2	11.570	34 981	4027	11 398	22 796	0.115	0.326	0.652
1	7.955	41 605	3381	9568	19 136	0.081	0.230	0.460

由表 5-12 中数据可知，将《烟囱设计规范》给定的竖向地震系数视为多遇地震的基准值，则在设防地震下，自第 2 层向上各塔层的截面拉力与自重压力的比值均大于 1.0，塔体将全面倒塌，这种状况与小雁塔的实际震害不相符；此外，在塔顶部位截面拉力与自重压力的比值将达到 2.368，这在已有的建筑物振动台试验中也难于发现如此高的比值。

再考察表 5-13 中的数据，在设防地震下塔层竖向拉力效应的规律性与小雁塔的实际震害较为接近，因此，可将《烟囱设计规范》给定的竖向地震系数视为设防地震的基准值作为一种方案考虑。

2) 塔体截面受拉状况分析与评价

取规范给定的竖向地震系数为设防地震的基准值，由表 5-13 数据可知：①竖向地震作用产生的截面拉力自塔顶向塔底逐步增大，但最大拉力发生在塔的中下部 (第 3 层顶面)，拉力最大值截面的计算高度约为小雁塔总高度的 40%；②各截面拉力与自重压力的比值基本呈线性分布，最大值在塔顶，自上向下逐步减小；其比值介于按《建筑抗震设计规范》(GB J11—1989) 考虑拉力增大系数 1.5 和 2.5 的计算值之间，详见表 5-11。

将塔体拉力分布状况与小雁塔实际震害相比，在多遇地震情况下，各塔层截面拉力与自重压力的比值均较小，不致引起截面的断裂；在设防地震情况下，自第 5 层起截面拉力与自重压力的比值已超过 0.5，在顶层的比值达到 0.83，与水平地震作用组合后，有可能导致塔顶断裂；在罕遇地震情况下，自第 5 层起向上截面拉力均大于自重压力，与水平地震作用组合后，塔体也将大部分倒塌；从总体上看，竖向地震作用效应产生的震害接近但略低于小雁塔的实际震害。

4. 竖向地震作用效应增大系数的调整与比较

根据表 5-11、表 5-13 的分析数据，可参照小雁塔在设防地震作用下顶部断裂的状态，来选择竖向地震作用效应的增大系数 β。鉴于水平地震作用在塔顶产生的弯曲和剪切效应较小，可认为塔顶的断裂主要由竖向地震作用产生的拉力效应所致，故偏安全地取塔顶 (第 13 层) 截面拉力与自重压力之比为 1.0，来调整增大系数 β。

由表 5-11 知，按《建筑抗震设计规范》分析时，对应的增大系数为 $\beta=1.0/0.484=2.07\approx2.0$；由表 5-13 知，按《烟囱设计规范》分析时，对应的增大系数为 $\beta=1.0/0.830=1.205\approx1.2$。因此，建议分别取 2.0 和 1.2 作为两种规范的竖向地震作用效应增大系数，按此系数调整后的塔层截面拉力与自重压力之比见表 5-14。由表 5-14 可知，调整后两种规范的分析数据相近，且能更好地解释小雁塔在地震烈度Ⅷ度时塔体开裂、塔顶倒塌的实际震害。

表 5-14　调整增大系数后的塔层截面拉力与自重压力的比值

塔层	计算高度/m	$2.0N_i/\Sigma G_i$ (按《建筑抗震设计规范》分析)			$1.2F_{Evk}/G_iE$ (按《烟囱设计规范》分析)		
		多遇地震	设防地震	罕遇地震	多遇地震	设防地震	罕遇地震
13	38.130	0.344	0.968	1.936	0.349	0.996	1.992
12	36.670	0.336	0.946	1.892	0.347	0.979	1.958
11	35.050	0.326	0.916	1.832	0.338	0.958	1.915
10	33.560	0.318	0.894	1.788	0.331	0.936	1.872
9	31.590	0.308	0.866	1.732	0.320	0.905	1.809
8	29.360	0.296	0.832	1.664	0.305	0.862	1.723
7	27.115	0.282	0.794	1.588	0.288	0.812	1.625
6	24.300	0.266	0.748	1.496	0.264	0.746	1.493
5	21.445	0.250	0.702	1.404	0.238	0.617	1.344
4	18.425	0.234	0.658	1.316	0.210	0.545	1.186
3	15.040	0.216	0.608	1.216	0.174	0.453	0.986
2	11.570	0.198	0.556	1.112	0.138	0.359	0.782
1	7.955	0.156	0.438	0.876	0.097	0.254	0.552

5.2.5　结论与建议

本节借鉴《建筑抗震设计规范》和《烟囱设计规范》的基本方法，以典型古塔为例进行了竖向地震作用效应分析，结合古塔的历史震害状况，比较了两种基本方法的适用性和差异。

研究结果表明，按照两种规范方法计算的古塔竖向地震拉力及分布规律，均与古塔实际震害有较好的对应关系；通过适当地选择竖向地震系数或竖向地震作用效应增大系数，可获得较为合理的地震作用效应，为解释古塔上部塔体开裂、坍塌的状态提供有效的力学依据。

考虑到两种规范所依据的基本理论和表达方式的差异，根据本书的对比研究，提出如下古塔竖向地震作用分析方法的建议：

(1) 鉴于目前古塔的水平地震作用基本参照现行《建筑抗震设计规范》分析，为加强计算理论的一致性，古塔的竖向地震作用宜优先参照现行《建筑抗震设计规范》分析。

(2)《建筑抗震设计规范》(GB J11—1989) 与现行《建筑抗震设计规范》(GB 50011-2010) 的公式和意义完全相同，差别在于两者的竖向地震作用效应增大系数分别为 2.5 和 1.5；根据本书计算结果与实际震害的对比，按现行《建筑抗震设计规范》分析时，建议将增大系数调整为 2.0。

(3) 参照《烟囱设计规范》分析古塔竖向地震作用时，需明确抗震鉴定三个烈度水准对应的竖向地震系数取值；根据本书的分析和对比，宜将规范中给定的竖向

地震系数 κ_v 作为设防地震的基准值, 再按三个烈度水准对应的地面运动峰值加速度的比值, 分别确定多遇地震、罕遇地震的竖向地震系数。此外, 根据本书计算结果与实际震害的对比, 并考虑与《建筑抗震设计规范》的协调, 宜对竖向地震作用效应乘以 1.2 倍的增大系数。

第6章 古塔抗震鉴定方法

我国目前尚未制订砖石古建筑的抗震鉴定标准，现有的砖石古塔抗震鉴定大多参照《古建筑木结构维护与加固技术规范》(GB 50165—1992) 和《建筑抗震鉴定标准》(GB 50023—2009) 进行，鉴定方法难以反映古塔的结构构造特征和抗震性能。本章在归纳提炼国内古塔抗震鉴定研究成果的基础上，针对古塔的结构安全和文物保护要求，提出了古塔抗震鉴定的目标、程序和方法。

古塔抗震鉴定的目标应遵循国家相关的标准并考虑文物的历史价值，鉴定程序可分为宏观检验和定量分析两个层级，对于建筑造型较为复杂的古塔，可将其结构体系分为塔体结构和附属结构两个组成部分进行鉴定。为便于对所提出鉴定方法的理解，结合扬州大学古建筑保护课题组参与的古塔抗震鉴定实践，以扬州文峰塔为例介绍了具体的鉴定方案。

6.1 古塔抗震鉴定的目标和程序

6.1.1 古塔抗震鉴定目标

1. 抗震鉴定目标

中国古塔具有重要的文物和历史价值，对其抗震鉴定及加固的要求应高于一般民用建筑。对于建筑造型较为复杂的古塔，可根据其构造特征和结构受力性能，将结构体系分为塔体结构 (砖石塔身) 和附属结构 (塔刹、塔檐和平座) 两个组成部分进行抗震鉴定；其中，塔体结构的抗震能力决定了古塔在地震作用下的整体安全性，是抗震鉴定和抗震验算的主要对象。

古塔的抗震鉴定目标为：当遭受低于本地区设防烈度的多遇地震影响时，塔体结构和附属结构基本不损坏；当遭受相当于本地区设防烈度的地震影响时，塔体结构和附属结构可能损坏，经一般修理后仍可正常使用；当遭受高于本地区设防烈度的罕遇地震影响时，塔体结构不发生折断、垮塌，附属结构不产生严重的破坏和脱落，经大修后仍可恢复原状。

2. 抗震设防烈度

古塔的抗震烈度按照国家标准 6~9 度设防。对于一般古塔，应按本地区设防烈度的要求进行抗震鉴定。对于全国重点文物保护单位的古塔，6~8 度应按比本地区设防烈度提高一度的要求进行抗震构造鉴定, 9 度时宜适当提高抗震构造鉴定的要求。

6.1.2　抗震鉴定程序及评价

1. 抗震鉴定程序

古塔的抗震鉴定分为抗震性能宏观检验和抗震能力定量分析两级进行。

第一级鉴定以宏观控制为主并结合总体构造要求进行鉴定, 按照抗震结构概念设计的基本原则, 通过资料搜集和现场勘察, 对古塔的总体抗震性能进行宏观检验和综合评价。

第二级鉴定以结构体系抗震验算为主进行鉴定, 参照现行《建筑抗震鉴定标准》(GB 50023—2009)、《砌体结构设计规范》(GB 50003—2011) 的基本方法, 通过塔体结构、附属结构和地基基础的抗震验算, 对古塔的抗震能力做出定量分析和综合评价。

2. 抗震鉴定评价

按照上述程序逐项进行鉴定后, 可对古塔的总体抗震性能和结构抗震能力做出全面和具体的评价。对不符合抗震要求的古塔, 应根据综合评价结果, 向文物和抗震主管部门提出整体加固、构件加固以及消除不利抗震因素的对策和处理意见。加固对策必须遵守《中华人民共和国文物保护法》中确定的"不改变文物原状"的原则, 并便于具体加固方案的编制和工程的实施。

6.2　古塔抗震性能的宏观检验

古塔抗震性能的宏观检验可分为场地与地基基础检验、结构体系检验与抗震构造鉴定、历史震害检验三个方面进行。

6.2.1　场地与地基基础检验

1. 场地检验

场地检验的任务为: 勘察并分析古塔所在地的区域地质构造、场地的工程地质和水文地质状况, 确定场地对抗震有利、不利和危险的地段类别以及是否进行场地对古塔影响的抗震鉴定。

场地检验时, 对于下列情况应重点分析场地对古塔的影响并应进行危害评估:

(1) 位于地震时可能滑坡、崩塌、地陷等危险地段的古塔;

(2) 位于河岸或湖边, 场地有液化土层且液化层面向河心或湖边倾斜的古塔;

(3) 8 度、9 度设防区，位于高耸孤立山丘、条状突出山嘴、河岸等不利地段的古塔。

对位于抗震不利或危险地段上的古塔，应估算不利因素对地震影响的后果，提出消除不利因素的措施，以保证古塔地基的稳定性；此外，在进行古塔抗震能力定量评价时，应根据场地对抗震的不利程度，对地震动参数乘以 1.2~1.5 的增大系数。

2. 地基和基础检验

地基和基础检验的任务为：勘察和分析地基和基础现状，探明基础类型、平面尺寸和埋置深度，探明地基土层的组成、分布情况和持力层承载能力。

地基和基础的状况，宜采用探地雷达等无损设备仪器检测；或在文物保护原则允许的情况下，采用微损钻探或局部开挖的方法探明。

地基和基础检验时，对于下列情况尚应重点分析古塔在地震中倾斜和倒塌的危险性：

(1) 对发生倾斜的古塔，重点勘查塔身的不均匀沉降裂缝和倾斜度。对塔身总体侧移值 Δ 与塔高 H 之比大于 1/150 的古塔，建议通过 1 年内 4 次定期定位观测，确定倾斜发展趋势，并验算地基静载和抗震承载力。对倾斜继续发展的古塔，应提出稳定地基、扩大基础和纠偏加固塔体的措施。

(2) 对位于河岸或湖边的古塔，重点调查基础下主要受力层是否有饱和砂土或粉土，并判别地震时是否液化。对地震时有可能液化的地基，应在保证古塔稳定性的前提下，提出消除或减轻地基液化的措施。

6.2.2 结构体系检验

1. 塔体结构检验

塔体结构检验的任务为：分析古塔的结构体系、高宽比和结构布置，检查结构的对称性和刚度分布，检查塔体的砌筑质量；对于实心塔体，应探明外部砌筑层与内部填心的厚度与材料组成。

塔体结构的状况，宜采用无损设备仪器检测，或采用对文物现状无损的人工方法探明。

对于表 6-1 所列范围内的古塔，应重点考察局部构造和残损对结构性能的影响：

(1) 调查门窗开洞率及门窗洞位置对结构整体性和结构刚度的影响；

(2) 检查塔体层间连接构造及楼盖构造，分析残损状况及连接缺陷对结构整体抗震能力的影响。

对于塔体结构检验存在的问题，应在塔体抗震承载力验算时进行有针对性的分析，并采取适当的措施减轻或消除其对结构抗震性能的不利影响。

表 6-1　重点考察的古塔

设防烈度	7 度	8 度	9 度
总高度 H/m	$\geqslant 40$	$\geqslant 30$	$\geqslant 20$
H/D	$\geqslant 3.0$	$\geqslant 3.0$	$\geqslant 2.5$

注：H 为古塔总高度，自室外地面算起，不包括塔刹部分；D 为塔底座的直径，或多边形对角线长。

2. 附属结构检验

附属结构检验的任务为：考察塔刹、塔檐、平座外廊的结构类型和材料组成，检查各构件与塔体的连接构造和稳定性能。

对于净高度超过塔顶层高的塔刹、悬挑长度大于 1m 的平座外廊和悬挑长度大于 1.5m 的塔檐，尚应分析各构件的受力特点以及对塔体结构抗震能力的影响。

对于不符合检验要求的附属结构，应进行承载能力和连接能力的验算，并采取可靠的加固措施，提高附属结构的整体抗震性能。

3. 材料性能检验

材料性能检验的任务为：采用现场无损测试的方法，检测材料的力学性能，评价砖石砌体的抗压强度和木质构件的抗拉、抗弯强度；重点检测墙体变形裂缝的开展宽度、风化比率和木质构件腐朽变质状况，评价构件残损程度对材料力学性能的影响。

对于材料性能检验中的问题，应在"不改变文物原状"的前提下，采用可行的加固措施，改善和提高材料的物理性能和力学性能。

4. 抗震构造鉴定

对抗震设防为 6 度及 6 度以上地区的古塔均应进行塔体和附属结构的抗震构造鉴定。

抗震构造鉴定以附属结构的构造与连接状况为主要依据，并考虑塔体变形裂缝的影响进行评定。

(1) 对于 6 度、7 度设防区，凡附属结构的构造或与塔体的连接有严重的缺陷、松脱和损坏，或塔体裂缝宽度大于 3mm 且裂缝深度超过截面厚度 1/3 的情况，应判为抗震构造不符合要求。

(2) 对于 8 度、9 度设防区，凡附属结构的构造或与塔体的连接有明显的缺陷、松动和损伤，或塔体裂缝宽度大于 1.5mm 且裂缝深度超过截面厚度 1/5 的情况，应判为抗震构造不符合要求。

(3) 对于不符合鉴定要求的附属结构,应进行结构承载能力和连接能力的验算,并采用有效的措施进行修缮和加固。

(4) 对于裂缝宽度或深度不符合鉴定要求的塔体,应结合塔体结构抗震承载力验算的情况,采用砌体灌浆的方法进行加固。

6.2.3　历史震害检验

历史震害检验的任务为:查阅历史上地震记录,明确古塔在一次或多次地震中的损坏状态。对于历史文献记录中缺乏古塔震害描述的情况,可以古塔所在寺庙或周边古建筑的震害资料为参照,推算地震烈度以及对古塔损坏的程度。

对于经受过地震的古塔,应细致检查塔体和附属结构中的地震损伤,评价其震害程度,重点考察震害部位及构件的修复状况。

对于受历史地震严重损坏的塔体部位,应作为古塔抗震承载力验算的重点部位;对震害造成的材料和结构的损伤以及修复状况,应在古塔抗震承载力的建模和分析中给予表达和考虑。

6.3　古塔抗震能力的定量分析

古塔抗震能力的定量分析,可从结构动力特性与地震作用效应的确定、结构体系抗震承载力验算、地基和基础抗震验算等方面进行。

6.3.1　结构动力特性与地震作用效应

1. 结构动力特性的确定

古塔的动力特性宜采用环境激振法通过现场实测获得,也可以运用有限元软件建模分析,或采用多质点悬臂杆模型按照结构力学的方法求得。为了满足振型分解反应谱法计算地震作用的要求,一般应提供古塔前三阶频率和振型。

当采用结构力学方法分析古塔动力特性时,应考虑材料风化及松动对塔体刚度的影响;对直接建于天然地基上且基础埋置较浅的古塔,宜考虑地基转动的影响。

2. 水平地震作用效应分析

对设防烈度为 7 度及 7 度以上地区的古塔,应分析水平地震作用对结构的影响。

古塔的水平地震作用效应可按照多质点悬臂杆模型采用振型分解反应谱法分析,或运用有限元软件建模分析。

对于质量和刚度分布均匀、高度不超过 30m 的砖石古塔,也可参照第 3 章中简化方法计算古塔的基本自振周期,按照《建筑抗震设计规范》采用底部剪力法分析水平地震作用效应。

对位于高耸孤立山丘、条状突出的山嘴等不利地段上的古塔，需考虑不利地段对地震动的放大作用。计算水平地震作用时，可根据不利地段的具体情况，将地震影响系数最大值 $\alpha_{\max}$ 乘以 1.2~1.5 的放大系数。

3. 竖向地震作用效应分析

对设防烈度为 8 度及 8 度以上地区高度超过 30m 的古塔，应分析竖向地震作用对结构的影响。

古塔的竖向地震作用效应可运用有限元分析软件建模分析；也可参照第 5 章的分析方法，运用现行《建筑结构设计规范》(GB 50003—2011) 和《烟囱设计规范》(GB 50051—2013) 的相关公式计算，并乘以相应的竖向地震系数和竖向地震作用效应增大系数。

6.3.2 结构体系抗震承载力验算

1. 塔体结构抗震承载力验算

对抗震设防烈度为 7 度及 7 度以上地区的古塔，应进行塔体结构的截面抗震验算。塔体结构的截面抗震验算可参照现行《建筑抗震设计规范》和《砌体结构设计规范》进行，并应符合下述规定：

(1) 古塔的材料强度应根据实测数据确定；

(2) 塔体横截面的抗震验算，除验算受剪承载力外，还应考虑弯矩和轴力的影响，验算压弯承载力；

(3) 对于门窗洞沿立面中线成串设置的塔体，应进行中和轴面联结墙段的受剪承载力验算；

(4) 塔体结构的地震作用效应和其他荷载效应的基本组合，应按下式计算：

$$S = \gamma_{G}S_{GE} + \gamma_{Eh}S_{Ehk} + \gamma_{Ev}S_{Evk} + \psi_{w}\gamma_{w}S_{wk} \tag{6-1}$$

式中，S 为结构内力组合的设计值，包括组合的弯矩、轴向力和剪力设计值等；γ_{G} 为重力荷载分项系数，取 1.2；γ_{Eh}、γ_{Ev} 分别为水平、竖向地震作用分项系数；当分别考虑时，取 $\gamma_{Eh}=1.3$、$\gamma_{Ev}=1.3$；当以水平地震作用为主并考虑竖向地震作用时，取 $\gamma_{Eh}=1.3$、$\gamma_{Ev}=0.5$；当以竖向地震作用为主并考虑水平地震作用时，取 $\gamma_{Ev}=1.3$、$\gamma_{Eh}=0.5$；γ_{w} 为风荷载分项系数，取 1.4；ψ_{w} 为风荷载组合值系数，对高度小于 30m 且基本风压小于 35kN/m^2 的古塔，可取为 0，其他情况取 0.2。S_{GE}、S_{Ehk}、S_{Evk}、S_{wk} 分别为重力荷载代表值的效应、水平地震作用标准值的效应、竖向地震作用标准值的效应、风荷载标准值的效应。

(5) 塔体结构的截面抗震承载力的验算结果应满足下式要求：

$$S \leqslant R/r_{RE} \tag{6-2}$$

式中, R 为结构承载力, 应根据实测材料强度和几何尺寸计算, 计算中应扣除风化 (砖石材料) 或腐朽变质 (木材) 部分的面积; r_{RE} 为承载力抗震调整系数, 对砖石结构构件, 取 0.9; 木结构构件, 取 0.8; 当仅考虑竖向地震作用时, 取 1.0。

凡不满足验算公式要求的构件, 应判为抗震承载力不合格。

2. 塔体结构抗震变形验算

对于 8 度及 8 度以上地区高度大于 30m 的古塔, 宜进行塔体抗震变形验算。

(1) 古塔在多遇地震作用下的弹性层间位移应符合下式要求:

$$\Delta u_e \leqslant [\theta_e]h \tag{6-3}$$

式中, Δu_e 为多遇地震作用标准值产生的塔层内最大的弹性层间位移, 计算时应计入砌体的弯曲和剪切变形, 砌体的截面刚度可采用弹性刚度; $[\theta_e]$ 为弹性层间位移角限值, 可取 1/500; h 为塔层高度。

(2) 古塔在罕遇地震作用下的弹塑性变形验算, 宜采用静力弹塑性分析方法或弹塑性时程分析法。当按弹性方法分析时, 可按下式计算:

$$\Delta u_p = \eta_p \Delta u_e \tag{6-4}$$

式中, Δu_p 为弹塑性层间位移; Δu_e 为罕遇地震作用下按弹性分析的层间位移; η_p 为弹塑性层间位移增大系数, 可取为 1.5。

(3) 古塔的弹塑性层间位移应符合下式要求:

$$\Delta u_p \leqslant [\theta_p]h \tag{6-5}$$

式中, $[\theta_p]$ 为弹塑性层间位移角限值, 可取 1/150。

3. 附属结构抗震承载力验算

对于宏观检验不符合要求的附属结构, 以及净高度超过塔顶层高度的塔刹、悬挑长度大于 1m 的平座外廊和悬挑长度大于 1.5m 的塔檐, 应进行承载能力和连接能力的验算。

附属结构的验算按照材料力学的方法进行, 计算简图可取为一端固定的悬臂梁。

塔刹的验算应考虑地震作用下的鞭梢效应, 对底部剪力法计算的内力应乘以 3 倍的增大系数, 对振型分解反应谱法计算的内力宜乘以 1.5 倍的增大系数。

平座外廊和塔檐的验算可按照实际承受的竖向荷载计算内力, 当设防烈度为 8 度 0.20g、8 度 0.30g 和 9 度时, 宜对竖向荷载内力分别乘以 1.1、1.15 和 1.2 的增大系数。

6.3.3 地基和基础抗震验算

对软弱土地基和设防烈度为 8 度、9 度时III、IV类场地上的古塔，应进行地基和基础的抗震承载力验算。对不符合地基与基础宏观检验的倾斜古塔，也应进行抗震承载力验算。

古塔地基和基础的抗震验算建议参照现行《建筑抗震设计规范》的相应规定进行。在现场无条件取得原基础下土样时，可取原基础外土样分析，并考虑建筑物长期荷载对地基土的压实作用，适当提高地基承载力。

6.4 扬州文峰塔抗震鉴定研究

6.4.1 文峰塔抗震鉴定研究方案

1. 研究概况

屹立在扬州城南古运河畔文峰寺内的文峰塔，是一座 7 层八角形楼阁式古塔，始建于明万历十年 (1582 年)，昔日曾为运河航运上的导航塔，是古扬州的重要标志。文峰塔高约 45m，为砖壁木檐砖木混合结构，每层设平座和塔檐，可供游人登塔眺望；其塔体高耸、塔檐飞悬，显示了江南宝塔的典型风格 (图 6-1)。

图 6-1 扬州文峰塔

据有关档案记载, 清康熙七年 (1668 年) 山东郯城大地震, 波及扬州, 塔尖坠毁, 次年重修, 塔尖提高一丈五尺; 咸丰三年 (1853 年) 兵火毁塔檐, 仅存塔体; 1919 年重修, 至 1923 年落成; 1957 年被列为江苏省第二批文物保护单位; 1957 年 9 月和 1962 年 5 月两次加固维修过程中, 采用钢筋混凝土、水泥作为加固材料, 改变了文物的部分建筑结构, 使塔失去原有风貌。

1997 年, 扬州大学和原扬州市建设委员会结合"扬州古塔抗震性能研究与抗震鉴定"科研项目, 对文峰塔等多座扬州古塔进行了抗震鉴定, 并提出了加固建议。2002 年, 扬州市宗教管理局确定扬州市古典建筑工程公司全面负责文峰塔的排险加固修缮工作, 扬州大学和扬州市古典建筑工程公司进一步开展了"文峰塔修缮加固技术与抗震鉴定系统方法"科研项目的研究, 合理确定了修缮加固方案, 得到扬州市文物管理委员会批准。

由于文峰塔的建筑年代久远, 在四百多年沧桑变迁中, 经受着长期的自然损坏、人为破坏与本身的材质老化, 对文峰塔进行科学的抗震鉴定是一项艰巨的任务。为了系统地评价文峰塔的抗震性能并结合其修缮加固工作进行理论研究, 项目组在三个方面开展了工作: ①对文峰塔进行全面的勘查、测绘与测试, 完善文献资料, 建立科技档案; ②运用现代无损测试方法和数字模拟技术确定文峰塔的动力特性和抗震性能, 进行砖木古塔抗震鉴定的系统方法研究; ③在抗震鉴定的基础上, 遵循文物保护原则并考虑砖木古塔的特点, 研制文峰塔修缮加固方案。

2. 研究内容和技术方案

根据"文峰塔修缮加固技术与抗震鉴定系统方法"的研究目标, 确定了主要研究内容和技术方案。

1) 资料收集和勘查测绘

主要任务: ①原始建造记录、加固施工记录和变形观测记录的收集、补充; ②地质勘探、塔体建筑尺寸测绘、塔身材料测试和残损状况勘查。

2) 结构测试和计算机建模

主要任务: ①以环境激振法测定结构的动力特性参数; ②运用 ANSYS 有限元分析软件, 模拟古塔结构的动力特性, 建立力学模型。

3) 结构分析和抗震验算

主要任务: ①塔体结构的抗震承载力分析; ②塔檐和平座挑梁的结构安全评估。

4) 砖木古塔抗震能力鉴定系统方法的研究

主要任务: ①研制古塔动力特性综合建模技术; ②归纳和构建砖木古塔抗震能力鉴定系统方法。

5) 文峰塔修缮加固技术的研究

主要任务：①分析归纳砖木古塔修缮的原则、模式；②提出符合"保持文物原状"原则并便于施工的抗震加固技术。

6.4.2 文峰塔抗震性能的宏观检验

1. 场地及地基基础检验

1) 扬州市区工程地质条件

扬州位于长江下游北岸苏北冲积平原的南侧，其东为沿海低洼地区，南为宁镇山脉，西为仪扬丘陵，北邻黄淮平原。地理坐标为北纬 30°~35°、东经 116°~123°。

在地震区划中，扬州跨越了华北和华南两个地震区。有营口—郯城地震带，上海—上饶地震亚带和扬州—铜陵地震带通过。在郯庐断裂带的西侧以合肥断裂为界。北部为许昌—淮南地震带，南部为麻城—常德地震带。历史上，扬州—铜陵地震带曾多次发生过破坏性地震，《中国地震动参数区划图》(GB 18306—2001) 将扬州划为 7 度抗震设防区，地震加速度为 $0.15g$。

根据中国建筑科学研究院工程抗震研究所对扬州市区 15 个钻孔所进行的土层剪切波速测试和动三轴试验资料，以及动力反应计算获得的地面加速反应谱曲线，并结合地形地貌及工程地质条件，扬州市区大部分场地划属为 II 类场地，包括文峰塔所在的城南区域。

2) 文峰塔地基及基础状况

文峰塔的台基为八角形砖石须弥座，砌筑工艺精细，质量较好；塔基的台阶完好，塔基及周边回廊的地面平整、无沉陷，表明塔下基础具有较好的整体性。

通过在塔体附近钻孔勘察，确定了文峰塔地基的岩土技术参数。文峰塔场地地下水类型为孔隙潜水，地下水对基础无腐蚀性，勘探期间地下水为塔的室外地面以下 1.30m。地基土自上而下分为 5 层，其土层结构和承载力特征值见表 6-2。

表 6-2 文峰塔岩土土层参数

层号	土层名称	厚度/m	P_s/MPa	f_{ak}/kPa
1	素填土	0.6~1.0		
2	杂填土	1.4~2.0	2.6	80
3	粉土	1.2	5.5	150
4	粉土	2.7~3.0	9.8	180
5	粉砂	未穿透	11.7	220

3) 文峰塔场地及地基状况分析

文峰塔位于扬州市城南宝塔湾大运河畔，塔基距河岸约 20m，场地平坦，属建筑抗震较有利地段。

根据勘察，文峰塔的基础由砖石砌筑，整体质量较好；塔下地基主要由粉土和粉砂等组成；地基持力层承载力约为 150~180kPa，属中软场地土；场地覆盖层厚度约 50m，场地属 II 类场地。

　　由于地下水位在地表下仅 1~2m，据地质条件评价报告分析，文峰塔地基下饱和粉砂土在 7 度地震烈度时有发生轻微液化的可能；但鉴于地基各土层厚度较为均匀，且基础整体性较好，地震时文峰塔不易产生不均匀沉降的现象。

　　2. 塔体结构及质量检验

　　1) 塔体建筑与结构概况

　　文峰塔为 7 层砖壁木檐楼阁式砖木结构，其立面图、剖面图分别见图 6-2、图 6-3。

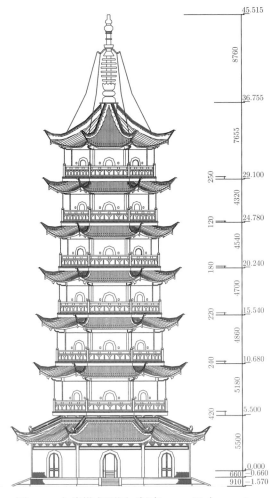

图 6-2　文峰塔立面图 (标高：m；尺寸：mm)

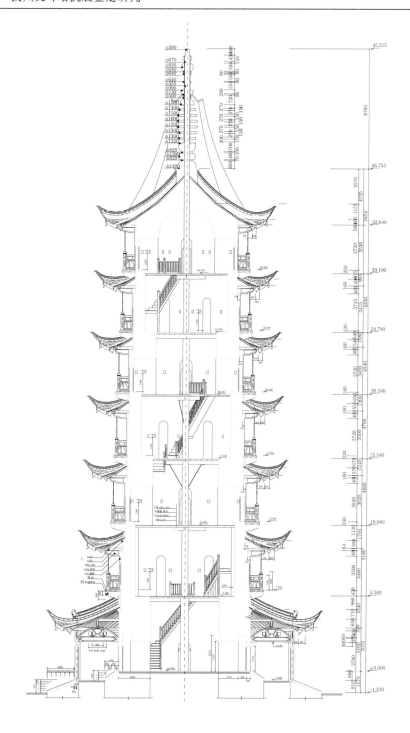

图 6-3 文峰塔剖面图 (标高: m; 尺寸: mm)

　　塔的平面呈八角形 (图 6-4)，塔基为砖石须弥座，周绕回廊附阶。塔体采用青砖砌筑，一到六层的外壁为八角形，内壁呈方形，且方形内壁每层转向 45° 重叠而上 (图 6-4、图 6-5)，到第七层内、外壁成统一的八角形 (图 6-6)。在每层的内壁四面开拱门，其他四面外壁设拱形假门，这样的内、外壁布置和门洞交替开设方式，可避免门洞上下贯通而削弱塔身的整体强度。

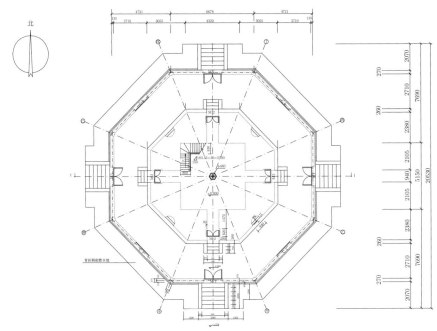

图 6-4　文峰塔底层平面图 (单位: mm)

　　塔内楼层数与塔身层数一致，楼盖为木结构，上铺砖板，沿内壁设木楼梯供人环绕而上。塔顶为八角攒尖式，铺盖黏土筒瓦；其上设紫铜包木塔刹压顶，刹杆底部与塔顶层中心柱相连接，刹杆上部采用铁链与塔顶屋脊拉结。外部塔檐、栏杆、平座均为木结构，塔檐和平座自砖砌塔身内挑出，伸出长度较大，可供人走出塔身外观览江河景色。

　　2) 塔体质量检验

　　文峰塔自室外地坪至塔顶的总高度 $H=36.8+1.6=38.4$m，底边对角线长度 $D=11.3$m，$H/D=38.4/11.3=3.40$。

　　文峰塔各层层高和平面尺寸沿竖向有规律收缩，平、立面布置规则、对称，质量和刚度变化均匀。塔体结构类似于筒体，有较好的整体结构刚度。每层塔身四面交替开设门洞，未形成沿塔体上下贯通的洞口，地震作用下不易产生塔体竖向通缝。

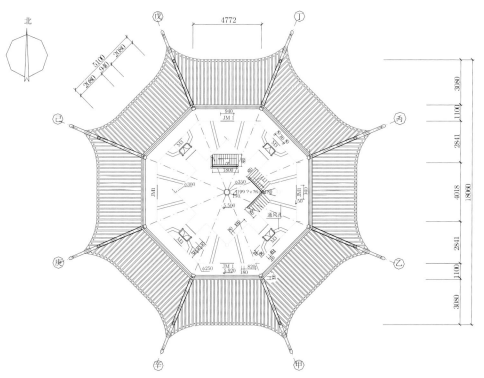

图 6-5 文峰塔二层平面图 (单位: mm)

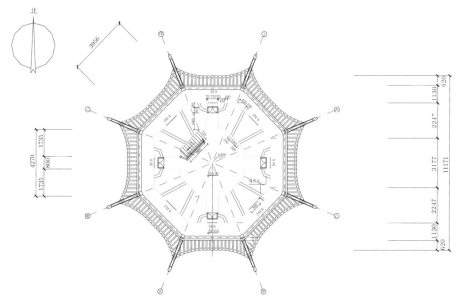

图 6-6 文峰塔七层平面图 (单位: mm)

文峰塔砖塔体内壁以方形交替重叠而上，导致各层门洞内墙角悬空 (图 6-7)；墙角下木楼盖刚度较小，自第 4 层至第 7 层内墙根均开裂脱落，此构造连接为抗震薄弱环节。

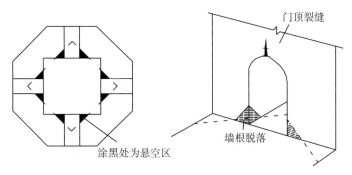

图 6-7　塔体内壁连接构造

文峰塔的墙体为青色黏土砖用灰浆砌筑而成，总体质量较好，外墙砖块有轻度风化。采用回弹法对文峰塔的砖砌体进行了材料性能测试，砖的强度等级在 MU7.5~MU10，灰浆的强度等级在 M1~M2.5。结合各层墙体的损伤状况评价，得到各楼层墙体的材料参数如表 6-3 所示。

表 6-3　各楼层墙体的材料参数　　　　　　　　　　(单位:N/mm²)

层号	砖强度等级	砂浆强度等级	砌体抗压强度设计值 f	砌体弹性模量 E
7	MU7.5	M1	1.09	1199
6	MU10	M1	1.26	1386
5	MU7.5	M1	1.09	1199
4	MU10	M1	1.26	1386
3	MU10	M1	1.26	1386
2	MU7.5	M1~M2.5	1.09~1.19	1199~1547
1	MU7.5	M1~M2.5	1.09~1.19	1199~1547
基础	MU7.5	M1~M2.5	1.09~1.19	1199~1547

3. 附属结构及质量检验

文峰塔的附属结构包括塔刹、塔檐、平座外廊等构件。

1) 塔刹

塔刹的刹杆采用木材制作，刹杆外包紫铜皮防腐，刹杆与顶层塔中心柱相接，经测量，刹杆已变形并产生了局部倾斜。塔刹顶部设有八根钢筋作为揽风铁链，钢筋下端与塔顶屋脊相连；钢筋长期受环境侵蚀，外表锈蚀，与屋脊连接松动。

2) 塔檐

木塔檐因年久失修，老化开裂严重；木塔檐自第 2 层至第 7 层木料普遍变质、开裂，部分支承塔檐的角梁明显下垂。

3) 平座外廊

平座外廊原为木结构，1962 年维修时改为钢筋混凝土结构；经勘查，钢筋混凝土构件因施工质量差，受环境侵蚀碳化严重，普遍开裂露筋 (图 6-8)；部分走廊沿墙根开裂，且明显下垂。

图 6-8 混凝土栏杆碳化破损、钢筋锈蚀严重

4. 历史震害及其他灾害检验

据档案记载，清康熙七年 (1668 年) 山东郯城大地震，波及扬州；扬州地震烈度约为 7~8 度，文峰塔的塔刹在地震中坠落，各层门洞顶墙体有竖向裂缝；地震次年重修，将塔刹提高一丈五尺。

咸丰三年 (1853 年) 兵火毁寺及塔檐，仅存塔体 (图 6-9)，1919 年重修至 1923 年落成；1957 年文峰塔被列为省级文物保护单位，1962 年进行了局部加固维修。

图 6-9 文峰塔遭受兵火损坏后的照片 (摘自外国明信片)

本次检验重点查勘了塔体上部结构，发现五层以上墙体在拱门顶部沿竖向有明显的纵向裂缝 (图 6-10)，部分裂缝沿厚度方向裂通。因该塔于 1962 年进行过加固维修，尚难以确定洞顶处裂缝为历史地震或火灾的残留裂缝，还是气候变化形成的干缩裂缝。

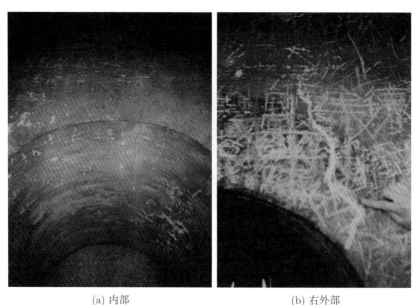

(a) 内部   (b) 右外部

图 6-10   拱门顶部裂缝

综合上述检验情况可知，文峰塔在结构构造上存在着局部缺陷和损伤；以往的地震灾害是文峰塔损坏的主要因素，火灾、环境侵蚀及不合理的修缮措施进一步降低了文峰塔的安全性能。鉴于古塔承受着长期环境侵蚀和材料老化，其结构性能在逐步衰减，需要在宏观检验的基础上，对文峰塔的结构抗震能力进行分析评价，以确定其整体抗震性能并提出相应的加固修缮方案。

6.4.3　塔体结构抗震承载力的分析评价

1. 分析评价要点

根据《中国地震动参数区划图》(GB 18306—2001) 文峰塔所在的扬州市区的抗震设防标准为：抗震设防烈度 7 度，设计基本地震加速度值 $0.15g$，设计地震分组第一组。

按照第 6.3 节规定，需对文峰塔在水平地震作用下塔体结构的抗震承载力进行鉴定；鉴定目标为：当遭受低于本地区抗震设防烈度的多遇地震时，塔体结构基本不损坏。

结构在多遇地震作用下的内力分析和截面抗震验算,都是以线弹性理论为基础,因此,可假定文峰塔的结构与构件处于弹性工作状态,内力分析可采用弹性静力方法或动力方法。

文峰塔是质量和刚度分布均匀和对称的结构,可不考虑水平地震作用下的扭转影响,其木结构的楼、屋盖可视为柔性横隔板结构,单一方向的水平地震作用全部由该方向的抗侧力构件砖砌塔体承担。

参照《建筑抗震设计规范》的规定,本项目采用振型分解反应谱法进行文峰塔的结构分析。考虑到振型在总的地震效应中的贡献随着阶数的增高而迅速减小,为了减少计算工作量,文峰塔的结构分析采用前三阶振型。

2. 文峰塔动力特性测试

1) 测试方法和内容

动力特性测试的目的是为文峰塔抗震鉴定提供所需的结构动力特性参数,用于振型分解反应谱法求解地震作用。根据文物保护的要求,测试的方法采用对古塔无损伤的脉动法。测试的内容是获得文峰塔结构的前三阶频率、阻尼和振型。

2) 测试仪器和软件

测试选用了北京东方振动和噪声技术研究所研制的 INV-306 型智能信号采集处理分析系统。该系统最高采样频率为 100 kHz;使用 DASP 分析软件,具有数据采集、处理、分析等一体化功能;传感器采用 891-Ⅱ 型水平速度传感器,有效频率范围 0.01～100Hz;通过伺服放大器将采集到的微弱信号传送至数据处理系统,进行转换、存储。测试系统及仪器连接如图 6-11 所示,测试系统安装及现场测试见图 6-12。

图 6-11   测试系统及仪器连接示意图

3) 测点布置

为了获得沿结构高度的水平方向振型,在第 1～7 层的楼、地面上分别设置了测点,另外在第 1 层地面增设一个测点作为参考点 (测点 8),测点布置如图 6-13 所示。在每一测点布置一个传感器,为减少扭转振动的干扰,传感器均放在各层塔室的中心处;测试时,先在平行于 X 方向采样,然后在平行于 Y 方向进行复测。

4) 测试数据的处理

采用 DASP 分析软件对现场测试获得的各测点响应脉动信号进行平稳性、周期性和正态性检验,确认测试数据符合工程要求。图 6-14 为各测点响应脉动信号

图 6-12　测试系统安装及现场测试

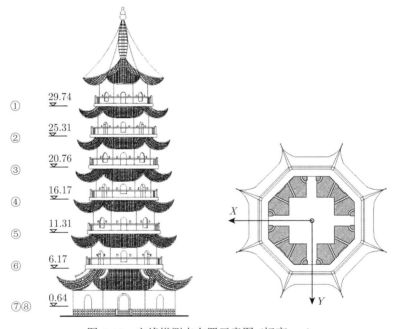

图 6-13　文峰塔测点布置示意图 (标高: m)

的随机样本记录。

5) 结构动力特性的分析

(1) 自振频率和阻尼比的确定。由式 (3-22)、式 (3-23) 可知, 结构自振频率的识别可依据结构响应的自功率谱。进行文峰塔的动力特性分析时, 参照下列原则由结构响应频谱特征判别结构模态频率: ①各测点结构响应的自功率谱峰值位于同一频率处; ②模态频率处各测点间的相干函数较大; ③各测点在模态频率处具有近似同相位或反相位的特点。

结构的阻尼分析是在频域上进行的。根据各测点的频谱图，按照公式 (3-25) 用半功率带宽法算出各测点在指定频率上的阻尼比。

通过对各测点的自功率谱、各测点与参考点的互功率谱分析，并利用 DASP 对测试数据进行模态拟合，确定了模态阶数 (图 6-15)，得到文峰塔的前五阶频率及其阻尼比 (图 6-16)。

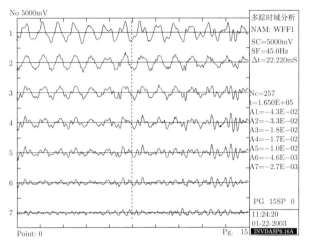

图 6-14 文峰塔各测点响应脉动信号的随机样本记录图

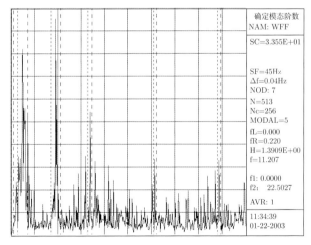

图 6-15 文峰塔模态阶数分析图

(2) 振型的识别。根据随机振动理论，振型分量由传递函数在特征频率处的值确定。在本研究中，使用 DASP 分析软件对各测点进行传递函数分析，得到文峰塔的前三阶振型。文峰塔一阶至三阶振型的模态动画图和各层振幅值分别见图 6-17~

图 6-22。

Identified frequencies and dampings ratios FIT METHOD: POLYFREEDOM(R) TEST NAME: WFF1# RESPONSE TYPE:VELOCITY					
MODE No.	FREQUENCY		Damping		
	Hz	Radius	%	1/2BW(Hz)	Radius
1	1.120	7.035	1.4171	0.032	0.199
2	4.269	26.826	0.0001	0.000	0.000
3	7.613	47.834	0.0001	0.000	0.000
4	13.747	86.372	0.6593	0.181	1.139
5	19.909	125.089	0.0001	0.000	0.000

图 6-16 文峰塔前五阶频率及其阻尼比

MODAL SHAPE No.1 MODE TEST NAME: WFF1#			
Freq 1.1197Hz Damp 1.4171%		Modal M=1.0000E+00 Modal K=1.5647E+04	
Node No.	X	Y	Z
1	2.5646E+00	0.0000E+00	0.0000E+00
2	3.3284E+00	0.0000E+00	0.0000E+00
3	4.6730E+00	0.0000E+00	0.0000E+00
4	6.6756E+00	0.0000E+00	0.0000E+00
5	9.2736E+00	0.0000E+00	0.0000E+00
6	1.3318E+01	0.0000E+00	0.0000E+00
7	1.3678E+01	0.0000E+00	0.0000E+00

图 6-17 文峰塔一阶振型幅值

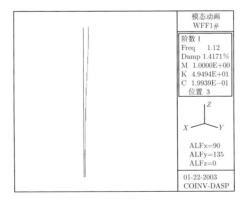

图 6-18 文峰塔一阶振型模态动画图

MODAL SHAPE No.2 MODE TEST NAME: WFF1#			
Freq 4.2695Hz Damp 0.0001%		Modal M=1.0000E+00 Modal K=1.5647E+04	
Node No.	X	Y	Z
1	9.9923E−01	0.0000E+00	0.0000E+00
2	4.7952E+01	0.0000E+00	0.0000E+00
3	8.9750E+01	0.0000E+00	0.0000E+00
4	1.0029E+02	0.0000E+00	0.0000E+00
5	8.3826E+01	0.0000E+00	0.0000E+00
6	1.7504E+01	0.0000E+00	0.0000E+00
7	−7.0876E+01	0.0000E+00	0.0000E+00

图 6-19   文峰塔二阶振型幅值

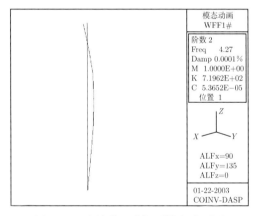

图 6-20   文峰塔二阶振型模态动画图

MODAL SHAPE No.3 MODE TEST NAME: WFF1#			
Freq 7.6131Hz Damp 0.0001%		Modal M=1.0000E+00 Modal K=1.5647E+04	
Node No.	X	Y	Z
1	1.1450E+00	0.0000E+00	0.0000E+00
2	9.6841E+01	0.0000E+00	0.0000E+00
3	6.7985E+01	0.0000E+00	0.0000E+00
4	−4.2599E+01	0.0000E+00	0.0000E+00
5	−8.4356E+01	0.0000E+00	0.0000E+00
6	−1.8652E+02	0.0000E+00	0.0000E+00
7	6.0360E+01	0.0000E+00	0.0000E+00

图 6-21   文峰塔三阶振型幅值

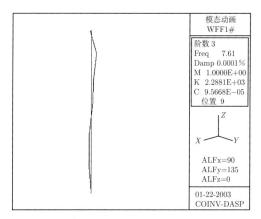

图 6-22　文峰塔三阶振型模态动画图

3. 重力荷载代表值及竖向压力计算

1) 文峰塔塔体几何尺寸

文峰塔各层塔身的高度及墙体尺寸见表 6-4。

表 6-4　文峰塔几何尺寸

层号	外边长/m	塔室宽/m	层高/m	墙厚/m	层面积/m²	层墙断面积/m²	拱门宽/m	拱门高/m
7	3.18	4.26	7.65	1.70	48.83	30.68	0.94	2.5
6	3.31	4.40	4.32	1.80	52.90	33.54	0.94	2.5
5	3.52	4.50	4.54	2.00	59.83	39.58	0.94	2.5
4	3.63	4.72	4.70	2.02	63.62	41.34	0.94	2.5
3	3.74	4.90	4.86	2.06	67.54	43.53	0.94	2.5
2	4.02	5.10	5.18	2.30	78.02	52.01	0.94	2.5
1	4.32	5.15	6.16	2.38	90.11	52.16	0.94	2.5

注：1. 层墙断面积未扣除拱门洞水平投影面积；2. 底层层面积不含围廊面积。

2) 各层重力荷载代表值 G_i 及竖向压力 N_i 计算

重力荷载代表值包括各层塔体及其附属结构的自重以及楼面上人群荷载，计算公式为

G_i = 上下半层塔体自重 + 楼盖自重 (含人群荷载)+ 塔檐自重 + 平座外廊自重

各层竖向压力为计算层以上恒载之和，即

$$N_i = \sum_{k=i}^{n} G_k \tag{6-6}$$

各层重力荷载代表值 G_i 及竖向压力 N_i 的计算结果见表 6-5。

表 6-5 塔层重力荷载代表值及竖向压力 (单位: kN)

层数	G_i	N_i
塔顶塔刹	1042	1042
七层	1662	2704
六层	3006	5710
五层	3712	9422
四层	4010	13 432
三层	4363	17 795
二层	5532	23 327
一层	7427	30 754

4. 风荷载及内力计算

(1) 风荷载标准值按下式计算, 计算结果见表 6-6。

$$W_k = \beta_z \mu_s \mu_z W_0 \tag{6-7}$$

式中, 风振系数 $\beta_z = 1.1$; 风荷载体形系数 $\mu_s = 1.3$; 风压高度系数 μ_z 见表 6-6; 扬州地区基本风压值 $W_0 = 0.35\text{kN/m}^2$。

表 6-6 风荷载标准值

离地面的高度 H/m	μ_z	$W_k/(\text{kN/m}^2)$
5	1.00	0.501
10	1.00	0.501
15	1.14	0.571
20	1.25	0.626
30	1.42	0.711
40	1.56	0.782

(2) 各层风压值按下式计算, 计算结果见表 6-7。

$$q = BW_k \tag{6-8}$$

式中, B 为各层塔体宽度 (m)。

表 6-7 各层风压值

参数	一层	二层	三层	四层	五层	六层	七层
B/m	16.11	11.9	10.96	10.76	10.50	10.00	10.40
$q/(\text{kN/m})$	8.07	5.96	5.49	6.14	6.57	6.26	7.39

(3) 风荷载作用下各层剪力和弯矩计算。

剪力

$$V_i = \sum_{k=i}^{n} q_i H_k \tag{6-9}$$

弯矩

$$M_i = M_{i+1} + V_i H_i \tag{6-10}$$

各层 V_i、M_i 计算结果见表 6-8。

表 6-8　各层剪力和弯矩

层数	V_i/kN	M_i/(kN·m)
七层	41.33	115.56
六层	68.37	410.92
五层	98.20	856.75
四层	127.06	1453.93
三层	153.74	2201.10
二层	184.61	3157.37
一层	241.10	4845.07

5. 地震作用计算

文峰塔的场地属 II 类，设计地震分组为第一组，$T_g = 0.35\mathrm{s}$；抗震设防烈度为 7 度，设计基本地震加速度为 $0.15g$，多遇地震的水平地震影响系数最大值 $\alpha_{\max} = 0.12$。参照《建筑抗震设计规范》，采用振型分解反应谱法计算水平地震作用。

1) 计算简图

文峰塔结构的计算简图采用 8 质点悬臂杆体系，见图 6-23。图中，质点 1~7 的计算高度取各楼层高度，质点 8 取塔顶 1/2 处高度，各质点重力荷载代表值见表 6-9。

综合有限元分析和现场动力特性试验，得到阻尼比为 0.016，前三阶振型的周期和质点的水平相对位移 X_{ji} 值见图 6-24。

2) 地震影响系数计算

(1) 曲线下降段衰减指数和阻尼调整系数。

文峰塔阻尼比 $\zeta = 0.016 < 0.05$，需计算曲线下降段衰减指数 γ 和阻尼调整系数 η_2：

$$\gamma = 0.9 + \frac{0.05 - \zeta}{0.3 + 6\zeta} = 0.9 + \frac{0.05 - 0.016}{0.3 + 6 \times 0.016} = 0.99$$

$$\eta_2 = 1 + \frac{0.05 - \zeta}{0.08 + 1.6\zeta} = 1 + \frac{0.05 - 0.016}{0.08 + 1.6 \times 0.016} = 1.32$$

(2) 各振型的地震影响系数 α_j。

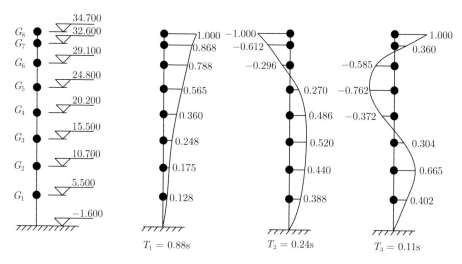

图 6-23 计算简图(标高: m)　　图 6-24 一至三阶振型图

第一振型: $T_g < T_1 = 0.88 < 5T_g$,

$$\alpha_1 = \left(\frac{T_g}{T_1}\right)^{\gamma} \eta_2 \alpha_{\max} = \left(\frac{0.35}{0.88}\right)^{0.99} \times 1.32 \times 0.12 = 0.064$$

第二振型: $T_g > T_2 = 0.24 > 0.1$,

$$\alpha_2 = \eta_2 \alpha_{\max} = 1.32 \times 0.12 = 0.158$$

第三振型: $T_g > T_3 = 0.11 > 0.1$,

$$\alpha_3 = \eta_2 \alpha_{\max} = 1.32 \times 0.12 = 0.158$$

3) 各振型参与系数 γ_j 计算

按下式计算各振型参与系数 γ_j:

$$\gamma_j = \sum_{i=1}^{n} X_{ji} G_i \bigg/ \sum_{i=1}^{n} X_{ji}^2 G_i \tag{6-11}$$

式中, X_{ji} 为 j 振型 i 质点的水平相对位移。各振型参与系数的计算分别见表 6-9、表 6-10、表 6-11。

表 6-9　振型参与系数 γ_1 计算表

参数	1	2	3	4	5	6	7	8
G_i	7427	5532	4363	4010	3712	3006	1662	1042
X_{1i}	0.128	0.175	0.248	0.360	0.565	0.788	0.868	1.000
$X_{1i}G_i$	951	968	1082	1444	2097	2369	1442	1042
$X_{1i}^2 G_i$	122	169	268	520	1185	1867	1252	1042

表 6-10 振型参与系数 γ_2 计算表

质点	1	2	3	4	5	6	7	8
G_i	7427	5532	4363	4010	3712	3006	1662	1042
X_{2i}	0.388	0.440	0.520	0.486	0.270	−0.296	−0.612	−1.000
$X_{2i}G_i$	2881	2434	2269	1949	1002	−890	−1017	−1042
$X_{2i}^2G_i$	1118	1071	1180	947	270	263	622	1042

表 6-11 振型参与系数 γ_3 计算表

质点	1	2	3	4	5	6	7	8
G_i	7427	5532	4363	4010	3712	3006	1662	1042
X_{3i}	0.402	0.665	0.304	−0.372	−0.762	−0.585	0.360	1.000
$X_{3i}G_i$	2985	3679	1326	−1491	−2828	−1759	598	1042
$X_{3i}^2G_i$	1200	2446	403	555	2155	1029	215	1042

将表中数据代入公式 (6-11)，得第一阶振型参与系数 $\gamma_1 = 1.773$，第二阶振型参与系数 $\gamma_2 = 1.165$，第三阶振型参与系数 $\gamma_3 = 0.393$。

4) 水平地震作用计算

按下式计算各振型各质点的水平地震作用：

$$F_{ji} = \gamma_j \alpha_j \chi_{ji} m_i g \tag{6-12}$$

第一阶、第二阶、第三阶振型的各质点水平地震作用分别见表 6-12、表 6-13、表 6-14。

表 6-12 地震作用 F_{1i} (单位: kN)

F_{11}	F_{12}	F_{13}	F_{14}	F_{15}	F_{16}	F_{17}	F_{18}
108	110	122	164	238	269	164	118

表 6-13 地震作用 F_{2i} (单位: kN)

F_{21}	F_{22}	F_{23}	F_{24}	F_{25}	F_{26}	F_{27}	F_{28}
530	448	417	359	184	−164	−188	−192

表 6-14 地震作用 F_{3i} (单位: kN)

F_{31}	F_{32}	F_{33}	F_{34}	F_{35}	F_{36}	F_{37}	F_{38}
185	228	82	−93	−176	−109	37	64

5) 地震剪力计算

(1) 计算各振型层间剪力。

$$V_{ji} = \sum_{k=i}^{n} F_{jk} \tag{6-13}$$

第一阶、第二阶、第三阶振型各层间剪力计算结果分别见表 6-15、表 6-16 和表 6-17。

表 6-15　地震作用 V_{1i}　　　　　　（单位：kN）

V_{11}	V_{12}	V_{13}	V_{14}	V_{15}	V_{16}	V_{17}	V_{18}
1293	1185	1075	953	789	551	282	118

表 6-16　地震作用 V_{2i}　　　　　　（单位：kN）

V_{21}	V_{22}	V_{23}	V_{24}	V_{25}	V_{26}	V_{27}	V_{28}
1394	864	416	−1	−360	−544	−380	−192

表 6-17　地震作用 V_{3i}　　　　　　（单位：kN）

V_{31}	V_{32}	V_{33}	V_{34}	V_{35}	V_{36}	V_{37}	V_{38}
218	33	−195	−277	−184	−8	101	64

(2) 计算各层组合剪力 V_i。

$$V_i = \sqrt{V_{1i}^2 + V_{2i}^2 + V_{3i}^2} \tag{6-14}$$

按式 (6-14) 计算的地震剪力见表 6-18。

表 6-18　层间组合剪力 V_i　　　　　　（单位：kN）

V_1	V_2	V_3	V_4	V_5	V_6	V_7	V_8
1914	1467	1169	992	887	774	484	234

6) 地震弯矩计算

(1) 计算各振型层间弯矩。

$$M_{ji} = M_{j,i+1} + V_i h_i \tag{6-15}$$

式中，h_i 为各层层高。

第一阶、第二阶、第三阶振型各层间弯矩计算结果分别见表 6-19、表 6-20 和表 6-21。

表 6-19　地震作用 M_{1i}

参数	M_{11}	M_{12}	M_{13}	M_{14}	M_{15}	M_{16}	M_{17}	M_{18}
V_{1i}/kN	1293	1185	1075	953	789	551	282	118
h_i/m	7.1	5.2	4.8	4.7	4.6	4.3	3.5	2.1
M_{1i}/(kN·m)	32 214	23 034	16 872	11 712	7233	3604	1235	248

表 6-20   地震作用 M_{2i}

参数	M_{21}	M_{22}	M_{23}	M_{24}	M_{25}	M_{26}	M_{27}	M_{28}
V_{2i}/kN	1394	864	416	−1	−360	−544	−380	−192
h_i/m	7.1	5.2	4.8	4.7	4.6	4.3	3.5	2.1
M_{2i}/(kN·m)	10 654	757	−3736	−5733	−5728	−4072	−1733	−403

表 6-21   地震作用 M_{3i}

参数	M_{31}	M_{32}	M_{33}	M_{34}	M_{35}	M_{36}	M_{37}	M_{38}
V_{3i}/kN	218	33	−195	−277	−184	−8	101	64
h_i/m	7.1	5.2	4.8	4.7	4.6	4.3	3.5	2.1
M_{3i}/(kN·m)	−912	−2460	−2631	−1695	−393	453	488	134

(2) 计算各层组合弯矩 M_i。

$$M_i = \sqrt{M_{1i}^2 + M_{2i}^2 + M_{3i}^2} \qquad (6\text{-}16)$$

按式 (6-16) 计算的地震弯矩见表 6-22。

表 6-22   层间组合弯矩 M_i (单位: kN·m)

M_1	M_2	M_3	M_4	M_5	M_6	M_7	M_8
33 942	23 177	17 480	13 150	9234	5456	2183	492

6. 内力组合

塔体结构的内力组合按式 (6-1) 计算,组合时不考虑竖向地震作用效应,具体见下式:

$$S = \gamma_G S_{GE} + \gamma_{Eh} S_{Ehk} + \psi_w \gamma_w S_{wk} \qquad (6\text{-}17)$$

式中, γ_G 取 1.2, γ_{Eh} 取 1.3, γ_w 取 1.4, ψ_w 取 0.2。

内力组合结果见表 6-23。

表 6-23   内力组合

层数	N/kN	M/(kN·m)	V/kN
塔顶塔刹	1250	640	304
七层	3245	2870	640
六层	6852	7208	1025
五层	11 306	12 244	1180
四层	16 118	17 502	1326
三层	21 354	23 340	1563
二层	27 992	31 014	1959
一层	36 905	45 482	2555

7. 塔体承载力验算

1) 弯矩和轴力作用下塔体压弯承载力验算

参照《砌体结构设计规范》，砌体压弯承载力的抗震验算公式如下：

$$N \leqslant \varphi f A / \gamma_{\mathrm{RE}} \tag{6-18}$$

式中，N 为轴向力设计值；φ 为高厚比 β 和轴向力的偏心距 e 对受压构件承载力的影响系数；其中，塔体的高厚比 $\beta = H_0/h$，H_0 取验算截面以上塔体的高度；h 为矩形截面的轴向力偏心方向的边长，对于多边形古塔，可取验算截面两对边之间的长度；对于圆形截面，h 取直径；f 为砌体抗压强度设计值；A 为截面面积。

(1) 砌体抗压强度设计值 f。根据各层墙体的实测值 (表 6-3)，第 1、2、5、7 层，砖强度等级为 MU7.5，砂浆强度等级取为 M1，砌体抗压强度 f=1.09MPa；第 3、4、6 层，砖强度等级为 MU10，砂浆强度等级取为 M1，砌体抗压强度 f=1.26MPa。

(2) 高厚比 β 和轴向力的偏心距 e 对受压构件承载力的影响系数 φ。参照《砌体结构设计规范》附录 D，无筋砌体矩形截面单向偏心受压构件承载力的影响系数 φ，可按下列公式计算：

当 $\beta \leqslant 3$ 时，

$$\varphi = \frac{1}{1 + 12\left(\dfrac{e}{h}\right)^2} \tag{6-19}$$

当 $\beta > 3$ 时，

$$\varphi = \frac{1}{1 + 12\left[\dfrac{e}{h} + \sqrt{\dfrac{1}{12}\left(\dfrac{1}{\varphi_0} - 1\right)}\right]^2} \tag{6-20}$$

$$\varphi_0 = \frac{1}{1 + \alpha\beta^2} \tag{6-21}$$

式中，e 为轴向力的偏心距，$e = M/N$；φ_0 为轴心受压构件的稳定系数；α 为与砂浆强度等级有关的系数，当砂浆等级大于或等于 M5 时，α 等于 0.0015；当砂浆等级等于 M2.5 时，α 等于 0.002；当砂浆等级等于 M1.0 时，α 等于 0.003；当砂浆等级等于 0 时，α 等于 0.009；β 为构件的高厚比。

偏心受压构件承载力的影响系数 φ 计算见表 6-24。

(3) 塔体压弯承载力验算。塔体各层截面压弯承载力验算情况见表 6-25。由表 6-25 可知，在多遇地震情况下，各层塔体的压弯承载力验算均满足要求。

表 6-24　影响系数 φ 计算表

层数	H_0	h	β	e	φ_0	$(e/h)^2$	φ
一	36.3	10.43	3.48	1.23	0.98	0.014	0.86
二	29.2	9.70	3.01	1.11	0.98	0.013	0.87
三	24.0	9.03	2.66	1.09	—	0.015	0.85
四	19.2	8.76	2.19	1.09	—	0.015	0.85
五	14.5	8.50	1.71	1.08	—	0.016	0.84
六	9.9	7.99	1.24	1.05	—	0.017	0.83
七	5.6	7.67	0.73	0.88	—	0.013	0.87

表 6-25　压弯承载力验算

层数	φ	A/m^2	f/MPa	$\varphi f A/\gamma_{\mathrm{RE}}/\mathrm{kN}$	N/kN
一	0.86	52.16	1.09	54 327	36 905
二	0.87	52.01	1.09	54 801	27 992
三	0.85	43.53	1.26	51 801	21 354
四	0.85	41.34	1.26	49 195	16 118
五	0.84	39.58	1.09	40 266	11 306
六	0.83	33.54	1.26	38 973	6852
七	0.87	30.68	1.09	32 326	3245

2) 水平剪力作用下的塔体受剪承载力验算

参照《砌体结构设计规范》，塔体截面抗震受剪承载力按下式验算：

$$V \leqslant f_{\mathrm{vE}} A/\gamma_{\mathrm{RE}} \tag{6-22}$$

式中，V 为考虑地震作用组合的墙体剪力设计值；A 为验算塔层墙体横截面面积；f_{vE} 为砌体沿阶梯形截面破坏的抗震抗剪强度设计值。

$$f_{\mathrm{vE}} = \varsigma_{\mathrm{N}} f_{\mathrm{v}} \tag{6-23}$$

式中，f_{v} 为古塔砖砌体抗剪强度设计值；ς_{N} 为砖砌体抗震抗剪强度的正应力影响系数，按表 6-26 采用。

表 6-26　砖砌体强度的正应力影响系数

σ_0/f_{v}	0.0	1.0	3.0	5.0	7.0	10.0	12.0
ς_{N}	0.80	0.99	1.25	1.47	1.65	1.90	2.05

注：σ_0 为对应于重力荷载代表值的砌体截面平均压应力。

塔体各层截面受剪承载力验算情况见表 6-27。由表 6-27 可知，在多遇地震情况下，各层塔体的受剪承载力验算均满足要求。

表 6-27 塔体受剪承载力验算

层数	f_v/MPa	ς_N	f_{vE}/MPa	A/m²	$f_{vE}A/\gamma_{RE}$/kN	V/kN
一	0.06	2.05	0.12	52.16	6954	2555
二	0.06	1.83	0.11	52.01	6356	1959
三	0.06	1.77	0.11	43.53	5320	1563
四	0.06	1.62	0.10	41.34	4593	1326
五	0.06	1.47	0.09	39.58	3957	1180
六	0.06	1.32	0.08	33.54	2981	1025
七	0.06	1.13	0.07	30.68	2385	640

通过以上计算可知，文峰塔塔体结构在多遇地震作用下的抗震承载力满足要求。

6.4.4 附属结构抗震承载力的分析评价

1. 分析评价要点

根据文峰塔的宏观检验报告，文峰塔附属结构中的塔檐因年久失修，老化开裂、变形严重；文峰塔后加混凝土平座外廊严重碳化，部分外廊沿墙根开裂，支承外廊的木挑梁明显下垂。为防止附属结构在地震作用下损坏脱落，危及游客安全，因此，需要对文峰塔的悬挑构件进行抗震承载力分析评价，提出合理的加固修缮方案。

2. 塔檐角梁承载能力的验算

文峰塔每层均设有塔檐，塔檐伸出塔体长度较大。塔檐的荷载是由插入墙体的飞檐和其下的角梁共同承受，如图 6-25(a) 所示。鉴于木飞檐破损较严重，进行塔檐结构分析时，仅考虑角梁承载，可取悬臂梁为计算简图，如图 6-25(b) 所示，将全部荷载作用在角梁上。

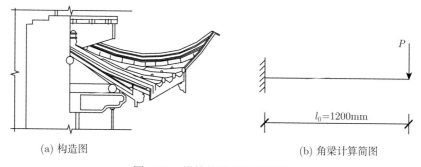

(a) 构造图 (b) 角梁计算简图

图 6-25 塔檐构造及计算简图

经现场查勘计算，塔檐的均布恒荷载为 2.0kN/m²，塔檐屋面雪荷载取为 0.5

kN/ m²，飞檐最大伸出长度为 2000mm；考虑塔檐支承在角梁的端部，偏安全地将塔檐荷载以集中力的形式作用在悬臂梁的外伸端。

塔檐下角梁的材料为杉木，截面尺寸为 130mm×400mm，挑出长度为 1200mm，埋入墙内为 500mm，角梁的最大间距为 4500mm。

经验算，角梁根部承受的弯矩为 12.56kN·m，截面最大弯曲应力为 3.62N/mm²；承受的剪力为 20.27kN，截面最大受剪应力为 0.58N/mm²。

按照《木结构设计规范》(GB 50005—2003)，角梁杉木的抗弯强度设计值为 11N/mm²，抗剪强度设计值为 1.2N/mm²；因此，在角梁材质及截面尺寸符合规范要求、根部可靠锚固的条件下，角梁的结构承载力满足要求。

3. 平座木挑梁承载能力的验算

文峰塔每层均设有平座外廊，采用悬挑构件与塔体连接，其构造如图 6-26(a) 所示。

经现场查勘计算，外廊均布恒荷载为 2.0kN/m²、游人活荷载取为 2.5 kN/m²，栏杆自重集中力取 8.4kN。平座挑梁的材料为杉木，塔体每边中间有两根挑梁挑出，中间挑梁截面为 80mm×300mm，挑出长度为 1100mm；塔体转角部位的挑梁截面尺寸为 80mm×300mm，挑出长度为 1150mm，挑梁埋入墙内为 500mm，挑梁的平均间距为 1100mm。

取塔体转角部位悬挑长度较大的挑梁进行承载力验算，计算简图如图 6-26(b) 所示。

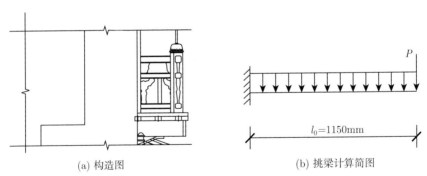

(a) 构造图　　　　　　　　　　　　　　(b) 挑梁计算简图

图 6-26　平座外廊构造及计算简图

经验算，挑梁根部承受的弯矩为 13.2kN·m，截面最大弯曲应力为 4.94N/mm²；承受的最大剪力为 13.2kN，最大受剪应力为 0.825N/mm²。

按照《木结构设计规范》(GB 50005—2003)，挑梁杉木的抗弯强度设计值为 11N/mm²，抗剪强度设计值为 1.2N/mm²。因此，在平座挑梁材质及截面尺寸符合规范要求、根部可靠锚固的条件下，挑梁的结构承载力满足要求。

6.4.5 文峰塔抗震鉴定结论和加固建议

1. 文峰塔抗震鉴定结论

根据第 6.1 节、第 6.2 节的要求，并参照《建筑抗震鉴定标准》和《古建筑木结构维护与加固技术规范》的相关规定，对扬州文峰塔进行了抗震性能宏观检验和抗震能力定量分析。经综合评价，鉴定结论如下所述。

1) 场地及地基

(1) 文峰塔位于扬州市宝塔湾大运河畔，塔基距河岸约 20m，场地平坦，属建筑抗震较有利地段。塔下地基主要由粉土和粉砂等组成，地基持力层属中软场地土；场地覆盖层厚度约 50m，场地属 II 类场地。

(2) 因地下水位在地表下仅 1~2m，据地质条件评价报告分析，文峰塔地基下饱和粉砂土在 7 度地震烈度时有发生轻微液化的可能；鉴于地基各土层厚度较为均匀，且基础整体性较好，地震时不易出现塔体不均匀沉降的现象。

2) 塔体结构

(1) 文峰塔的各层层高和平面尺寸沿竖向有规律收缩，平、立面布置规则、对称，质量和刚度变化均匀；塔体结构类似于筒体，有较好的整体结构刚度。

(2) 每层塔身四面交替开设门洞，未形成沿塔体上下贯通的洞口，地震作用下不易产生塔体竖向通缝。

(3) 塔体结构为青色黏土砖灰浆砌筑墙体，总体较为坚固；砖材的强度等级在 MU7.5~MU15，砂浆的强度等级在 M1~M2.5，砌体的材料质量较好。但塔体 5 层以上墙体在门顶部位有较明显裂缝，将影响塔体地震抗裂性能，可视为抗震构造局部薄弱部位。

(4) 文峰塔塔体内壁以方形交替重叠而上，导致各层门洞内墙角局部悬空，自第 4 层至第 7 层内墙根已开裂脱落，此构造连接为抗震构造局部薄弱环节。

(5) 经结构分析和抗震验算，文峰塔在本地区多遇地震作用下，塔体结构的弯曲受压、受剪承载力均满足抗震设防要求，不会产生砌体结构损坏。

3) 附属结构

(1) 塔刹受长期风雨侵蚀，刹杆已变形并产生了局部倾斜，固定塔刹的钢筋揽风绳外表锈蚀，与屋脊连接松动，塔刹的连接构造为抗震薄弱环节。

(2) 木塔檐因年久失修，老化开裂严重；木塔檐自第 2 层至第 7 层木料普遍变质、开裂，部分支承塔檐的角梁明显下垂；塔檐构件的材质及连接构造为抗震构造薄弱环节。

(3) 平座外廊原为木结构，1962 年维修时改为钢筋混凝土结构；钢筋混凝土构件受环境侵蚀碳化严重，普遍开裂露筋；部分走廊沿墙根开裂，且明显下垂；平座外廊的构件材质和连接构造不符合抗震构造要求。

(4) 对支承木塔檐、平座外廊的悬挑构件进行了结构分析和验算，在悬挑构件的材质及截面尺寸符合《木结构设计规范》(GB 50005—2003) 要求且根部可靠锚固的条件下，构件的承载力满足要求。

2. **文峰塔加固建议**

根据抗震鉴定结论，对文峰塔加固部位及措施的建议如下：

1) 塔体部位加固

(1) 门洞内墙角脱落的处理：采用型钢组合垫板或预制钢筋混凝土垫板塞入悬空墙角的下部，用高强度砂浆砌筑脱落处墙角，使墙角与垫板连成整体。

(2) 门洞顶部裂缝的处理：①凿除粉刷层，清除缝隙中残灰，采用水泥浆压力灌缝；②沿门顶处将塔体周圈凿槽，箍以钢筋 (可施加预应力)，再用高强度砂浆或细石混凝土砌平表面，形成暗圈梁，以增强横向约束能力。

2) 悬挑构件加固

(1) 拆除 1962 年加固时采用的混凝土平座外廊和栏杆，采用木材重新制作安装，以恢复古塔原有的风貌，并减轻悬挑部位的荷重，起到降低地震风险的作用。

(2) 修整或更换腐朽、变质的木挑梁，所有的木梁应定期涂刷油漆加以保护，以延长材料的使用年限。

(3) 对于悬挑木梁插入墙体的部位，采用环氧砂浆灌注锚孔缝隙，并用硬质木楔打入梁端的左、右两侧，以增加锚固端的密实性。

(4) 对于木塔檐上部插入墙体的部位，采用斜向钢筋进行锚结加固 (图 6-27)。

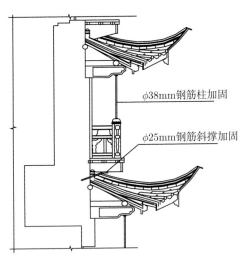

图 6-27   悬挑构件的加固措施

(5) 对于承托平座外廊的悬臂梁, 可在梁的外伸端设置直径大于 30mm 的拉结钢杆, 通过梁上的外廊栏杆柱, 与本层上部承托塔檐的悬臂梁拉结 (图 6-27); 拉结钢杆的上下两端均穿过悬臂梁, 并采用螺栓固定在悬臂梁端部。

3) 塔刹的加固

文峰塔的塔刹长期受环境侵蚀, 钢筋揽风绳外表锈蚀、连接松动, 刹杆已产生了局部倾斜。应采用下述方法进行修缮加固:

(1) 调直木刹杆的倾斜度, 加强木刹杆与塔心柱及屋盖木构架的连接。

(2) 将现有钢筋缆风绳更换为镀锌铁拉链, 以恢复古建筑的形制。加强铁拉链与刹杆的拉结, 对铁拉链与塔顶屋脊的连接部位采用灌注高强度砂浆或设置拉结钢箍的方法进行锚固。

第7章 古塔抗震加固方法

本章参照现行国家标准中抗震加固的有关规定，在归纳提炼国内古塔加固的成熟经验，特别是汶川地震后古塔抗震加固成果的基础上，提出了较为系统的古塔抗震加固方法。古塔的抗震加固涉及地基基础、塔体结构和附属结构的既有状况，应根据抗震鉴定要求，有针对性地采取相应的加固方案。

古塔地基宜采用桩基挤压密实加固，以增加地基的抗震稳定性和承载能力；砖石基础较多采用钢筋混凝土套箍加固，以增强基础的整体性并提高与塔身的结合能力；塔身的加固主要采用灌浆和高强钢筋嵌筋加固，在尽量保护古塔外观的前提下，将竖向钢筋和横向钢箍构成的约束网与砖砌体紧密结合，以增加塔身的抗震承载力和抗变形性能；采用预应力碳纤维板围箍加固塔身，可有效提高砌体的约束效应；塔刹、塔檐、平座外廊等附属结构主要采用端部锚固和拉结加固，以增强高耸或外伸构件与塔身的结合能力，防止构件的脱落和倒塌。

为了系统、详细地说明古塔的抗震加固方法，本章参照一般规范、规程的文本方式，对各种加固方法的工艺、规定和要求进行了表述；此外，以都江堰奎光塔抗震加固方案为例，介绍了古塔嵌筋加固工艺的实施方法。

7.1 古塔抗震加固的一般规定

古塔的抗震加固方案应根据抗震鉴定结果经综合分析后确定，可分别采用地基与基础加固、塔身整体加固、塔身局部加固、附属结构连接加固的方案或综合的加固方案。

古塔的抗震加固应符合下列要求：

(1) 地基的加固应消除或减少地震对地基的不稳定影响，增加地基的抗震稳定性和承载能力；基础的加固应增强基础自身的整体性，提高基础与塔身的结合能力，降低地基反力和减少地震作用偏心距。

(2) 塔身整体加固应增强塔身的整体承载能力和抗变形能力，消除结构的薄弱层和薄弱部位，防止塔身的整体倒塌或上部塔层的坍塌。

(3) 塔身局部加固应增强门窗洞口部位墙体的承载能力，防止墙体的局部破坏。

(4) 附属结构连接加固应增强塔刹、塔檐、平座外廊等高耸或外伸构件与塔身的结合能力，防止构件的脱落和倒塌。

对于抗震设防烈度较高的古塔或损伤较为严重的古塔，抗震加固通常需综合采用多项方案，而每一单项方案也有不同的加固方法，需要掌握各项方案的加固原则和具体方法的施工要领，对综合加固方案进行合理的组合与设计，注意施工质量控制环节的衔接，提高古塔的综合抗震能力。

砖石古塔加固后，可参照现行国家标准《建筑抗震加固技术规程》(JGJ 116—2009) 和《砌体结构设计规范》(GB 50003—2011) 的有关规定，根据采用的加固方法和工程质量，适当提高原有砌体的强度等级，或计入加固钢筋对砌体结构承载能力的贡献，按照配筋砌体结构进行截面抗震承载力的验算。

7.2 古塔地基及基础的加固方法

7.2.1 加固方法的选择和要求

掌握准确的古塔基础和地基现状资料，是合理选择加固方法的前提。我国绝大多数古塔缺乏原始的设计资料，而相关隐蔽工程的勘察又受到文物保护法的限制，目前，探地雷达等无损检测技术已初步运用于古塔基础和地基的形状以及材料的识别，但其判别程度仍需要提高。有条件的设计和施工单位，可在文物保护原则允许的情况下，借助于微损钻探和局部开挖技术，配合无损检测技术，获得准确的古塔基础和地基现状资料。

1. 地基加固

在古塔地基加固前，应取得工程地质勘查资料，并应根据古塔的实际荷载情况和环境条件，重新验算地基的承载能力后，按下述要求择加固方法：

(1) 对液化等级为严重的液化地基，宜采取消除液化沉降的措施。当古塔基础整体刚度较好时，可沿基础周边铺设预制桩基，通过桩基托换的方法，将基础荷载通过桩基传到非液化土层上，桩端 (不包括桩尖) 伸入非液化土中的长度应由计算确定，且对碎石土，砾石，粗、中砂，坚硬黏性土和密实粉砂土不应小于 0.5m，对其他非岩石土不宜小于 1.5m。当古塔基础不便于设置预制桩基时，可采用石灰桩、砂桩沿古塔基础周边对地基加密，加密处理后的土层，其标准贯入击数应大于液化临界值的贯入击数。

(2) 对地震作用下有滑坡、坍塌风险的地基，宜采用浆砌块石围墙或预制桩基加固地基坡脚的方法，保证在距古塔至少 2 倍基础宽度范围内的地基稳定。

(3) 当古塔地基的承载力不满足要求，荷载影响深度较大，且需整体加固时，可选用铺设树根桩、石灰桩或水泥注浆等方法加固；当地基荷载影响深度不大，且为局部加固时，可采用加设砂石垫层等简便方法加固。

(4) 当古塔地基需采用桩基加固，或原桩基已残毁需要换新桩时，宜采用混凝土或钢筋混凝土灌注桩；当原木桩有特殊保留价值，仅允许更换一部分残毁的原桩时，应选用耐腐的树种木材制作木桩并进行防腐处理，木桩应打入常年最低地下水位以下，桩尖埋入密实土层的深度大于 0.5m。

2. 基础加固

在古塔基础加固前，应对基础的现状进行详细的勘查，取得准确的工程参数，根据古塔的实际荷载情况和地质资料，验算基础和地基的承载能力，按下述要求选择加固方法：

(1) 对于损伤的古塔基础，应查找出损伤的原因，提出相应的排除措施。

(2) 当基础强度或基础底面积不足而需要加固时，应优先选用钢筋混凝土材料进行加固，加固厚度不得小于 200mm，加固宽度不得小于 300mm，并应采取措施，保证新旧基础有可靠的连接。

(3) 古塔基础加固可采用补强注浆、加大底面积法、加深基础法等加固方法。

7.2.2　地基的加固设计及施工

1. 地基加固的树根桩法

树根桩法适用于淤泥质土、黏性土、粉土、砂土、碎石土及人工填土等地基的加固。

树根桩可采用直桩型或网状结构斜桩型的布置方式。当树根桩的直径较大且桩的入土深度较浅时，宜采用人工开挖成孔。当树根桩布设在距古塔基础较远的部位时，也可采用轻型钻机成孔，但应采取有效措施以避免机械振动对古塔的损坏。

树根桩的直径取决于成孔方法，钻机成孔时宜为 150~400mm，人工开挖成孔时不宜小于 1000mm。桩身混凝土强度等级应不小于 C20，钢筋笼的外径宜小于设计桩径 40~60 mm。

树根桩中的填料应经清洗，投入量不应小于计算桩孔体的 0.9 倍；注浆材料可采用水泥砂浆或细石混凝土，当采用碎石填灌时，注浆应采用水泥浆。

2. 地基加固的石灰桩法

石灰桩法适用于处理地下水位以下的黏性土、粉土、松散粉细砂、淤泥质土、杂填土或饱和黄土等地基及基础周围土体的加固。

石灰桩由生石灰和粉煤灰 (火山灰或其他掺合料) 组成。采用的生石灰其氧化钙含量不得低于 70%，含粉量不得超过 10%，含水量不得大于 5%，最大块径不得大于 50mm；粉煤灰应采用 I、II 级灰。根据不同的地质条件，石灰桩可选用不同配比；常用生石灰与粉煤灰之比 (体积比) 为 1:1~1:2。为提高桩身强度，亦可掺入一定量的水泥、砂或石屑。

石灰桩的桩径主要取决于成孔机具。桩距宜为 2.5~3.5 倍桩径，可按三角形或正方形布置。地基处理的范围应比基础宽度加宽 1~2 排桩，且不小于加固深度的一半。桩长根据加固目的和地基土质等条件决定。

石灰桩施工可选用螺旋钻成桩法或洛阳铲成桩工艺：①螺旋钻成桩法使用的桩管有直径 325mm 和 425mm 两种；施工时，采用正转将部分土带出地面，部分土挤入桩孔壁而成孔；成孔后将填料按比例分层堆在钻杆周围，再将钻杆反转，叶片将填料边搅拌边压入孔底。②洛阳铲成桩法对古塔基础的振动影响小，且适用于施工场地狭窄的地基加固工程；成桩直径可为 200~300mm，每层回填厚度不宜大于 300 mm，用杆状重锤分层夯实。

3. 地基加固的注浆法

注浆法适用于砂土、粉土、黏性土和人工填土等地基加固。一般用于防渗堵漏、提高地基土的强度和变形模量以及控制地层沉降等。

注浆法需采用钻机成孔和压力注浆。注浆孔的孔径宜为 70~110mm，间距可取 1.2~2.0 m，并应能使被加固土体在平面和深度范围内连成一个整体。

对于软弱地基的加固，可选用以水泥为主剂的浆液，也可选用水泥和水玻璃的双液型混合浆液。在有地下水流动的情况下，不应采用单液水泥浆液。浆液宜用强度等级 42.5MPa 的普通硅酸盐水泥。注浆时可掺用粉煤灰代替部分水泥，掺入量可为水泥质量的 20%~50%。水泥浆的水灰比可取 0.6~2.0，常用的水灰比为 1.0。

7.2.3　基础的加固设计及施工

1. 基础补强注浆法

基础补强注浆法适用于古塔基础因受不均匀沉降、冻胀或其他原因引起的基础裂损性加固。

注浆施工时，先在原基础裂损处钻孔，注浆管直径可为 25mm，钻孔与水平面的倾角不应小于 30°，钻孔孔径应比注浆管的直径大 2~3 mm，孔距可为 0.5~1.0 m。

浆液材料可采用水泥浆等，注浆压力可取 0.1~0.3MPa。如果浆液不下沉，则可逐渐加大压力至 0.6MPa，浆液在 10~15min 内不再下沉可停止注浆。注浆的有效直径为 0.6~1.2 m。

沿古塔基础周边注浆时，宜采用对称施工的方法进行分段注浆。对于不均匀沉降的基础，可在沉降较大的一侧先注浆，然后在沉降较小的一侧注浆。

2. 加大基础底面积法

加大基础底面积法适用于当古塔的地基承载力或基础底面积尺寸不满足验算

要求时的加固。可采用混凝土套箍或钢筋混凝土套箍增大基础底面积。

加大基础底面积的设计和施工应符合下列规定：①当基础承受偏心压力时，可采用不对称加宽；当基础中心受压时，宜采用对称加宽。②在灌注混凝土前应将原基础凿毛和刷干净后，铺一层高强度等级水泥浆或涂混凝土界面剂，以增加新老基础的黏结力。③对加宽部分，地基上应铺设厚度和材料均与原基础垫层相同的夯实垫层。④当采用混凝土套箍加固时，基础每边加宽的尺寸应符合现行国家标准《建筑地基基础设计规范》(GB 50007—2011) 中有关刚性基础台阶宽高比容许值的规定。⑤当采用钢筋混凝土套箍加固时，应采取措施将加宽部分的主筋植入原有的基础之内。

3. 加深基础法

加深基础法适用于地基浅层有较好的土层可作为持力层且地下水位较低的情况；可将原基础埋置深度加深，使基础支承在较好的持力层上，以满足设计对地基承载力和变形的要求。当地下水位较高时，应采取相应的降水或排水措施。

基础加深的施工应按下列步骤进行：①在贴近古塔基础的地基中分批、分段、间隔开挖长约 1.2 m、宽约 0.9 m 的竖坑，对坑壁不能直立的砂土或软弱地基要进行坑壁支护，竖坑底面可比原基础底面深 1.5 m；②根据设计尺寸要求，在原基础底面下沿基础边缘开挖宽度不小于原基础厚度，深度达到设计持力层的基坑；③基础下的坑体采用现浇混凝土灌注，并在距原基础底面 80mm 处停止灌注；待养护 1 天后用掺入膨胀剂和速凝剂的干稠水泥砂浆填入基底空隙，再用铁锤侧向敲击木条，挤实填入的砂浆。

7.3   古塔塔身的加固方法

7.3.1   加固方法的选择和要求

古塔塔身的加固可根据整体加固或局部加固的要求，分别采用塔体灌浆加固、塔体嵌筋加固、塔体板箍加固、塔体洞口局部加固的方法或组合的加固方法。

1. 塔体灌浆加固

古塔受长期环境侵蚀和自身材料老化的影响，砌体的开裂和疏松是主要通病，塔体灌浆是一种有效而简便的加固方法；对于原有砌筑质量较差且砂浆强度等级偏低的塔体或年久失修开裂严重的塔体，通过灌浆可显著提高砌体的密实性和整体性。

塔体灌浆通常采用压浆设备将水泥基注浆料或改性水泥基灌浆料灌入砌体的裂缝中，以增加砌体的密实性和整体性，提高塔体的整体刚度和承载能力；塔体灌浆补强也是对有裂缝的塔体进行嵌筋加固、板箍加固的前期基本措施。

2. 塔体嵌筋加固

沿塔身的竖向和水平向嵌入高强度钢筋,对塔身形成空间约束,以增强砌体的截面承载能力,提高塔身的整体抗裂和抗坍塌性能。对于体型较大且塔身刚度较为薄弱的古塔,塔体的水平嵌入钢筋也可改用钢板箍或预应力碳纤维板箍,以增强对塔身的横向约束。

3. 塔体板箍加固

采用钢板或碳纤维板围绕各层塔身构成水平方向的板箍,以形成横向约束,增强砌体的截面承载能力,提高塔身的竖向抗裂和抗坍塌性能。为充分利用碳纤维板高强轻质的材料性能,可采用预应力张拉碳纤维板的方法对塔体实现围箍,能获得更好的约束效应。塔体水平围箍加固可单独使用,也可与塔体竖向嵌筋加固综合运用,对塔体形成空间约束。

4. 塔体洞口局部加固

在塔身的门窗洞口部位,粘贴钢板条加固墙体,以提高砌体的抗剪、抗拉性能,增强塔体抗局部破坏的能力。

5. 组合加固

将上述加固方法综合运用,以提高古塔的整体和局部抗震能力,或满足高烈度区古塔的较高抗震要求。

7.3.2 塔体的加固设计及施工

为了保证嵌入的钢筋能与砌体共同发挥作用,提高塔体的整体抗震性能,必须对被加固的塔体提出基本的材料性能要求。对于采用嵌筋加固的塔体,其现场实测的砖强度等级不宜低于 MU10,砂浆强度等级不低于 M2.5;对已开裂、风化或震酥的砖塔体,必须进行墙体灌浆和修复处理并达到上述规定的强度等级后,方能采用本方法进行加固。

1. 塔体灌浆加固

塔体灌浆之前,应采用无损检测设备确定裂缝的位置、宽度和深度,选择适用的灌浆材料,制订合理的灌浆方案;塔体灌浆之后,应检测裂缝的密实程度和砌体的力学性能指标,确保达到预定的加固要求。

塔体灌浆属于隐蔽工程施工,通过无损检测措施测定裂缝的实际状况,是合理制订灌浆方案的前提;要求对灌浆之后的砌体进行裂缝密实程度和材料力学性能的检测,有利于促进施工质量达到标准、切实地提高塔体的抗震能力。

1) 灌浆材料的选择与要求

(1) 对于裂缝宽度在 1.5~5mm 的砌体，宜采用水泥基注浆料；对于裂缝宽度大于 5mm 且裂缝较深的砌体，可采用改性水泥基灌浆料或水泥砂浆；对于石砌塔体裂缝，可采用以石粉为主要集料的石粉水泥浆灌浆料。

(2) 灌浆材料的性能应符合现行国家标准《砌体结构加固设计规范》(GB 50702—2011) 和《工程结构加固材料安全性鉴定技术规范》(GB 50728—2011) 的要求。

2) 灌浆加固的工序及规定

塔体灌浆加固通常由如下工序组成：①清理裂缝；②安装灌浆嘴；③封闭裂缝；④压气试漏；⑤配浆；⑥压浆；⑦封口处理。

灌浆操作时应严格按流程执行并符合各工序的规定。各工序的具体要求和规定如下：

(1) 清理裂缝。应在砌体裂缝两侧不少于 100mm 范围内将抹灰层剔除，然后用钢丝刷、毛刷等工具，清除裂缝表面的灰土、浮渣及松软层等污物，再用压缩空气清除缝隙中的颗粒和灰尘。

(2) 安装灌浆嘴。在裂缝交叉处和裂缝端部均应设灌浆嘴，对墙体较厚且裂缝已贯通的部位，宜在墙的内外侧均安放灌浆嘴。灌浆嘴的间距和安装应符合下列规定：①当裂缝宽度在 5mm 以内时，可取 200~300mm；当裂缝宽度大于 5mm 时，可取 400~500mm，且应设在裂缝宽度较大处。②应按标示位置钻深度 30~40mm 的孔眼，孔径宜略大于灌浆嘴的外径，钻好后应清除孔中的粉屑。③灌浆嘴应在孔眼冲洗干净后进行固定，固定前先涂刷一道水泥浆，然后用环氧胶泥或环氧树脂砂浆将灌浆嘴固定。

(3) 封闭裂缝。在已清理干净的裂缝两侧，先用水浇湿砌体表面，再用砂浆封闭，封闭宽度约为 200mm。

(4) 压气试漏。试漏应在封闭层砂浆达到一定强度后进行，并采用涂抹皂液等方法压气试漏。对封闭不严的漏气处应进行修补。

(5) 配浆。配浆应根据灌浆料产品说明书的规定及浆液的凝固时间，确定每次配浆数量。浆液稠度过大，或者出现初凝情况，应停止使用。

(6) 压浆。压浆应符合下列要求：①压浆前应先灌水；②空气压缩机的压力宜控制在 0.2~0.3MPa；③将配好的浆液倒入储浆罐，打开喷枪阀门灌浆，直至邻近灌浆嘴 (或排气嘴) 溢浆为止；④压浆顺序应自下而上，边灌边用塞子堵住已灌浆的嘴。

(7) 封口处理。灌浆完毕且已初凝后，即可拆除灌浆嘴，并用砂浆抹平孔眼。

3) 灌浆加固注意事项

(1) 压浆时应严格控制压力，防止压力过大损坏塔檐和门窗边角部位的砌体；对于薄弱部位，在灌浆前可增设临时性拉结构件。

(2) 对于水平的通长裂缝，可沿裂缝两侧钻孔，设置钢筋销键，以加强两边砌体的共同作用。销键的直径 20mm、间距 250~300mm、锚固深度 200mm，销键固定后再进行灌浆。

4) 灌浆加固后砌体强度的确定

(1) 古塔可根据砌体的开裂状况和砌筑质量，按塔层 (或按塔段) 采用局部灌浆修复和满墙灌浆加固的方法。对于砌体开裂程度严重或砂浆强度等级偏低的塔层，应采用满墙灌浆加固的方法。

(2) 灌浆加固后砌体的抗震强度设计值，对于局部灌浆修复的塔体，可按原砂浆强度等级提高一级采用；对于满墙灌浆加固的塔体，可按原砂浆强度等级提高一级或二级采用。对于有可靠的材料实测鉴定报告的情况，也可根据材料的实测强度确定砌体的抗震强度设计值。

2. 塔体嵌筋加固

1) 加固材料的选择与要求

(1) 钢筋：嵌筋所用钢筋的性能和质量应符合下列规定：①应采用 HRB335 级和 HRB400 级的热轧带肋钢筋。②钢筋的质量应符合现行国家标准《钢筋混凝土用钢　第 2 部分：热轧带肋钢筋》(GB/T 1499.2—2007) 的有关规定。③钢筋的性能设计值应按现行国家标准《混凝土结构设计规范》(GB 50010—2010) 的有关规定采用。

(2) 砂浆：加固用的砂浆，宜采用水泥砂浆或无机材料为主的复合水泥砂浆；对于塔体底层和基础部位，应采用水泥砂浆或不含水溶性聚合物的改性水泥砂浆。在任何情况下，均不得采用收缩性大的砌筑砂浆。砂浆的抗压强度等级应比原砌体使用的砂浆抗压强度等级提高一级，且不得低于 M10。

(3) 种植锚固件的胶黏剂：必须采用专门配制的改性环氧树脂胶黏剂，其安全性能指标应符合现行国家标准《混凝土结构加固设计规范》(GB 50367—2013) 的规定。胶黏剂的填料必须在工厂制胶时添加，严禁在施工现场掺入，不得使用水泥卷及其他水泥基锚固剂。

2) 嵌筋加固的工序及规定

(1) 竖向钢筋的设置：①钢筋的数量需经过抗震验算确定，钢筋的直径不宜小于 25mm。②竖向钢筋应沿塔身的周边均匀布置，且应避开门窗洞。③塔身的每面均设置不少于 2 组竖向钢筋，每组竖向钢筋沿周边的间距不大于 2.0m；对于抗震设防烈度为 8 度及 8 度以上的古塔，每组竖向钢筋沿周边的间距不大于 1.5m。④每组竖向钢筋由 2~3 根并列的钢筋构成；塔身 1/2 高度至塔的顶层可逐步减少钢筋数量，但每组钢筋不少于 2 根，直径不宜小于 25mm。

(2) 横向钢箍的设置：①横向钢箍应沿塔身的高度均匀布置，且应避开门窗洞。②每一道钢箍由不少于 2 根并列的钢筋组成，钢筋直径不宜小于 25mm；对于层高较大或位于抗震设防烈度为 8 度及 8 度以上的古塔，也可采用钢板带围箍，钢板带的厚度不宜小于 8mm；钢筋的数量或钢板带的尺寸可根据抗震验算确定。③对于层高较为均匀的楼阁式古塔，应在第 1 层塔身的底部以及每层塔檐上下各设置一道钢箍。④对于层高差距较大的密檐式古塔，应在第 1 层塔身的底部以及层高较大的第 1 层、第 2 层的塔檐上下各设置一道钢箍；以上各层可根据塔层的高度，在塔檐上下各设置一道钢箍，或在塔檐下部设置一道钢箍。⑤对于抗震设防烈度为 8 度及 8 度以上的古塔，在每层门洞的上部应增设一道钢箍。

(3) 塔身开槽与钻孔：①沿塔身布设钢筋的部位用切割机开槽，槽的尺寸根据钢筋数量确定，宜与砖块的尺寸相吻合，且深度宜大于一砖宽度，便于砖块的拆卸与复原。②在竖向钢筋穿过塔檐的部位，改用钻机穿孔，以减轻对塔体外貌的损坏。③槽孔底面应修凿平整并采用强度等级不低于 M10 的水泥砂浆找平。

(4) 钢筋的连接与固定：①竖向钢筋的底部应采用植筋的方式固定在塔的基础中，植筋钻孔的深度不小于 15 倍钢筋直径或 400mm；沿塔高每隔 1.0m 应采用直径 20mm、锚固长度不小于 300mm 的 Π 形锚筋将竖向钢筋与塔体锚固，对于抗震设防烈度 8 度及 8 度以上的古塔，应沿塔高每隔 0.5m 设置 Π 形锚筋；竖向钢筋的顶部应与塔顶部位设置的横向钢箍焊接。②竖向钢筋沿塔高采用螺栓连接，以保证连接段的抗拉强度；钢筋的连接部位沿塔高宜分层分面设置。③横向钢箍沿塔体周圈布设，放置在竖向钢筋的外侧；横向钢箍采用螺栓连接，钢箍的连接部位沿塔高宜分面设置。④在横向钢箍与竖向钢筋搭接处，采用焊接的方式连接。⑤钢筋安装固定后，用强度等级不低于 M10 的水泥砂浆覆盖钢筋并填充槽体。

(5) 塔体开槽部位的复原处理：①用砂浆将开槽部位填实，然后用切下的旧砖或仿古砖块沿塔体的表面贴平。②仿古砖块应按照原塔体砖块尺寸烧制，在材质和外观上尽可能与原砖块保持一致。③用于勾缝的砂浆，也应尽可能地采用原砌体使用的材料配制。

3. 钢板水平围箍加固

1) 加固材料的选择与要求

(1) 钢板：①应采用 Q235 级或 Q345 级钢；②钢材质量应分别符合现行国家标准《碳素结构钢》(GB/T 700—2006) 和《低合金高强度结构钢》(GB/T 1591—2008) 的有关规定；③钢材的性能设计值应按现行国家标准《钢结构设计规范》(GB 50017—2017) 的有关规定采用。

(2) 砂浆：钢板围箍部位的修复砂浆，其性能要求同上节。

(3) 种植锚固件的胶黏剂：其性能要求同上节。

2) 钢板水平围箍加固工艺要点

(1) 钢板带的设置：①楼阁式古塔，应在第 1 层塔身的底部以及每层塔檐上下各设置一组钢板带。②密檐式古塔，应在第 1 层塔身的底部以及第 1 层、第 2 层的塔檐上下各设置一组钢板带，以上各层可在塔檐下部设置一组钢板带。③覆钵式喇嘛塔，可根据基座、塔肚、塔脖的高度，每一部分设置不少于两组钢板带。④钢板带须避开门窗洞，以对塔身形成全封闭的围箍圈。⑤对于空心塔体，宜采用塔身内外设置钢板带的形式，以增强砌体结构的整体性；对于实心塔体，可仅在外部设置钢板带。

(2) 钢板带的构造：钢板带的厚度不小于 8mm，宽度不小于 100mm，长度根据塔体各面边长确定，塔体相邻面钢板带用厚度 8mm 的角钢焊接。

(3) 钢板带的铺设：①用切割机在围箍部位的塔身开槽，槽的宽度和深度根据所选钢板带的尺寸确定，并应满足塔身复旧处理的砌砖要求。②用水泥砂浆将刻槽内表面抹平，并在槽中铺设、焊接钢板带。③在钢板带与塔体间的空隙处填充水泥砂浆，保证钢板带与塔体的充分接触。

(4) 钢板带的锚固：①对于内外双面加固的情况，外部钢板带和内部钢板带在施工前先预留孔洞；内、外钢板带定位之后，采用直径不小于 22mm 的对穿锚杆将两者连接并拉紧。②对于仅在外部设置钢板带的情况，应在塔身每面钢板带的两端预留孔洞，在塔身相应的墙体中预埋带螺纹的钢筋锚杆，钢板带定位后用螺母与钢筋锚杆连接固定。

(5) 塔体开槽部位的复原处理：钢板带铺设完成后，在钢板外侧涂抹复合界面处理剂以增强耐久性，然后用按砌体原有材料配制的砂浆砌筑旧砖或仿古砖，进行塔身开槽部位的复原处理。

3) 竖向嵌筋与水平向钢板围箍的组合工艺

若采用塔身竖向嵌筋与水平向钢板围箍的组合方式加固塔体，应先进行竖向嵌筋，再进行水平向钢板围箍；在竖向钢筋与水平向钢板交汇处，宜采用塔体预埋螺杆锚筋、钢板预留孔洞的方式进行连接，再用水泥砂浆填实钢板、竖向钢筋与塔体之间的缝隙。

4. 预应力碳纤维板水平围箍加固

碳纤维板具有质量轻、抗拉强度高、耐久性好、可施加预应力等优点，在古塔加固工程中有很好的应用前景。为充分发挥碳纤维板的高强度性能，采用预应力张拉碳纤维板对塔体围箍，可使砌体获得更为有效的预压应力，提高其抗裂性能和抗剪、抗压能力。由于预应力的施加，碳纤维板在多边形塔体平面的棱角部位将产生明显的应力集中现象，采用切除、打磨棱角的工艺可较好地降低应力集中程度；多边形塔体的边数越多，棱角需切除的部位越小，应力集中现象的改善越明显。此外，碳纤维板的施工预应力将对塔体表面产生较高的压应力，需要对加固塔体的砌体提出基本强度要求以保证施工的安全。

1) 工艺的适用情况

(1) 预应力碳纤维板水平围箍加固工艺，适用于塔身平面为圆形或 6 边及 6 边以上的多边形古砖塔的抗震加固修复。

(2) 被加固的砖塔体，其现场实测的砖强度等级不低于 MU10；砂浆强度等级不低于 M5；对已开裂、腐蚀、老化的砖塔体，须进行墙体灌浆和修复处理并达到上述规定的强度等级后，方能采用本方法进行加固。

2) 加固材料的选择与要求

(1) 碳纤维板：应为连续纤维单向或多向排列，并在工厂经树脂浸渍固化的板状制品。碳纤维板的力学性能应符合现行国家标准《纤维增强复合材料建设工程应用技术规范》(GB 50608—2010) 的规定。

(2) 黏接材料及表面防护材料：碳纤维板加固修复古塔时，应采用配套的底层树脂、找平材料、浸渍树脂或 FRP 板黏合剂。黏接材料及表面防护材料的主要性能指标应符合《纤维增强复合材料建设工程应用技术规范》(GB 50608—2010) 的相关规定。

(3) 砂浆：预应力板带围箍部位的修复砂浆，其性能要求同上节。

(4) 种植锚固件的胶黏剂：其性能要求同上节。

(5) 张拉锚固装置中的钢质构件：应采取防锈措施，且应满足现行国家标准《工业建筑防腐蚀设计规范》(GB 50046—2008) 的规定。

3) 碳纤维板的设置与张拉控制应力

(1) 碳纤维板沿塔体的设置可参照钢板水平围箍的要求，但与钢板带设置的不同之处，是碳纤维板仅在塔体的外部设置。

(2) 碳纤维板的构造：目前用于工程加固的碳纤维板，截面厚度尺寸有 1.2mm、1.4mm、2.0mm、2.4mm 等，截面宽度尺寸有 50mm、80mm、100mm 等，塔体加固时可根据设计要求，对不同厚度和宽度进行组合。用于古塔加固的碳纤维板，其截面尺寸由抗震分析确定，板的厚度不小于 1.2mm、宽度不小于 50mm，板的长度根据塔身围箍部位的周长确定。

(3) 碳纤维板的张拉锚固装置：碳纤维板可采用如图 7-1 所示的张拉锚固装置进行围箍张拉。为有效地施加和保持预应力，用于碳纤维板的锚具必须经专门设计，并通过预应力张拉试验的检验。

(4) 碳纤维板的张拉控制应力：碳纤维板张拉控制应力应根据碳纤维板对塔体的约束范围、碳纤维板的截面尺寸和围压部位砌体的抗压强度确定，张拉控制应力的取值范围为碳纤维板抗拉强度标准值的 0.45~0.60 倍，且施工中碳纤维板对砌体产生的最大压应力宜小于 0.60 倍的砌体抗压强度设计值。

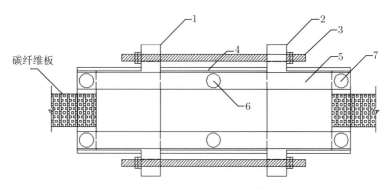

图 7-1   碳纤维板张拉锚固装置

1、2. 对拉固定锚具; 3. 张拉螺栓; 4. 定位导向板; 5. 稳定压板; 6. 中线定位螺杆; 7. 四角定位螺杆

4) 预应力碳纤维板水平围箍工艺要点

(1) 塔身开槽及找平: ①沿塔身围箍部位开槽, 槽的宽度为碳纤维板宽度加上下各 10mm, 槽的深度根据塔身表面复原要求确定。②对平面为多边形的塔身, 将槽内转角部位的棱角去除, 并以弧线将两直线边平顺连接 (图 7-2)。③在张拉锚固装置部位, 槽的宽度和深度需根据装置的尺寸设定, 以满足锚具安装和张拉操作要求 (图 7-3)。④用不低于 M10 级的砂浆将开槽部位的砌体找平, 厚度约 10mm, 找平面应平整光洁。⑤找平砂浆保养至规定强度后, 用打磨机械将表面磨平并除去灰尘, 然后在其表面涂抹一层底胶。

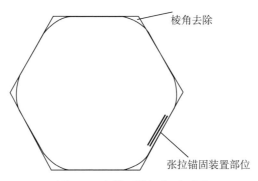

图 7-2   古塔开槽部位平面图

(2) 碳纤维板及张拉锚固装置安装: ①按设计图纸选定碳纤维板长度, 然后将碳纤维板两端锚固于锚具中。②在古塔设置张拉锚固装置的部位, 根据设计图纸要求钻孔、种植高强度定位螺杆; 定位螺杆稳定牢固后, 安装定位导向板。③在定位导向板的内壁涂抹润滑剂, 将碳纤维板和锚具放置在定位导向板中, 并安装稳定压板保持两个锚具的稳定。然后, 用上下张拉螺杆将两端的锚具连接起来, 形成碳纤维板的围箍体系。

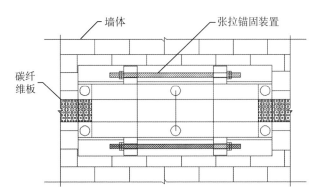

图 7-3　古塔张拉锚固装置部位立面图

(3) 碳纤维板张拉与固定：①碳纤维板的张拉采用位移控制的方法，张拉之前应根据张拉控制应力和碳纤维板的围箍长度，计算出各级预应力相应的张拉量。②采用专用张拉设备紧固张拉螺栓，使碳纤维板绷直，并记录此时张拉锚固装置中两端锚具的距离，在此基础上，通过控制该距离施加设计预应力。③先按设计预应力的 10% 对碳纤维板施加初始张拉力，并检查各部件的工作情况。④参照中线定位螺杆 (图 7-1) 与锚具的位置，均匀张拉碳纤维板至设计预应力的 110% 并保持 5min；然后，放松碳纤维板至设计预应力的 85% 并保持 5min；再张拉碳纤维板至设计预应力，并记录两锚具间的位置，使实测值与计算值之间的偏差在控制范围内。⑤张拉结束后，将锚具用双螺母固定，并卸去四个角螺栓上的稳定压板。

(4) 围箍体系的保护与古塔表面处理：①在张拉锚固装置的钢构件上涂一层保护油脂，然后，在装置上安放塑料防护罩并固定在四个角螺栓上 (图 7-4)。②在碳纤维板外侧涂抹复合界面处理剂以增强耐久性，然后用按砌体原有材料配制的砂浆砌筑旧砖或仿古砖，进行塔身开槽部位的复原处理。

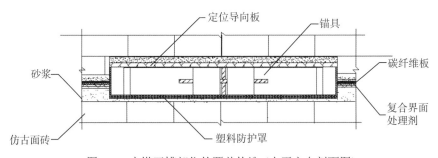

图 7-4　古塔开槽部位的覆盖构造 (水平方向剖面图)

5) 竖向嵌筋与预应力碳纤维板水平围箍的组合加固

若采用塔身竖向嵌筋与预应力碳纤维板水平围箍的组合方式加固塔体，应先进行竖向嵌筋、分段锚固后，再进行碳纤维板水平围箍。竖向钢筋的埋置深度应不影响碳纤维板的围箍开槽,且竖向钢筋的锚固部位宜避开碳纤维板的围箍带;碳纤维板的张拉锚固装置,也应避开竖向钢筋埋置的部位。

5. 墙体洞口局部加固

墙体洞门局部加固的方法和工艺要求如下:

(1) 对于门窗高度超过塔层高度 1/2 的较大尺寸洞口,可采用粘贴钢板条的方法加固洞口周边的墙体。对于空心塔体,应沿洞口周边的内外墙体粘贴钢板条。

(2) 在紧靠洞口的左右两侧墙体中开槽、粘贴竖向钢板条,伸至上下檐口,上下端与塔层围箍的钢板箍或钢筋箍焊接;在洞口的上部墙体中开槽、粘贴横向钢板条,横向钢板条的两端与洞门左右两侧的竖向钢板条焊接。

(3) 若塔体采用预应力碳纤维板水平围箍,钢板条可沿洞口周边设置成矩形方框,形成自封闭体系;钢板条分别埋置、粘贴后,在交接部位焊接成整体,并用墙体预埋螺杆将预留孔洞的钢板条固定;钢板条的粘贴和固定,应在预应力碳纤维板水平围箍工艺施工之前完成。

(4) 钢板条的材料要求和加固工艺要点同 "钢板水平围箍加固" 一节。

7.4 古塔附属结构的加固方法

7.4.1 加固方法的选择和要求

古塔的附属结构主要为塔刹、塔檐、平座外廊等外伸构件。附属结构的连接加固,可根据构件的类型、材料和构造特征,分别采用塔刹端部锚固、塔檐和平座外廊等外伸构件锚固拉结等方法。

1. 塔刹端部锚固

高耸在塔顶的塔刹是古塔的标志性构件,在地震中易发生连接破坏或塌落。塔刹的类型丰富多样,塔刹采用砖石基座固定 (参见图 1-27) 或木构架固定 (参见图 1-28),是塔刹与塔顶连接的两种主要方式;采用钢筋水泥网和锚筋加固塔刹砖石基座,或采用拉结钢箍加固刹杆与木构架的连接部位,是提高塔刹抗震稳定性的有效措施。

2. 外伸构件的锚固与拉结

砖木古塔通常在塔身外悬挑出长度较大的塔檐和平座,在地震中易发生松脱或塌落。采用端部锚固和拉结的方法,加固承托外伸木塔檐、平座外廊的悬臂构件,以提高外伸构件的抗震稳定性。

7.4.2 附属结构的加固设计及施工

1. 砖石支座中塔刹的锚固和拉结

对于塔刹底部固定在塔顶砖石支座中的情况，宜采用钢筋网砂浆面层和锚筋加固塔刹支座。加固材料和工艺应符合下列要求。

1) 加固材料要求

(1) 钢筋：可采用 HPB300 级的热轧光圆钢筋，直径宜为 6mm 或 8mm；焊接钢筋网的长度同塔刹支座周长，高度同塔刹支座高，网格尺寸不大于 200mm×200mm。

(2) 砂浆：可采用水泥砂浆或聚合物改性水泥砂浆，强度等级不低于 M10；钢筋网砂浆层厚度宜为 35mm。

(3) 锚筋：应采用 HRB335 级热轧带肋钢筋，直径不小于 12mm；锚筋应加工成端部带弯钩的 L 形，锚固段长度不小于 300mm，外伸段弯折长度不小于 40mm。

(4) 种植锚筋的胶黏剂：其性能要求同塔体植筋。

(5) 塔刹支座及塔顶砌体：其现场实测的砖强度等级不得低于 MU10，砂浆强度等级不得低于 M2.5；对已开裂、老化的砖石砌体，须进行灌浆和修复处理并达到上述规定的强度等级后，方能采用本方法进行加固。

2) 加固工艺要求

(1) 砌体表层清理：揭下塔刹支座和塔顶外表面砂浆层和砖块，清理平整砌体加固面。

(2) 种植锚筋：锚筋可呈梅花状布置，锚孔间距取钢筋网格的 2~3 倍；沿塔刹支座钻孔、植入锚筋的锚固段；布置于钢筋网格上排和中部的锚筋，沿水平方向伸入塔刹支座内部；布置于钢筋网格下排的锚筋，向下倾斜 45° 插入塔刹支座下的塔顶砌体内部。

(3) 铺设钢筋网：围绕塔刹支座表面铺设钢筋网并焊接成整体箍状网片，网片与塔刹支座砌体表面的间隙不应小于 5mm，外保护层厚度不应小于 15mm。网片固定后，与锚筋外伸段焊接。

(4) 砌筑砂浆层：砌筑、养护砂浆层，并对塔刹支座和塔顶外表面进行复原处理。

2. 木构架支座中塔刹的锚固与拉结

对于塔刹下部固定在塔顶木构架支座中的情况，可采用拉结钢箍加固刹杆与木构架的连接部位。加固的材料和工艺应符合下列要求。

1) 加固材料要求

(1) 拉结钢箍可采用 Q235 级钢制作，钢板条的厚度为 4mm，宽 60~80mm，两端采用螺栓连接成钢箍。

(2) 拉结钢箍的外侧应焊有耳环,用于刹杆与木构件的拉结;刹杆上钢箍耳环的数量和位置,应与相拉结的木构件钢箍耳环的数量和方位一致。

2) 加固工艺要求

(1) 在刹杆与木构架连接的部位分别安装钢箍,钢箍采用螺栓连接闭合,严禁采用现场焊接,以消除木结构施工火灾的隐患。

(2) 采用花篮螺栓连接刹杆与木构架构件之间钢箍的耳环;旋紧花篮螺栓,拉结刹杆与木构架。

(3) 对于具有揽风铁链拉结的高大型塔刹,应检测确定铁链的安全性,并对铁链与塔顶屋脊的连接部位采用灌注环氧砂浆或设置拉结钢箍的方法进行锚固。

3. 外伸构件的锚固和拉结

悬挑长度较大的塔檐和平座外廊,通常用悬臂梁承托 (参见图 1-25)。悬臂梁锚固端和锚孔周边墙体的检测和修复,是保证抗震加固质量的前提;可参照现行国家标准《古建筑木结构维护与加固技术规范》(GB 50165—1992),对悬臂梁的现状进行鉴定和修缮;对于端部腐朽的木质悬臂梁,应进行整梁的更换。

1) 悬臂梁的加固

对承托外伸塔檐和平座外廊的木质或石质悬臂梁加固时,需先对悬臂梁锚固端以及锚孔周边的墙体进行检测和修复。

(1) 用钻机将悬臂梁锚固端左、右两侧的锚孔各拓宽 20mm,并清空锚孔内的碎屑和杂物。

(2) 校正和固定悬臂梁。

(3) 向锚孔内灌注环氧砂浆,并用硬质木楔打入悬臂梁左、右两侧,增加锚固端的密实性。

2) 外伸塔檐和平座外廊的加固

对于悬伸长度大于 1m 的塔檐和平座外廊,或抗震设防烈度 8 度及 8 度以上的塔檐和平座外廊,宜增设如下拉结加固措施:

(1) 对于承托塔檐的悬臂梁,可在梁的中部设置钢箍,并在其上方墙体内植入钢锚环,再用花篮螺栓连接钢箍和钢锚环,对悬臂梁进行斜向拉结。

(2) 对于承托平座外廊的悬臂梁,可在梁的外伸端设置直径不小于 25mm 的拉结钢杆, 通过梁上的外廊栏杆柱, 与本层上部承托塔檐的悬臂梁拉结 (参见图 1-26);拉结钢杆的上下两端均穿过悬臂梁,并采用螺栓固定在悬臂梁端部。

(3) 利用承托塔檐的悬臂梁为承托平座外廊的悬臂梁提供拉结作用时,应在措施 (1) 实施并达到质量要求后,再进行措施 (2) 的施工。

7.5　都江堰奎光塔抗震加固方案

7.5.1　工程概况

四川省都江堰奎光塔始建于清道光十一年 (1831 年)，位于都江堰市奎光路；塔高 52.67m，重约 3460t，为 17 层六面体部分双筒砖砌古塔。该塔外形雄伟壮观，内部结构独特，1~10 层为双筒，11 层以上为单筒，是我国层数最多的古塔。奎光塔 2002 年被列为四川省重点文物保护单位，2013 年被列为全国重点文物保护单位。

20 世纪 80 年代初期，发现奎光塔的塔身明显倾斜，塔体下部第 1~3 层的东侧被压裂 (酥)，西侧严重拉裂。1986 年、1987 年、1989 年、1994 年对塔体进行了多次倾斜测量，发现塔体向北东方向倾斜 1.211m(塔高按 49.07m 计算)，倾斜率为 25‰，大大超过了允许倾斜率 4‰。1999 年 7 月，中铁西北科学研究院承担了奎光塔纠偏加固工程的施工图设计，纠偏加固工程于 2001 年 9 月 20 日开工实施，到 2002 年 8 月 10 日完成；经过纠偏加固，奎光塔倾斜率由以前的 25‰下降为 0.48‰。在加固工程中，按照都江堰市原抗震设防烈度为 7 度的标准对塔身进行了加固处理。加固措施主要为 1~6 层塔身围箍，纵向钢筋连接，纵向钢筋植入地基中的加固钢筏，塔身环氧树脂充填，以增加塔身砖砌体的抗压强度和抗弯能力。

2008 年 5 月 12 日汶川发生 8.0 级特大地震，震中位置为汶川县映秀镇 (纬度：北纬 31.0°，经度：东经 103.4°)，震中烈度高达 XI 度。都江堰市距震中 21km，地震烈度达到 X 度。汶川特大地震对奎光塔造成了巨大的破坏 (图 7-5)：塔体第 5 层至塔顶出现自下而上的贯穿裂缝，裂缝最大宽度达到 15cm，将塔体切割为南、北两部分；塔

(a) 震裂的塔体　　　　　(b) 加固中的奎光塔　　　　　(c) 加固后的奎光塔

图 7-5　都江堰奎光塔

体第 8 层及以上部分发生扭转剪切破坏，上部塔体和下部塔体形成错位，最大错距达到 15cm；塔体第 9 层、第 10 层的东北角严重开裂，有局部塌落的迹象。

　　都江堰奎光塔的严重灾情引起了国家、四川省文物局和都江堰市人民政府的高度重视，在地震发生后不久，即组织相关单位和人员展开抢救保护工作，并委托中铁西北科学研究院承担了都江堰奎光塔震后塔休勘察及治理方案设计工作。

7.5.2　地震造成的塔体损坏状况

　　汶川特大地震对奎光塔造成严重的结构性破坏，根据调查，塔体的破坏主要可以归结为四种类型。

　　(1) 塔体竖向贯穿性开裂。沿塔体竖向中轴线开裂，裂缝多数从塔体窗口处通过 (图 7-6)。塔体西南面和东北面第 5 层至塔顶出现自下而上的贯穿裂缝，且这两组裂缝在第 9 层和第 10 层从塔体中部已部分连通，将塔体切割为南、北两部分。塔体西北面和东南面第 7~14 层也出现自下而上的贯穿裂缝。

图 7-6　第 9 层以上东北面、西北面裂缝向上发展

　　(2) 塔体扭转性变形。塔体第 8 层及以上每层都出现不同程度的扭转变形 (图 7-7)，扭转方向均为逆时针。特别是第 10、11、15、16 层最为严重，上部塔体和下部塔体形成错位，最大错距达到 15cm。

　　(3) 塔体墙角倾倒。塔体第 9 层东北角、第 10 层的东北角和西角、第 15 层的东南角等有向临空向倾倒的迹象 (图 7-8)。其中第 9 层、第 10 层东北角最为严重，裂缝呈上宽下窄，上部裂缝宽度达到 8cm。若倾倒破坏进一步发展，上部塔体会出现整体倒塌。

图 7-7   第 10 层西南角和北侧剪断错开

图 7-8   第 9 层、第 10 层东北角外倾迹象

(4) 塔体压酥破坏。每层每面窗口上部都出现不同程度地压酥破坏，窗口周围多为受压产生的 "X" 形裂缝 (图 7-9)。部分窗口上部和塔檐砖体破碎塌落，特别是第 9 层东北侧窗口上部砖体已被完全受压破碎塌落，塌落范围宽 2.0m、高 1.0m (图 7-10)。

图 7-9   第 10 层西南侧 "X" 形裂缝

图 7-10 第 9 层东北侧密檐砖块塌落

7.5.3 奎光塔塔身加固方案

抢险加固工程根据奎光塔震害的特点,采用了塔体灌浆和嵌筋加固方案,包括塔体外部钢带围箍、塔体内部钢带支撑、竖向贯穿钢筋、裂隙注浆、窗口封堵、碳纤维布粘贴等多项工程措施。图 7-11 为加固示意图及实施照片,主要工程措施简介如下。

1. 竖向贯穿钢筋

先在塔身自上而下凿宽 7cm、深 5cm 的竖槽,塔檐部位改用钻孔通过,将直径 28mm 的Ⅲ级贯穿钢筋放置于凿槽中,钢筋间采用螺栓连接,以保证连接段抗拉强度。待钢筋安装完毕后,再填充密实的丙烯酸水泥砂浆。塔体第 1~10 层每面设置 8 根竖向贯穿钢筋,第 11~17 层每面设置 4 根贯穿钢筋。钢筋底部与原混凝土基础相连接,连接方式采用植筋连接。植筋钻孔直径 40mm、深度 400mm。

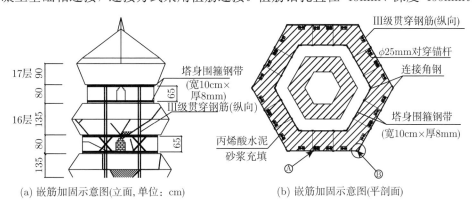

(a) 嵌筋加固示意图(立面,单位:cm)　　　(b) 嵌筋加固示意图(平剖面)

(c) 竖向贯穿钢筋　　　　　　　　　　　　(d) 外部钢带围箍

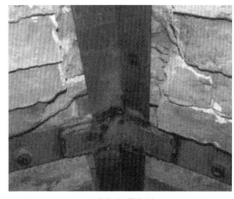
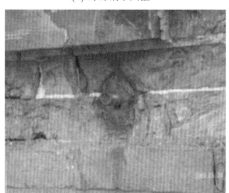

(e) 内部钢带焊接　　　　　　　　　　　　(f) 对穿锚杆连接

图 7-11　奎光塔加固示意图及实施照片

钻孔完成后将硬毛刷插入孔中清理孔壁，然后使用专门的灌注器，灌入 JN-Z 型植筋锚固胶黏剂。胶黏剂灌注量应保证在植入钢筋后有少许胶黏剂溢出。之后，单向旋转插入钢筋，并尽量使植入的钢筋与孔壁间的间隙均匀。

2. 塔体外部钢带围箍

由于在 2002 年的加固工程中已对第 1~6 层的塔体进行了围箍，本次围箍加固的重点为第 7~17 层塔体。

在塔体第 7~17 层的外部，每层塔面使用两道 8mm 厚、10cm 宽的钢带进行围箍，长度根据塔体各层周长确定。塔体相邻面钢带用 8mm 厚角钢焊接。

在塔体第 7~12 层外部，每层塔檐上下各设置一组围箍钢带。围箍钢带使用 8mm 厚、5cm 宽的钢板制作，长度根据塔檐宽度确定。塔檐相邻面钢带用 8mm 厚角钢焊接。

在塔体 A 面第 9、10、11、16 和 17 层，B 面第 7~11 层、第 13、15 和 16 层，C

面第 10 层、15~17 层，D 面第 10、15、16 层，E 面第 7~11 层、16 层，F 面第 9~11、13、16 层，将外部塔身围箍钢带各用两组 "X" 形钢带连接成一体。钢带为 5mm 厚、8cm 宽的钢板，长度根据实际情况确定。钢带间采用螺栓连接。

为了保证围箍钢带和塔体的充分接触，在钢带与塔体间的空隙处填充丙烯酸水泥砂浆。围箍钢带完成后，在钢带外涂抹 JN-J 复合界面处理剂，界面剂中加入适当的水泥以达到复旧效果。

3. 塔体内部钢带和对穿锚杆

在塔体第 7~17 层，每层塔面外部钢带围箍处对应的塔体内部设置钢带。钢带用 8mm 厚、10cm 宽的钢板制作，长度根据塔内每面宽度确定。塔体相邻面钢带用 8mm 厚角钢焊接。外部围箍钢带和内部钢带在施工前先预留孔洞，通过直径 25mm 的对穿锚杆将两者连接为一体。

在塔体第 7~16 层，每层密檐外部钢带围箍处对应的塔体内部设置钢带。钢带用 8mm 厚、5cm 宽的钢板制作，长度根据塔内每面宽度确定。塔体相邻面钢带用 8mm 厚角钢焊接。

塔体内部每 2 根相邻钢带用 2 根竖向钢带连接在一起。连接钢带使用 5mm 厚、8cm 宽的钢板制作，长度根据相邻围箍钢带间距确定。钢带间采用螺栓连接。

4. 裂缝注浆

对塔身所有裂缝进行裂缝注浆加固。裂缝注浆材料根据裂缝宽度确定。小于 2mm 的裂缝用 JN-L 型低黏度灌缝胶注浆，2~10mm 的裂缝用丙烯酸纯水泥浆注浆，大于 10mm 的裂缝用丙烯酸水泥细砂浆注浆。

JN-L 型低黏度灌缝胶注浆具有以下特点：极强的渗透力，黏度很低，能注入 0.05mm 宽的微裂缝；不含挥发性溶剂，硬化时基本不收缩；黏接强度高，韧性及抗冲击性好；抗老化性及耐介质 (酸、碱及水等) 性好；可操作时间长，使用方便、无毒。可以很好地保证塔身微裂缝的注浆效果。

丙烯酸纯水泥浆和水泥细砂浆以纯水泥浆和水泥细砂浆为主剂，适当添加丙烯酸树脂乳液。改良后的纯水泥浆和水泥细砂浆具有黏结强度高，耐候性、耐老化性好，对人体和环境无害的特点。丙烯酸纯水泥浆配方为水泥:水:丙烯酸乳液 =1:(0.2~0.4):(0.25~0.35)。丙烯酸水泥细砂浆配方为水泥:砂:水:丙烯酸乳液 =1:(0.6~ 1.0):(0.3~0.4):(0.25~0.3)。施工前必须进行现场试验，以决定最终的配合比，保证注浆效果。

裂缝注浆加固工序: 裂缝清理—预留进浆孔、排气孔 (直径 30mm 钻孔)—JN-F 型封口胶封闭裂缝—裂缝注浆—注浆效果复检。

5. 窗口封堵

对塔体各层开裂的窗口分别用灰砖进行砌筑封堵。砌筑浆材采用丙烯酸水泥砂浆，其配合比为水泥:砂:水:丙烯酸乳液＝ 1:5:0.4:0.2。

6. 碳纤维布加固

由于塔体内部结构复杂，空间狭小，裂缝分布较多，为了提高塔体内部的抗压强度，对墙体较大裂缝除注浆加固外，还需要粘贴碳纤维布加固。碳纤维布选用密度 300g/m^2，厚度为 0.168mm，抗拉强度不低于 3000MPa 的碳纤维布。碳纤维布采用 JN-C 碳纤维加固专用胶进行粘贴。碳纤维布粘贴完工后再使用水泥细砂浆封闭处理。

7. 密檐和塔身修复

密檐和塔身砖块掉落区域用与原塔完全一致的砖块砌筑修复。砌筑浆材采用丙烯酸水泥砂浆，其配合比为水泥:砂:水:丙烯酸乳液＝ 1:5:0.4:0.2。为保证新砌筑砖体和原塔体的有效连接，根据砖块掉落实际情况在新砌砖体中增加了钢丝网。

8. 塔身表面复旧处理

根据四川省文物管理局《关于都江堰市奎光塔抢险加固工程方案设计的批复》(中铁西北科学研究院有限公司，2008)，要求将抗震加固措施中的横向围箍钢带做成隐蔽工程，保持塔体的原貌。因此，施工图设计中增加塔身表面复旧处理工程。在塔体外部钢带围箍、塔身修复施工完成后，在塔身外侧贴补仿古砖块。仿古砖块按照原塔体砖块大小定做烧制而成，在尺寸和外观上保持一致。仿古砖块使用 107 胶的聚合物水泥砂浆进行粘贴，其配比为水泥:砂:107 胶 =1:0.5:(0.20~0.25)。

奎光塔灌浆、嵌筋加固和表面修复后的内外墙体照片见图 7-12。由照片可知，采用嵌筋加固的方法，不仅可以显著提高古塔的整体抗震能力，且能很好地实现文物保护"修旧如旧"的原则。

(a) 灌浆后的内墙   (b) 表面复旧处理后的内墙

(c) 嵌筋加固后的外墙   (d) 嵌筋部位外墙的复旧处理

图 7-12 奎光塔嵌筋加固后的照片

第8章 嵌筋加固古砖塔的抗震承载力验算

运用钢铁件加固砌体结构是我国的传统建筑技术，在古塔的建造过程中和后期的修缮工程中都有成功的案例。汶川地震之后，采用高强钢材嵌入砌体的嵌筋加固技术在大多数损坏古塔的修复和加固工程中得到了推广；嵌入塔身的竖向钢筋和横向钢箍与原有的砌体紧密结合，形成新的配筋砌体结构，可有效地提高古塔的抗震承载能力和抗变形性能。本章依据加固工程实践和理论分析，综合现行砌体结构设计规范公式和相关的试验研究成果，提出了嵌筋加固古砖塔偏心受压、受剪抗震承载力的分析方法，并以某古塔抗震加固方案为例，介绍嵌筋工艺的实施方法，以及加固后古塔的抗震承载力计算方法。

8.1 古砖塔嵌筋加固与抗震验算的意义

2008 年 5 月 12 日汶川 8.0 级大地震中，处于高烈度区的砖石古塔遭受了严重的损坏。地震之后，各级政府和文物主管部门组织了损坏古塔的抗震加固工程，其中，大多数古塔采用了嵌筋加固工艺 (图 8-1)，以保持古塔的原有外观和增强砌体结构的整体抗震性能。

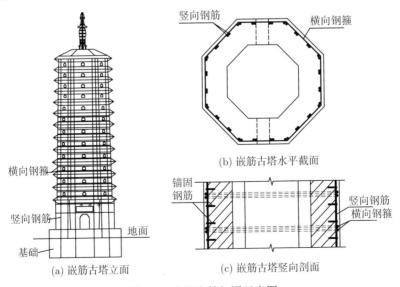

(a) 嵌筋古塔立面

(b) 嵌筋古塔水平截面

(c) 嵌筋古塔竖向剖面

图 8-1 古塔嵌筋加固示意图

运用钢铁件加固砖石古塔是我国的一项传统技术。在汶川地震四川古塔损伤状况的现场调研中发现，一些建造于宋代的砖塔，已成功地将扁铁 (俗称"铁扁担"，厚约 5mm、宽 50mm、长度 500~2000mm) 作为加强筋设置于塔身的转角、窗口等部位的砌体之中，有效地提高了塔身的抗震性能。著名的西安小雁塔，曾多次经历大地震而导致塔体竖向劈裂；1965 年在小雁塔修缮工程中，将 2 层以上贯通至顶的南北两道地震裂缝弥合加固，并在塔的第 2、5、7、9、11 层塔檐上部设置了暗藏的钢板腰箍，对塔体形成了围箍约束。古建专家罗哲文 (2006) 先生在《古建维修和新材料新技术的应用》中，肯定了采用现代钢材加固砖石结构古建筑的方法，指出其最大优点是不改变原来的材料本质和结构性能，只是作为附加的材料起辅助加强作用。钢材作为加固补强的另一优点是可逆性强，如果有更好的替代工艺或有其他的原因需要去掉时，也比较容易拆除。

古塔在地震作用下产生弯曲变形，致使塔体受拉而出现横向裂缝，用高强度钢筋沿竖向将各层塔体连接起来，下部固定在塔基中、上部锚固入墙体，则钢筋能承受因弯矩而产生的拉压应力，避免砌体破坏。塔身的竖向开裂，主要是竖向拉压力与水平剪力的共同作用，这在门窗洞口薄弱部位最为常见，用钢板或钢筋沿塔身外侧围箍，可以有效地形成横向约束，提高砌体的抗裂、抗剪切性能。就结构性能而言，由竖向钢筋与横向钢箍组合而成的加固体系，是目前古塔抗震加固的有效措施之一。

由于古塔嵌筋加固的工程实践处于起步阶段，相应的试验和理论研究较为缺乏，目前尚未形成可直接应用的抗震验算方法。古塔在自重和水平地震作用下处于偏心受压和受剪状态，嵌筋加固后形成的配筋砌体应计入钢筋对截面承载能力的贡献。

借鉴现行抗震设计规范的研究成果和相关公式，结合嵌筋加固古砖塔的模型试验数据，本章提出了古砖嵌筋加固的抗震验算方法，以推动嵌筋加固工艺的科学应用和理论研究工作的开展。

8.2 嵌筋加固塔体偏心受压抗震验算

针对嵌筋加固古砖塔的配筋构造和结构性能，依据配筋砌体结构的力学原理，本节提出了古塔偏心受压抗震验算方法。考虑古塔的尺度、材料性能以及嵌筋工艺的特征，给出了抗震验算方法的基本假定，确定了附加偏心距、承载力抗震调整系数的取值。基于工程应用，建立了古塔矩形、圆形截面的抗震验算公式，对六边形和八边形的古塔截面，给出了简化为矩形或圆形截面的几何方法。

8.2.1　抗震验算的基本依据与假定

模型试验研究表明,按照第 7 章规定的嵌筋工艺方法加固的古砖塔,钢筋和砌体能结合成牢固的整体;在偏心压力作用下,截面中的钢筋和砌体将共同变形、共同受力。因此,混凝土结构和配筋砌体结构的平截面假定也适用于嵌筋加固的古砖塔截面。

古砖塔在嵌筋之前,通常需对砌体进行灌浆加固。试验资料表明,符合质量标准的灌浆砌体,具有较好的抗压、抗剪能力和变形性能,能达到现代砌体结构的材料力学基本要求。一些加固后的古塔,其砌体受压试验的应力–应变曲线较为丰满,有明显的上升和下降段,极限压应变可达到 0.005。

参照现行《建筑抗震设计规范》(GB 50011—2010) 和《砌体结构设计规范》(GB 50003—2011),进行构件抗震验算时,对截面承载力应除以承载力抗震调整系数 γ_{RE},对于偏心受压砌体,γ_{RE} 取值在 0.85~0.90;鉴于古塔经历了长期的环境侵蚀和材料老化因素,验算时取承载力抗震调整系数 γ_{RE} 为 0.90。

考虑古塔的文物保护要求和材料性能试验的实际情况,可采用现场非破损检测技术评定古塔砖和砂浆的强度等级,再根据《砌体结构设计规范》确定砌体的抗压强度设计值。

鉴于古塔截面尺寸较大,塔身高度与截面底边长的高厚比 β 一般较小,对于 $\beta \leqslant 5$ 的情况,截面验算时可不考虑高厚比对偏心距的附加影响。

基于上述分析研究,对嵌筋加固古砖塔偏心受压验算作如下假定:

(1) 截面应变分布保持平面;

(2) 竖向钢筋与其同一位置砌体的应变相等;

(3) 不考虑砖砌体的抗拉强度;

(4) 砖砌体偏心受压时极限压应变不大于 0.003;

(5) 为防止截面受拉边缘的裂缝开展过大,钢筋的极限拉应变不大于 0.01;

(6) 截面受压区砌体的应力图形采用等效矩形,抗压强度设计值 f 取砌体实测抗压强度,等效受压区计算高度 x 与平截面假定的实际中性轴高度 x_0 的比值取 0.8;

(7) 当截面受压区高度 $x \geqslant 2a_s'$ 时,受压钢筋强度能达到抗压强度设计值 f_y';

(8) 纵向受拉钢筋屈服与受压区砌体破坏同时发生时的相对界限受压区高度 ξ_b,按下式计算:

$$\xi_b = \frac{0.8}{1 + f_y/0.003E_s} \tag{8-1}$$

式中,f_y 为钢筋的抗拉强度设计值;E_s 为钢筋的弹性模量。

8.2.2 实心塔体矩形截面偏心受压验算

1. 截面偏心状况的判断

古塔抗震加固的钢筋宜采用直径较大、锚固性能较好的 HRB335 级钢筋和 HRB400 级钢筋，根据式 (8-1) 可算得截面相对界限受压区高度 ξ_b 如表 8-1 所示。

表 8-1 相对界限受压区高度 ξ_b

钢筋	抗拉强度设计值 $f_y/(\text{N/mm}^2)$	抗压强度设计值 $f_y'/(\text{N/mm}^2)$	弹性模量 $E_s/(\times 10^5\text{N/mm}^2)$	相对界限受压区高度 ξ_b
HRB335	300	300	2.00	0.53
HRB400	360	360	2.00	0.50

当截面受压区高度 x 小于等于 $\xi_b h_0$ 时，按大偏心受压计算，当 x 大于 $\xi_b h_0$ 时，按小偏心受压计算。h_0 为计算截面的有效高度，取 $h_0 = h - a_s$，如图 8-2 所示。

2. 大偏心受压验算

大偏心受压的计算简图见图 8-2(a)，根据力系平衡条件，可得到计算公式如下：

$$N \leqslant \frac{1}{\gamma_{\text{RE}}}(fbx + f_y'A_s' - f_yA_s) \tag{8-2}$$

$$Ne_{\text{N}} \leqslant \frac{1}{\gamma_{\text{RE}}}[fbx(h_0 - x/2) + f_y'A_s'(h_0 - a_s')] \tag{8-3}$$

式中，N 为轴向力设计值；γ_{RE} 为承载力抗震调整系数，取为 0.90；f 为砌体的抗压强度设计值，根据古塔现场测定的砖和砂浆的强度等级确定；f_y、f_y' 为受拉、受压钢筋的强度设计值；b 为截面宽度；A_s、A_s' 为受拉、受压钢筋的截面面积；a_s' 为受压钢筋至截面受压区边缘的距离；a_s 为受拉钢筋至截面受拉区边缘的距离；e_{N} 为轴向力作用点到受拉钢筋之间的距离，见图 8-2(a)，可按照下式计算：

$$e_{\text{N}} = e + e_{\text{a}} + (h/2 - a_s)$$

式中，e 为轴向力的初始偏心距，按荷载设计值计算；e_{a} 为构件在轴向力作用下的附加偏心距，

$$e_{\text{a}} = \frac{\beta^2 h}{2200}(1 - 0.022\beta)$$

式中，β 为塔体的高厚比，$\beta = H_0/h$，H_0 取验算截面以上塔体的高度，h 为验算截面的边长；对于 $\beta \leqslant 5$ 的情况，可不考虑附加偏心距的影响。

3. 小偏心受压验算

小偏心受压的计算简图见图 8-2(b)，根据力系平衡条件，可得到计算公式如下：

$$N \leqslant \frac{1}{\gamma_{\text{RE}}}(fbx + f'_{\text{y}}A'_{\text{s}} - \sigma_{\text{s}}A_{\text{s}}) \tag{8-4}$$

$$Ne_{\text{N}} \leqslant \frac{1}{\gamma_{\text{RE}}}[fbx(h_0 - x/2) + f'_{\text{y}}A'_{\text{s}}(h_0 - a'_{\text{s}})] \tag{8-5}$$

$$\sigma_{\text{s}} = \frac{f_{\text{y}}}{\xi_{\text{b}} - 0.8}\left(\frac{x}{h_0} - 0.8\right) \tag{8-6}$$

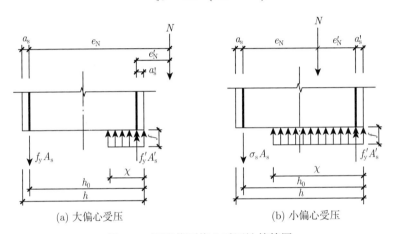

(a) 大偏心受压　　　　　　　　　　(b) 小偏心受压

图 8-2　矩形截面偏心受压计算简图

8.2.3　空心塔体矩形截面偏心受压验算

空心塔体矩形截面可简化为工字形截面计算，如图 8-3 所示；其中翼缘的计算宽度 b'_{f} 取计算截面的实际宽度 B。

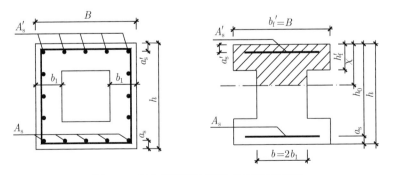

图 8-3　空心矩形截面简化为工字形截面

计算时，需根据受压区高度 x 确定腹板的受压情况和相应的计算公式。当受压区高度 x 小于翼缘厚度 h_{f}' 时，按宽度为 b_{f}' 的矩形截面计算；当受压区高度 x 大于翼缘厚度 h_{f}' 时，则应考虑腹板的受压作用，按下列公式计算。

1. 大偏心受压验算

$$N \leqslant \frac{1}{\gamma_{\mathrm{RE}}} \{ f[bx + (b_{\mathrm{f}}' - b)h_{\mathrm{f}}'] + f_{\mathrm{y}}' A_{\mathrm{s}}' - f_{\mathrm{y}} A_{\mathrm{s}} \} \tag{8-7}$$

$$Ne_{\mathrm{N}} \leqslant \frac{1}{\gamma_{\mathrm{RE}}} \{ f[bx(h_0 - x/2) + (b_{\mathrm{f}}' - b)h_{\mathrm{f}}'(h_0 - h_{\mathrm{f}}'/2)] + f_{\mathrm{y}}' A_{\mathrm{s}}'(h_0 - a_{\mathrm{s}}') \} \tag{8-8}$$

2. 小偏心受压验算

$$N \leqslant \frac{1}{\gamma_{\mathrm{RE}}} (f[bx + (b_{\mathrm{f}}' - b)h_{\mathrm{f}}'] + f_{\mathrm{y}}' A_{\mathrm{s}}' - \sigma_{\mathrm{s}} A_{\mathrm{s}}) \tag{8-9}$$

$$Ne_{\mathrm{N}} \leqslant \frac{1}{\gamma_{\mathrm{RE}}} \left\{ f[bx(h_0 - x/2) + (b_{\mathrm{f}}' - b)h_{\mathrm{f}}'(h_0 - h_{\mathrm{f}}'/2)] + f_{\mathrm{y}}' A_{\mathrm{s}}'(h_0 - a_{\mathrm{s}}') \right\} \tag{8-10}$$

式中，b_{f}' 为工字形截面受压区的翼缘计算宽度；h_{f}' 为工字形截面受压区的翼缘厚度；其余符号意义同实心塔体矩形截面计算公式。

8.2.4 古塔环形、圆形截面偏心受压验算

对于古塔沿周边均匀配置纵向钢筋的环形 (图 8-4)、圆形 (图 8-5) 截面，其正截面承载力可根据第 8.2.1 节所述基本假定，对砌体和钢筋分区确定应力应变状态，并通过积分公式列出平衡方程计算，但这种方法过于烦琐，不便于工程实际应用。清华大学滕智明等 (1987) 对钢筋混凝土环形、圆形截面偏心受压构件的正截面承载力进行了分析研究，将沿截面梯形应力分布的受压及受拉钢筋应力简化为等效矩形应力图形，其相对钢筋面积分别为 α 及 α_{t}，再根据力系平衡计算正截面承载力；计算时，不需判断大小偏心情况，其计算结果与精确解误差不超过 5%。这一简化计算方法已被《混凝土结构设计规范》(GB 50010—2010)、《烟囱设计规范》(GB 50051—2013)、《高耸结构设计规范》(GB 50135—2006) 等采用；对于嵌筋加固古砖塔，可参照上述文献和规范并结合嵌筋工艺特征，给出相应的抗震验算公式。

1. 环形截面偏心受压验算

环形截面的计算简图见图 8-4，计算公式如下：

$$N \leqslant \frac{1}{\gamma_{\mathrm{RE}}} [\alpha f A + (\alpha - \alpha_{\mathrm{t}}) f_{\mathrm{y}} A_{\mathrm{s}}] \tag{8-11}$$

$$Ne_{\mathrm{i}} \leqslant \frac{1}{\gamma_{\mathrm{RE}}} \left[f A(r_1 + r_2) \frac{\sin \pi\alpha}{2\pi} + f_{\mathrm{y}} A_{\mathrm{s}} r_{\mathrm{s}} \frac{\sin \pi\alpha + \sin \pi\alpha_{\mathrm{t}}}{\pi} \right] \tag{8-12}$$

式中，系数 $\alpha_\mathrm{t} = 1 - 1.5\alpha$；偏心距 $e_\mathrm{i} = e_0 + e_\mathrm{a}$；$A$ 为环形截面面积；A_s 为全部纵向钢筋的截面面积；r_1、r_2 为环形截面的内、外半径；r_s 为纵向钢筋重心所在圆周的半径；e_0 为轴向压力对截面重心的偏心距；e_a 为附加偏心距，其值取 $r_2/15$；对于 $\beta \leqslant 5$ 的情况，可不考虑附加偏心距的影响；α 为受压区砌体截面面积与全截面面积的比值；α_t 为纵向受拉钢筋截面面积与全部纵向钢筋截面面积的比值，当 α 大于 $2/3$ 时，为全截面受压，取 α_t 为 0。

当 α 小于 $\arccos\left(\dfrac{2r_1}{r_1+r_2}\right)/\pi$ 时，实际受压区为环内弓形面积，此时可按圆形截面偏心受压构件验算。此外，式 (8-11)、式 (8-12) 适用于 r_1/r_2 不小于 0.5 的情况；对于 r_1/r_2 小于 0.5 的情况，鉴于空心部分占总截面的比例较小，建议近似按圆形截面偏心受压构件验算。

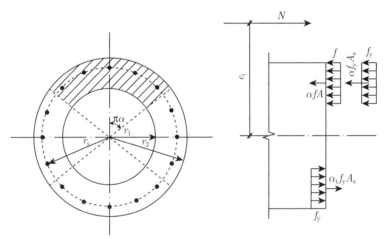

图 8-4　沿周边均匀配筋的环形截面

2. 圆形截面偏心受压验算

圆形截面的受压区面积为弓形，其计算简图见图 8-5，计算公式如下：

$$N \leqslant \frac{1}{\gamma_\mathrm{RE}}\left[\alpha f A\left(1 - \frac{\sin 2\pi\alpha}{2\pi\alpha}\right) + (\alpha - \alpha_\mathrm{t})f_\mathrm{y}A_\mathrm{s}\right] \tag{8-13}$$

$$Ne_\mathrm{i} \leqslant \frac{1}{\gamma_\mathrm{RE}}\left(\frac{2}{3}fAr\frac{\sin^3\pi\alpha}{\pi} + f_\mathrm{y}A_\mathrm{s}r_\mathrm{s}\frac{\sin\pi\alpha + \sin\pi\alpha_\mathrm{t}}{\pi}\right) \tag{8-14}$$

式中，系数 $\alpha_\mathrm{t} = 1.25 - 2\alpha$；偏心距 $e_\mathrm{i} = e_0 + e_\mathrm{a}$；$A$ 为圆形截面面积；A_s 为全部纵向钢筋的截面面积；r 为圆形截面的半径；r_s 为纵向钢筋重心所在圆周的半径；e_0 为轴向压力对截面重心的偏心距；e_a 为附加偏心距，其值取 $r/15$；对于 $\beta \leqslant 5$ 的情况，可不考虑附加偏心距的影响；α 为对应于受压区砌体截面面积的圆心角 (rad)

与 2π 的比值；α_t 为纵向受拉钢筋截面面积与全部纵向钢筋截面面积的比值，当 α 大于 0.625 时，取 α_t 为 0。

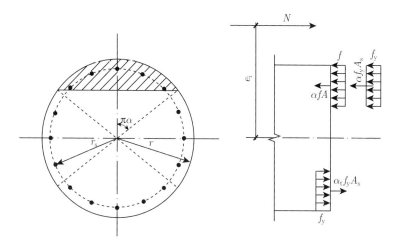

图 8-5　沿周边均匀配筋的圆形截面

8.2.5　六边形或八边形古塔截面的简化处理

我国唐代以后建造的古塔大多为六边形或八边形，为精简计算公式，可将上述正多边形截面简化为圆形或矩形截面，再分别参照相应的公式计算截面偏心受压承载力。

1. 正多边形截面简化为圆形截面

图 8-6 为正多边形含内切圆的几何图形，图中 a 为正多边形边长，r 为内切圆半径，圆内角 $\alpha = 360°/n$，n 为边数。

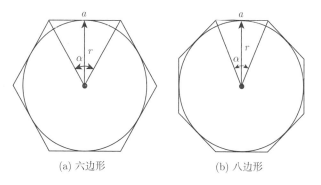

(a) 六边形　　　　　　　　　(b) 八边形

图 8-6　正多边形与内切圆

以内切圆为简化截面，则六边形截面的内切圆半径为

$$r = \frac{\sqrt{3}}{2}a = 0.866a \tag{8-15}$$

八边形截面的内切圆半径为

$$r = \frac{a}{2}/\tan\frac{\alpha}{2} = \frac{a}{2}/\tan 22.5° = 1.207a \tag{8-16}$$

2. 正多边形截面简化为矩形截面

图 8-7 为正多边形截面简化为矩形截面的示意图。图中，保持弯矩作用方向的截面高度不变，再根据等面积原则对垂直于弯矩作用方向的宽度做适当调整。

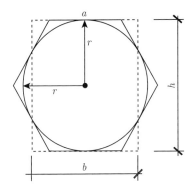

图 8-7　正多边形截面简化为矩形截面示意图

正多边形的面积为

$$S = nr^2\tan\frac{\alpha}{2} \tag{8-17}$$

设等效矩形的面积为

$$S = bh = b \times 2r \tag{8-18}$$

由式 (8-17) 和式 (8-18)，可得等效矩形截面的宽度 b：

$$b = \frac{nr}{2}\tan\frac{\alpha}{2} \tag{8-19}$$

对于六边形截面，其简化矩形截面的尺寸为
截面高度

$$h = 2r = 1.732a \tag{8-20}$$

截面宽度

$$b = \frac{nr}{2}\tan\frac{\alpha}{2} = \frac{6r}{2}\tan 30° = 3r \times 0.5774 = 1.732r = 1.5a \tag{8-21}$$

对于八边形截面，其简化矩形截面的尺寸为

截面高度

$$h = 2r = 2.414a \qquad (8\text{-}22)$$

截面宽度

$$b = \frac{nr}{2}\tan\frac{\alpha}{2} = \frac{8r}{2}\tan 22.5° = 4r \times 0.4142 = 1.657r = 2.0a \qquad (8\text{-}23)$$

根据对六边形截面的试算结果表明，上述两种简化方法中，按照圆形简化截面计算的配筋量略高，按照矩形简化截面计算的配筋量略低；实际工程中，可取两种方法的平均值选配钢筋。

8.3 嵌筋加固塔体受剪抗震验算

汶川地震之后，扬州大学古建筑保护课题组结合嵌筋加固古砖塔的工程实践，进行了钢箍加固塔筒试件抗震性能的模型试验。本节以模型试验数据为依据，综合现行砌体结构设计规范公式和相关的试验研究成果，探讨了试件实测极限荷载与现行规范计算值的差异，分析了横向钢箍和砖砌楼盖对塔筒受剪承载力的贡献；针对嵌筋加固古砖塔的配筋构造和受剪状态，根据配筋砌体结构的力学原理，提出了考虑砖砌楼盖约束作用和钢箍参与受力的古塔受剪抗震验算方法。

8.3.1 配筋砌体受剪性能研究成果的分析

1. 水平钢筋参与工作程度的分析

配置适当的钢筋以改善砌体结构的受力性能，是近代砌体结构发展的重要措施。钢筋的合理配置和参与工作的程度是影响配筋砌体结构应用的关键课题，国内外学者在该领域进行了大量的研究并取得了一定的进展，相关的研究成果可为古建筑砌体结构的抗震加固提供有益的借鉴。

周炳章和夏敬谦 (1991) 通过近百片墙体的反复荷载试验和四幢整体房屋模型的振动台试验，研究了水平配筋砖砌体的破坏机理、强度和变形性能。研究认为，配置水平钢筋的墙体，在配筋率为 0.03%～0.17% 时，极限承载能力较无筋墙体可提高 5%～25%，且墙体的剪切承载力随配筋率的增大而增加，基本呈线性关系。极限荷载时，钢筋的平均应力能达到屈服强度的 34% 左右；在建立的配筋砌体抗震承载力计算公式中，建议将钢筋的强度发挥系数取为 0.3。

施楚贤和周海兵 (1997) 结合配筋砌体剪力墙的抗震性能试验研究，提出了配筋砌体剪力墙的抗剪承载力计算公式。研究表明，墙体的水平和竖向钢筋对提高墙体侧向承载能力和变形能力有显著作用，这主要是因为墙体开裂后钢筋承担部分荷载，且水平、竖向钢筋的相互作用对砌体有良好的约束。墙体的极限承载力较无筋墙体的极限承载力平均增大 23.5%，极限变形平均为无筋墙体的 3.1 倍。在抗剪承载力计算公式中，将水平钢筋的参与工作系数取为 0.21。

王凤来和许祥训 (2009) 进行了配筋砌块短肢砌体剪力墙抗剪性能试验研究，研究认为，墙体的高宽比、砌体的抗剪强度、竖向压应力和水平钢筋对墙体的抗剪承载力影响较大，竖向钢筋在剪切破坏中作用不大。试验结果表明，当水平钢筋配筋较多、剪跨比较大时，达到极限荷载时水平钢筋不一定屈服；据此给出了水平钢筋的参与工作系数在 0.4~ 0.12，随着水平钢筋的增加、剪跨比的增大，参与工作系数将降低。

张蔚等 (2009) 进行了高强钢绞线网–聚合物砂浆抗震加固既有建筑砖墙体试验研究，通过光纤、光栅技术测量出钢绞线的应变表明，在墙体破坏时钢绞线的应力发挥不是很大。综合实际试验分析结果，取钢绞线的应力发挥系数为 0.2；再考虑聚合物砂浆的黏结性能系数 0.4 后，实际的钢绞线参与工作系数仅为 0.08。

综合上述研究成果可知，砌体中配置的水平钢筋对墙体的抗剪性能有较好的改善作用；在考虑嵌筋古塔的抗震受剪承载力时，需针对塔体的构造特征、砌体的抗剪强度、竖向压应力及配筋率等关键因素，结合相应的模型试验以合理地确定横向钢箍的参与工作程度。

2. 相关规范中受剪承载力计算公式的分析

(1)《砌体结构设计规范》(GB 50003—2011) 中采用水平配筋墙体的计算公式如下：

$$V \leqslant f_{\mathrm{vE}} A + \xi_{\mathrm{s}} f_{\mathrm{yh}} A_{\mathrm{sh}} \tag{8-24}$$

式中，V 为考虑地震作用组合的墙体剪力设计值；f_{vE} 为砌体沿阶梯形截面破坏的抗震抗剪强度设计值；A 为墙体横截面面积；ξ_{s} 为钢筋参与工作系数，可按表 8-2 采用；f_{yh} 为墙体水平纵向钢筋的抗拉强度设计值；A_{sh} 为层间墙体竖向截面的总水平纵向钢筋截面积。

表 8-2　钢筋参与工作系数 ξ_{s}

墙体高厚比	0.4	0.6	0.8	1.0	1.2
ξ_{s}	0.10	0.12	0.14	0.15	0.12

(2)《砌体结构加固设计规范》(GB 50702—2011) 中采用钢筋混凝土面层加固的计算公式如下：

$$V \leqslant V_{\mathrm{m}} + V_{\mathrm{cs}} = V_{\mathrm{m}} + 0.44\alpha_{\mathrm{c}} f_{\mathrm{t}} bh + 0.8\alpha_{\mathrm{s}} f_{\mathrm{y}} A_{\mathrm{s}}(h/s) \tag{8-25}$$

式中，V 为砌体墙面内剪力设计值；V_{m} 为原砌体受剪承载力，按现行《砌体结构设计规范》计算确定；V_{cs} 为采用钢筋混凝土面层加固后提高的受剪承载力；f_{t} 为混凝土轴心抗拉强度设计值；α_c 为砂浆强度利用系数，对于砖砌体，取 0.8；α_s 为钢筋强度利用系数，取 0.9；b 为混凝土面层厚度 (双面时，取其厚度之和)；h 为墙体水平方向长度；f_y 为水平向钢筋的设计强度值；A_s 为水平向单排钢筋截面面积；s 为水平向钢筋的间距。

(3)《砌体结构加固设计规范》中采用钢筋网水泥砂浆面层加固的计算公式如下：

$$V \leqslant V_m + V_{sj} = V_m + 0.02fbh + 0.2f_yA_s(h/s) \tag{8-26}$$

式中，V_{sj} 为采用钢筋网水泥砂浆面层加固后提高的受剪承载力；f 为砂浆轴心抗压强度设计值；其余符号意义同式 (8-25)。

上述公式中，右端的最后一项为水平钢筋对截面受剪承载力的提高值，均考虑了钢筋参与工作系数；在式 (8-24) 中，钢筋参与工作系数与墙的高厚比有关，其值在 0.10~0.15 之间；在式 (8-25) 中，钢筋参与工作系数取为 0.8×0.9=0.72；在式 (8-26) 中，钢筋参与工作系数取为 0.2。由此可知，布置在砌体中的水平钢筋，在砌体受剪破坏时未能充分发挥钢筋的抗拉能力，且因配筋的方式和加固类型的不同差异较大。

将配筋砌体的受剪承载力表达为原有砌体与加固钢筋两者的受剪承载力之和，具有较好的物理意义，可清晰地反映加固钢筋发挥的抗剪作用。在确定嵌筋古塔抗震受剪承载力时，可根据相关的试验研究并借鉴上述规范的表达形式，给出砌体基本承载力加上横向钢箍提高承载力的计算公式。

8.3.2 钢箍加固砖塔的抗震性能试验

1. 试验概况

四川德阳市龙护舍利塔在汶川地震中严重开裂，震后采用砌体灌浆与钢板围箍工艺进行了加固。扬州大学古建筑保护课题组以该塔底部楼层为原型，按照 1/8 的比例设计制作了砖砌墙筒试件，分别进行了灌浆加固、钢箍加固试件的抗震性能对比试验研究。为了分析钢箍参与工作的程度，本书引用钢箍加固的试验资料进行分析。

试件的设计高度为 760mm，方筒形截面，每面墙宽为 700mm，墙厚为 150mm，根据有无砖砌楼盖、是否有钢围箍，将试件分为 4 种。其中，无楼盖试件 2 个，编号为 W(无钢箍)、W-S(有钢箍)；有楼盖试件 2 个，编号为 WF(有楼盖无钢箍)、WF-S(有楼盖有钢箍)。围箍采用 HRB335 级钢筋，直径 10mm，共 3 圈，墙体竖直截面配筋率为 0.21%。制作好的墙筒试件如图 8-8 所示。

按照《建筑抗震试验规程》(JGJ/T 101—1996) 的试验方法，采用 MTS 多通道协调加载装置对试件进行低周反复加载 (图 8-9)，获得了试件的滞回曲线和相应的抗震性能参数。

图 8-8　墙筒试件

图 8-9　加载试验

2. 试验数据整理

根据试验资料绘制的试件骨架曲线如图 8-10 所示，相应的数据见表 8-3。

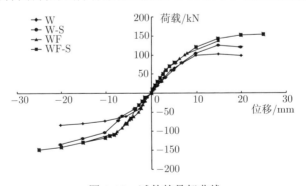

图 8-10　试件的骨架曲线

由图 8-10 和表 8-3 可知，墙筒试件采用钢箍加固后，其极限荷载和极限位移均有明显的提高；此外，有楼盖试件的极限荷载大于无楼盖试件的极限荷载。

表 8-3 试件的极限荷载与极限位移

试件	竖向压力/kN	极限荷载/kN			极限位移/mm		
		正向	反向	平均值	正向	反向	平均值
W	200	102	80	91.0	19.8	20.2	20.0
W-S	200	125	118	121.5	19.7	20.3	20.0
WF	200	136	113	124.5	14.8	15.2	15.0
WF-S	200	154	148	151.0	24.8	25.2	25.0

8.3.3 试件受剪承载力分析

参照第 8.3.1 节中配筋砌体结构受剪承载力的计算公式,将第 8.3.2 节中试验所获得的受剪承载力表达为砌体与钢箍两者的贡献之和,如下式所示:

$$V = V_{\mathrm{m}} + V_{\mathrm{hs}} \tag{8-27}$$

式中, V 为钢箍加固砌体的受剪承载力,取有钢箍试件的极限荷载试验值分析; V_{m} 为砌体的受剪承载力,取无钢箍试件的极限荷载试验值作为参照,并与《砌体结构设计规范》计算公式对比; V_{hs} 为采用钢箍加固后提高的受剪承载力,取有钢箍试件与无钢箍试件的极限荷载之差分析。

1. 砌体受剪承载力分析

为了反映试件上竖向荷载对砌体受剪承载力的影响,并进一步了解实测砌体受剪能力与现行规范计算值的差异,将式 (8-27) 中的 V_{m} 表达为式 (8-28) 的形式:

$$V_{\mathrm{m}} = \alpha_{\mathrm{m}} \varsigma_{\mathrm{N}} f_{\mathrm{v}} A \tag{8-28}$$

式中, α_{m} 为试件实测值与《砌体结构设计规范》计算值的偏差系数; ς_{N} 为砖砌体抗震抗剪强度的正应力影响系数,参照《砌体结构设计规范》按表 8-4 采用,经计算得到 $\varsigma_{\mathrm{N}} = 1.56$; f_{v} 为古塔砖砌体抗剪强度设计值,试件采用普通黏土砖 MU10、混合砂浆 M5 砌筑,取抗剪强度设计值为 0.11MPa; A 为试件横截面面积,为 330 000mm^2。

表 8-4 砖砌体强度的正应力影响系数

σ_0/f_{v}	0.0	1.0	3.0	5.0	7.0	10.0	12.0
ς_{N}	0.80	0.99	1.25	1.47	1.65	1.90	2.05

注: σ_0 为对应于重力荷载代表值的砌体截面平均压应力。

将试件 W 和 WF 的相关参数代入式 (8-28) 计算出 V_{m} ,并与试件的实测极限荷载进行对比,得到偏差系数 α_{m} ,具体数据见表 8-5。由表 8-5 可知,无楼盖和有楼盖试件的实测极限荷载分别为《砌体结构设计规范》公式计算值的 1.61 倍和 2.20 倍。

从古建筑抗震保护的安全角度考虑,可按照《砌体结构设计规范》公式计算塔筒的砌体受剪承载力;但对于有整体砌筑楼盖的塔筒,可根据有、无楼盖实测极限荷载的比值,计入楼盖约束对砌体受剪承载力的提高作用。

表 8-5　试件实测值与规范计算值的对比分析

试件	V_m 实测值/kN	ς_N	V_m 计算值/kN	α_m
W	91.0	1.56	$56.63\alpha_m$	1.61
WF	124.5	1.56	$56.63\alpha_m$	2.20

2. 钢箍参与工作程度分析

将采用钢箍加固后提高的受剪承载力表达为下述参数的乘积:

$$V_{hs} = \alpha_{hs}f_y A_{hs1}(h/s) \tag{8-29}$$

式中,α_{hs} 为钢筋强度利用系数,即钢箍参与工作系数;h 为试件水平方向长度,为 700mm;f_y 为钢箍的抗拉设计强度值,为 $300N/mm^2$;A_{hs1} 为一排钢箍的截面面积,为 $2\times78.5=157\ mm^2$;s 为钢箍沿试件高度的间距,取为 250mm。

或直接按竖向截面中水平钢箍总截面面积 A_{hs} 计算:

$$V_{hs} = \alpha_{hs}f_y A_{hs} \tag{8-30}$$

式中,$A_{hs} = 6 \times 78.5 = 471mm^2$。

将相关的试件参数和试验数据分别代入式 (8-29)、式 (8-30),得到无楼盖、有楼盖时的钢箍参与工作系数如表 8-6 所示。由表中数据可知,在砖砌墙筒试件达到极限受剪承载力时,钢箍的受拉应力为其抗拉设计强度的 19% ~23%,即钢箍参与工作系数 α_{hs} 约为 0.2。

表 8-6　钢箍参与工作系数 α_{hs} 分析

特征	实测值/kN	计算值/kN		α_{hs}	
		按式 (8-29) 计算	按式 (8-30) 计算	按式 (8-29) 计算	按式 (8-30) 计算
无楼盖	30.5	$131.88\alpha_{hs}$	$141.3\alpha_{hs}$	0.23	0.22
有楼盖	26.5	$131.88\alpha_{hs}$	$141.3\alpha_{hs}$	0.20	0.19

8.3.4　嵌筋加固古砖塔受剪抗震验算公式的建议

综合上述试验研究成果并参照现行《砌体结构设计规范》的公式,可提出嵌筋加固古砖塔受剪抗震验算公式如下:

$$V \leqslant \frac{1}{\gamma_{RE}}(\eta_F f_{vE}A + \alpha_{hs}f_y A_{hs}) \tag{8-31}$$

式中，V 为考虑地震作用组合的塔层墙体剪力设计值；γ_{RE} 为承载力抗震调整系数，鉴于古塔经历了长期的环境侵蚀和材料老化等因素，取为 0.90；η_F 为砖砌楼盖约束作用系数，对于有整体砖砌楼盖的空心截面塔层取 1.20，其他情况取 1.0；f_{vE} 为砌体沿阶梯形截面破坏的抗震抗剪强度设计值：

$$f_{vE} = \varsigma_N f_v \tag{8-32}$$

式中，f_v 为古塔砖砌体抗剪强度设计值，根据现场测定的砂浆强度等级确定；ς_N 为砖砌体抗震抗剪强度的正应力影响系数，按表 8-4 采用；A 为验算塔层墙体横截面面积；α_{hs} 为水平钢箍参与工作系数，取 0.20；f_y 为水平钢箍的抗拉强度设计值；A_{hs} 为所验算塔层层间墙体竖向截面的总水平钢箍截面积。

8.4　古塔嵌筋加固抗震承载力验算示例

8.4.1　基本资料

某 7 层八边形楼阁式砖塔，总高度为 39.5m，自下向上各层层高分别为 6.0m、5.4m、5.4m、5.1m、5.1m、4.8m、4.5m，塔顶高 3.2m(不含塔刹)，楼层间设置木楼盖，采用木楼梯上下。

塔的底层高度 6.0m，水平截面如图 8-11 所示；八边形外边长度 3.60m，墙厚 1.80m，墙体截面面积 41.1m²；在南北方向设有门洞，门洞净宽 0.90m，门洞净高 2.40m。

该塔位于抗震设防烈度 8 度 (0.2g) 地区，Ⅱ 类场地土。经抗震分析，作用在底层的内力组合为：轴向压力 29 510kN，水平剪力 4034kN，弯矩 79 800kN·m。

经现场实测，该塔体砖的强度等级为 MU10，砂浆强度等级在 M1.0～M2.5。抗震鉴定表明，底层承载力不符合要求，需进行塔体灌浆和嵌筋加固。

8.4.2　加固方案与施工

1. 塔体灌浆加固

现场检测表明，塔体裂缝基本为砌体风化和干缩裂缝，裂缝宽度大多在 5mm 以下，最大裂缝宽度为 10mm，上部楼层的裂缝状况较下部楼层严重。

1) 灌浆材料

灌浆材料根据裂缝宽度确定。宽度小于 5mm 的裂缝用丙烯酸纯水泥浆灌浆，宽度大于 5mm 的裂缝用丙烯酸水泥细砂浆灌浆。

2) 灌浆工序

灌浆工序为：①清理裂缝；②安装灌浆嘴；③封闭裂缝；④压气试漏；⑤配浆；⑥压浆；⑦封口处理。灌浆施工按照第 7.3 节要求进行。

3) 灌浆质量检测

经现场实测评定，塔体灌浆质量符合要求。底层墙体灌浆加固后的砂浆强度等级达到 M2.5，符合嵌筋加固的基本要求；抗震承载力验算时，可取砌体抗压强度 $f = 1.30\mathrm{N/mm}^2$，抗剪强度 $f_{\mathrm{v}} = 0.08\mathrm{N/mm}^2$。

2. 塔体嵌筋加固

采用 HRB335 级热轧带肋钢筋加固，嵌筋构造如图 8-11 所示。

1) 竖向钢筋布置

沿外墙面每面布设 4 组竖向钢筋 (含墙角部位)，间距 1.20m(图 8-11(a)、(b))；每组钢筋 2 根，初步选择钢筋直径 25mm；钢筋底部植入塔基中的深度为 500mm，嵌入墙面深度为 190mm；沿塔体高度每隔 500mm 用直径 20mm 的 Ⅱ 形锚筋将竖向钢筋锚固在墙体中，锚固深度为 400mm(图 8-11(c)、(d))。

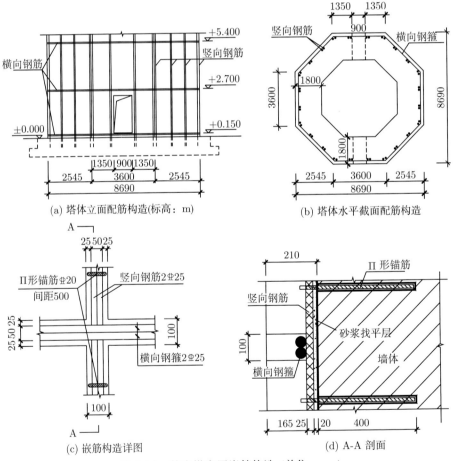

图 8-11　某古塔底层嵌筋构造 (单位: mm)

2) 横向钢箍布置

底层塔体设置三道横向钢箍，分别布置在台阶下缘 (标高 0.15m)、门顶上部 (标高 2.70m) 和塔檐下部 (标高 5.40m)，如图 8-11(a)、(b) 所示，每道钢箍为 2 根直径 25mm 的钢筋。横向钢箍嵌入墙面深度为 165mm，采用螺栓连接成闭合钢圈，与竖向钢筋相交处采用焊接连接。

3) 槽口及填充砂浆

槽口宽度为 100mm，槽口深度竖向为 210mm、横向为 185mm，槽底砂浆找平层厚度 20mm(图 8-11(c)、(d))；槽底找平砂浆与槽口填平砂浆强度等级相同，为强度等级 M10 水泥砂浆。

4) 施工要点

嵌筋加固施工按照第 7.3 节所述规定执行。施工中做到：①开槽时尽量减少墙体原有砖块的损坏，墙面复原时尽量采用原有砖块砌平槽口；②对钢筋的连接、锚固和焊接部位逐个进行质量检验，保证竖向钢筋、横向钢箍形成紧密的钢筋网箍；③砂浆覆盖钢筋、填平槽口振捣密实，确保钢筋箍网与古塔砌体结合成整体。

8.4.3 截面偏心受压抗震验算

1. 截面形状简化

参照第 8.2 节偏心受压抗震验算方法，本示例将八边形截面 (图 8-11(b)) 分别简化为空心矩形 (图 8-12) 和圆环形截面 (图 8-13)，以分析比较两种截面验算结果的差异。

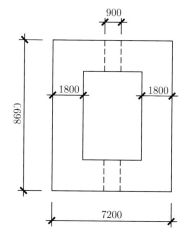

图 8-12 空心矩形截面 (单位：mm)

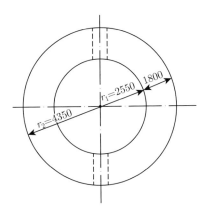

图 8-13   圆环形截面 (单位: mm)

1) 八边形截面简化为空心矩形截面

空心矩形截面高度取八边形两对边的距离: $h = 2.414a = 2.414 \times 3.60 = 8.69\text{m}$;

根据等面积原则, 得到空心矩形截面宽度: $B = 2.0a = 2 \times 3.60 = 7.20\text{m}$;

简化后的墙体厚度保持不变, 仍取为 1.80m。

2) 八边形截面简化为圆环形截面

八边形截面对应的内切圆半径为: $r = 1.207a = 1.207 \times 3.60 = 4.35\text{m}$;

简化后的墙体厚度保持不变, 仍取为 1.80m; 则有外半径 $r_2=4.35\text{m}$, 内半径 $r_1=2.55\text{m}$。

2. 空心矩形截面验算

空心塔体矩形截面可简化为工字形截面计算, 如图 8-14 所示; 其中, 翼缘的计算宽度 b_f' 取简化截面的宽度减去门洞宽度; 各尺寸参数如下: 翼缘计算宽度 $b_\text{f}' = 7.2 - 0.9 = 6.3\text{m}$, 腹板宽度 $b = 2 \times 1.8 = 3.6\text{m}$, 翼缘厚度 $h_\text{f}' = 1.8\text{m}$, 受拉、

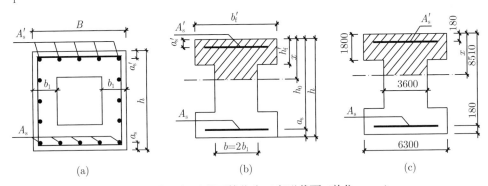

图 8-14   空心矩形截面简化为工字形截面 (单位: mm)

受压钢筋至截面受拉、受压区边缘的距离 $a_s = a_s' = 180$mm，计算截面的有效高度 $h_0 = h - a_s = 8690 - 180 = 8510$mm。

验算时，需根据受压区高度 x 确定腹板的受压情况和相应的计算公式：当受压区高度 x 小于翼缘厚度 h_f' 时，按宽度为 b_f' 的矩形截面计算；当受压区高度 x 大于翼缘厚度 h_f' 时，则应考虑腹板的受压作用。相应的验算公式见式 (8-7)~ 式 (8-10)。

1) 判别大小偏心受压状态

轴向力的初始偏心距：$e = M/N = 79\,800/29\,510 = 2.704$m $= 2704$mm。

塔体高厚比：$\beta = H_0/h = 39.5/8.69 = 4.55 < 5$，可不考虑附加偏心距的影响。

轴向力作用点到受拉钢筋之间的距离：

$$e_N = e + (h/2 - a_s) = 2704 + (8690/2 - 180) = 6869\text{mm}$$

截面采用对称配筋，假定受压区高度 x 大于翼缘厚度 h_f'，且为大偏心受压。由式 (8-7) 算得受压区高度为

$$\begin{aligned}
x &= [\gamma_{RE}N/f - (b_f' - b)h_f']/b \\
&= [0.9 \times 29\,510 \times 10^3/1.30 - (6300 - 3600) \times 1800]/3600 \\
&= 4325\text{mm}
\end{aligned}$$

采用 HRB335 级钢筋，钢筋的强度设计值 $f_y = 300$N/mm^2，弹性模量 $E_s = 2.0 \times 10^5$N/mm^2，截面相对界限受压区高度 $\xi_b = \dfrac{0.8}{1 + f_y/0.003E_s} = \dfrac{0.8}{1 + 300/(0.003 \times 2 \times 10^5)} = 0.53$，则有

$$\xi_b h_0 = 0.53 \times 8510 = 4510\text{mm}$$

因 $x < \xi_b h_0$，属于大偏心受压；且因 $x > h_f'$，则应考虑腹板的受压作用。

2) 计算所需的钢筋截面积

按式 (8-8) 计算钢筋截面积：

$$\begin{aligned}
A_s = A_s' &= \frac{\gamma_{RE}Ne_N - f[bx(h_0 - x/2) + (b_f' - b)h_f'(h_0 - h_f'/2)]}{f_y'(h_0 - a_s')} \\
&= (0.9 \times 29\,510 \times 10^3 \times 6869 - 1.30 \times [3600 \times 4325 \times (8510 - 4325/2) \\
&\quad + (6300 - 3600) \times 1800 \times (8510 - 1800/2)]) \big/ [300 \times (8510 - 180)] \\
&= 2351\text{mm}^2
\end{aligned}$$

由图 8-11(b) 知，截面外侧配置的钢筋为：$A_s = A_s' = 8 \times 491 = 3928$mm^2，满足抗震要求，且有较大的富余度。

3. 圆环形截面验算

圆环形截面的计算简图见图 8-15，相应的验算公式见式 (8-11)、式 (8-12)。

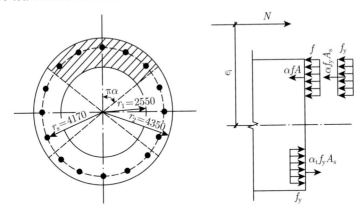

图 8-15   圆环形截面计算简图 (单位: mm)

已知环形截面的内半径 $r_1=2550\mathrm{mm}$，外半径 $r_2=4350\mathrm{mm}$，则 $r_1/r_2=2550/4350$ $=0.586>0.5$，符合圆环形截面验算公式的比值要求。按照构造要求配置 24 组钢筋，每组 2 根，见图 8-11(b)，竖向钢筋总截面面积 $A_\mathrm{s}=24\times2\times491=23\,568\mathrm{mm}^2$。

1) 计算受压区砌体截面面积与全截面面积的比值 α

计算环形截面面积: $A=\pi(r_2^2-r_1^2)=3.1416\times(4350^2-2550^2)=39.0\times10^6\mathrm{mm}^2$;

由式 (8-11)，计算 α:

假设 α 小于 $2/3$，将系数 $\alpha_\mathrm{t}=1-1.5\alpha$ 代入式 (8-11)，则有

$$\alpha=\frac{\gamma_{\mathrm{RE}}N+f_\mathrm{y}A_\mathrm{s}}{fA+2.5f_\mathrm{y}A_\mathrm{s}}=\frac{0.9\times29\,510\times10^3+300\times23\,568}{1.3\times39\times10^6+2.5\times300\times23\,568}=0.492$$

因 α 小于 $2/3$，则 $\alpha_\mathrm{t}=1-1.5\alpha=1-1.5\times0.492=0.262$。

2) 验算截面承载力

竖向钢筋重心所在圆周的半径 $r_\mathrm{s}=r_2-a_\mathrm{s}=4350-180=4170\mathrm{mm}$;

由式 (8-12)，验算截面能承受的弯矩:

$$\begin{aligned}
M=Ne_\mathrm{i}&=\frac{1}{\gamma_{\mathrm{RE}}}\left[fA(r_1+r_2)\frac{\sin\pi\alpha}{2\pi}+f_\mathrm{y}A_\mathrm{s}r_\mathrm{s}\frac{\sin\pi\alpha+\sin\pi\alpha_\mathrm{t}}{\pi}\right]\\
&=\frac{1}{0.9}\left[1.3\times39\times10^6\times(2550+4350)\times\frac{\sin0.492\pi}{2\pi}+300\times23\,568\right.\\
&\quad\left.\times4170\frac{\sin0.492\pi+\sin0.262\pi}{\pi}\right]\\
&=7.9914\times10^{10}\mathrm{N}\cdot\mathrm{mm}\\
&=79\,914\mathrm{kN}\cdot\mathrm{m}
\end{aligned}$$

算得的承载力大于地震作用下的截面弯矩 79 800kN·m, 满足抗震要求, 但富余度
不大。

4. 空心矩形截面与圆环形截面承载力的比较

与八边形截面受拉、受压钢筋沿底边直线布置的情况 (图 8-11(b)) 相比, 圆环
形截面受拉、受压钢筋沿圆周布置 (图 8-15 中 $2\pi\alpha$ 范围内), 其内力臂长度变小,
计算所得的承载力低于八边形截面的实有承载力。

而按空心矩形截面验算时, 验算截面的宽度大于八边形截面外边的长度, 导致
受压区宽度增大、受压区高度变小, 其内力臂长度变大; 若按实际配筋验算时, 所
得的承载力将大于八边形截面的实有承载力。

从安全的角度考虑, 八边形截面的抗震验算采用简化的圆环形更为可靠。

8.4.4　截面受剪抗震验算

嵌筋加固古砖塔受剪抗震验算公式参见式 (8-31)、式 (8-32)。

1) 确定相关计算参数

考虑到底层南北方向门洞对塔体的削弱 (图 8-11(a)), 可取含门洞的下半层塔
体进行抗剪验算, 验算部位墙体截面积为

$$A = 41.1 - 2 \times 0.9 \times 1.8 = 37.86\text{m}^2 = 37.86 \times 10^6\text{mm}^2$$

底层塔体共设置三道横向钢箍, 抗剪验算时可取台阶下缘 (标高 0.15m) 和门
顶上部 (标高 2.70m) 的两道钢箍参与工作, 每道钢箍为 2 根直径 25mm 的 HRB335
级钢筋, 则验算墙体竖向截面总的钢箍截面积为

$$A_{\text{hs}} = 2 \times 2 \times 2 \times 491 = 3928\text{mm}^2$$

水平钢箍参与工作系数 $\alpha_{\text{hs}} = 0.20$。

塔体楼层间采用木制楼盖, 计算中不考虑楼盖的约束作用, 即约束系数
$\eta_{\text{f}} = 1.0$。

2) 计算砌体沿阶梯形截面破坏的抗震抗剪强度设计值

设验算截面位丁门洞顶 (标高 2.40m), 作用在墙体上的竖向重力荷载代表
值为

$$N_0 = \frac{N}{\gamma_{\text{G}}} - \gamma \times H_1 \times A = \frac{29\,510}{1.2} - 19 \times 2.4 \times 37.86 = 22\,865\text{kN}$$

式中, γ_{G} 为计算内力组合时采用的重力荷载分项系数, 为 1.2; γ 为砖砌体自重, 为
19kN/m^3; H_1 为基础顶面至门洞顶的高度, 为 2.4m。

验算截面砌体平均压应力为

$$\sigma_0 = N_0/A = 22\,865 \times 10^3/37.86 \times 10^6 = 0.60\text{N/mm}^2$$

已知砌体抗剪强度 $f_v = 0.08 \text{N/mm}^2$；则砌体截面平均压应力与抗剪强度的比值为

$$\sigma_0/f_v = 0.60/0.08 = 7.5$$

查表 8-4，得到砖砌体抗震抗剪强度的正应力影响系数 $\varsigma_N = 1.69$；则砌体沿阶梯形截面破坏的抗震抗剪强度设计值为

$$f_{vE} = \varsigma_N f_v = 1.69 \times 0.08 = 0.135 \text{N/mm}^2$$

3) 受剪承载力验算

将各参数代入式 (8-31)，则验算截面可承担的剪力为

$$
\begin{aligned}
V &= \frac{1}{\gamma_{RE}}(\eta_F f_{vE} A + \alpha_{hs} f_y A_{hs}) \\
&= \frac{1}{0.9} \times (1.0 \times 0.135 \times 37.86 \times 10^6 + 0.20 \times 300 \times 3928) \\
&= \frac{1}{0.9} \times (5111 + 236) \times 10^3 \\
&= 5941 \times 10^3 \text{N}
\end{aligned}
$$

底层截面在地震作用下的水平剪力为 4034kN，受剪承载力满足要求。

主要参考文献

蔡辉腾, 李强. 2009. 福建泉州古石塔结构动力特性测试与分析. 地震研究, (1): 51-55.

曹双寅, 邱洪兴, 李一平. 1999. 古塔结构可靠性诊断的系统方法及应用. 特种结构, 16(4): 50-52.

陈健云, 周晶, 马恒春, 等. 2005. 高耸烟囱结构竖向地震响应的模型试验研究及分析. 建筑结构学报, (2): 87-93.

陈平, 姚谦峰, 赵冬. 1999a. 西安大雁塔抗震能力研究. 建筑结构学报, (1): 46-49.

陈平, 赵冬, 姚谦峰. 1999b. 西安小雁塔抗震能力探讨. 西安建筑科技大学学报, (2): 149-151.

戴诗亮. 1996. 随机振动实验技术. 北京: 清华大学出版社.

樊华, 胡跃祥, 袁建力. 2013. 中江南塔的结构动力特性测试研究. 扬州大学学报, (8): 57-60.

高久斌, 袁建力, 樊华, 等. 2006. 古砖木塔结构安全性评估的研究. 建筑结构, (1): 85-88.

顾祥林, 彭斌, 黄庆华. 2007. 结构抗震分析中的计算机仿真技术. 自然灾害学报, (2): 92-100.

郭小东, 马东辉, 苏经宇. 2005. 结合脉动测试的砖石古塔震害预测方法. 工程抗震与加固改造, 27(4): 80-83.

国家强震动台网中心. 2008. 汶川地震强震动记录. 技术资料.

侯俊锋, 苏三庆, 王社良. 2010. 某砖石古塔动力特性测试研究. 四川建筑科学研究, (1): 141-144.

胡聿贤. 1988. 地震工程学. 北京: 地震出版社.

孔德刚, 胡明珠, 肖碧. 2011. 砖石古塔抗震性能计算. 西北地震学报, (8): 424-428.

李德虎, 何江. 1990. 砖石古塔动力特性的试验研究. 工程抗震, (3): 27-29.

李德虎, 魏涟. 1990. 砖石古塔的历史震害与抗震机制. 建筑科学, (1): 13-18.

李国强, 李杰. 2002. 工程结构动力检测理论与应用. 北京: 科学出版社.

李胜才, Dina D'Ayala, 呼梦洁. 2014. 灌浆与钢箍加固震损砖墙的抗震性能试验研究. 土木建筑与环境工程, (4): 36-41.

李胜才, 赵有军, Dlna D'Ayala, 等. 2014. 砖石古塔地震损伤演化的数值模拟. 扬州大学学报, (4): 60-63.

林建生. 1990. 从古石塔的抗震能力研究 1604 年泉州海外大震对塔址及市区的地震影响. 华南地震, (2): 17-24.

刘殿华, 袁建力, 樊华, 等. 2004. 虎丘塔加固工程的监控和观测技术. 土木工程学报, (7): 51-58.

刘海卿, 倪镇国, 欧进萍. 2008. 强震作用下砌体结构倒塌过程仿真分析. 地震工程与工程振动, (5): 38-42.

卢俊龙, 刘伯权, 张荫, 等. 2012. 某砖石古塔–地基相互作用系统地震反应分析. 工业建筑,

(6): 102-105.

罗哲文. 2006. 古建维修和新材料新技术的应用. 中国文物科学研究, (4): 55-59.

钱培风. 1985. 中国古塔之震害与分析. 云南工业大学学报, (2): 22-32.

邱洪兴, 蒋永生, 曹双寅. 2001. 古塔结构损伤的系统识别. 东南大学学报 (自然科学版), (2): 86-90.

陕西省文物保护研究院, 西安建筑科技大学. 2016. 陕西古塔实录. 北京: 中国建筑工业出版社.

施楚贤. 2012. 砌体结构. 北京: 中国建筑工业出版社.

施楚贤, 周海兵. 1997. 配筋砌体剪力墙的抗震性能. 建筑结构学报, (6): 32-40.

滕智明. 1987. 钢筋混凝土基本构件. 北京: 清华大学出版社.

王凤来, 许祥训. 2009. 配筋砌块短肢砌体剪力墙抗剪性能及承载力试验研究. 建筑结构, (6): 98-100.

王景明. 1980. 1556 年陕西华县大地震的地面破裂. 地质学报, (4): 90-114.

温正. 2017. MATLAB 科学计算. 北京: 清华大学出版社.

文立华, 王尚文, 刘洪兵. 1995. 古塔动力性能试验. 工程抗震, (1): 30-31.

吴富春, 许俊奇, 赵选利. 1989. 华县大震等烈度线形状的实验研究. 地震学报, (2): 181-190.

谢毓寿. 1957. 新的中国地震烈度表. 地球物理学报, (1): 35-47.

徐建. 2002. 建筑振动工程手册. 北京: 中国建筑工业出版社.

扬州大学. 2010. 汶川地震四川省古塔的损伤状况调研、统计与鉴定. 技术报告.

扬州大学, University of Rome Tor Vergata. 2002. 古建筑动力特性的测试与建模方法. 技术报告.

扬州大学, 扬州市古典建筑工程公司. 2005. 文峰塔修缮加固技术及抗震能力鉴定系统方法. 技术报告.

扬州大学, 扬州市基本建设委员会. 1996. 扬州古塔可靠性鉴定与抗震鉴定. 技术报告.

杨茀康, 李家宝. 1985. 结构力学. 北京: 高等教育出版社.

叶书麟. 1988. 地基处理. 北京: 中国建筑工业出版社.

应怀樵. 1985. 波形和频谱分析与随机数据处理. 北京: 中国铁道出版社.

袁建力. 2008. 砖石古塔的震害特征与抗震鉴定方法. 汶川地震建筑震害调查与灾后重建分析报告. 北京: 中国建筑工业出版社: 396-403.

袁建力. 2013. 砖石古塔震害程度与地震烈度的对应关系研究. 地震工程与工程振动, (2): 163-167.

袁建力. 2015. 砖石古塔基本周期的简化计算方法. 地震工程与工程振动, (2): 151-156.

袁建力. 2017a. 嵌筋加固古砖塔的偏心受压抗震验算方法. 地震工程与工程振动, (4): 51-57.

袁建力. 2017b. 嵌筋加固古砖塔抗震受剪承载力的研究. 地震工程与工程振动, (6): 107-113.

袁建力, 等. 2015. 古塔保护技术. 北京: 科学出版社.

袁建力, 樊华, 陈汉斌, 等. 2005. 虎丘塔动力特性的试验研究. 工程力学, 22(5): 158-164.

袁建力, 李胜才, 刘大奇, 等. 1999. 砖石古塔抗震鉴定方法的研究与应用. 扬州大学学报, (3): 54-58.

袁建力, 李胜才, 陆启玉, 等. 1998. 砖石古塔动力特性建模方法的研究. 工程抗震, (1): 22-25.

袁建力, 刘殿华, 李胜才, 等. 2004. 虎丘塔的倾斜控制和加固技术. 土木工程学报, (5): 44-49.

原廷宏, 冯希杰. 2010. 一五五六年华县特大地震. 北京: 地震出版社.

张蔚, 李爱群, 姚秋来, 等. 2009. 高强钢绞线网-聚合物砂浆抗震加固既有建筑砖墙体试验研究. 建筑结构学报, (4): 55-60.

张驭寰. 2000. 中国塔. 太原: 山西人民出版社.

中国地震局汶川地震现场指挥部. 2009. 汶川 8.0 级地震图集. 北京: 地震出版社.

中国科学院地震工作委员会历史组. 1956. 中国地震资料年表. 北京: 科学出版社.

中国文化遗产研究院. 2008. 四川德阳龙护舍利宝塔现状勘查报告.

中华人民共和国国家标准 (GB 50135—2006). 2007. 高耸结构设计规范. 北京: 中国计划出版社.

中华人民共和国国家标准 (GB/T 50452—2008). 2008. 古建筑防工业振动技术规范. 北京: 中国建筑工业出版社.

中华人民共和国国家标准 (GB/T 17742—2008). 2009. 中国地震烈度表. 北京: 中国标准出版社.

中华人民共和国国家标准 (GB/T 50315—2011). 2011. 砌体工程现场检测技术标准. 北京: 中国建筑工业出版社.

中华人民共和国国家标准 (GB 50011—2010). 2011. 建筑抗震设计规范. 北京: 中国建筑工业出版社.

中华人民共和国国家标准 (GB 50608–2010). 2011. 纤维增强复合材料建设工程应用技术规范. 北京: 中国计划出版社.

中华人民共和国国家标准 (GB 50702—2011). 2011. 砌体结构加固设计规范. 北京: 中国建筑工业出版社.

中华人民共和国国家标准 (GB 50009—2012). 2012. 建筑结构荷载规范. 北京: 中国建筑工业出版社.

中华人民共和国国家标准 (GB 50728—2011). 2012. 工程结构加固材料安全性鉴定技术规范. 北京: 中国建筑工业出版社.

中华人民共和国行业标准 (JGJ 123—2012). 2012. 既有建筑地基基础加固技术规范. 北京: 中国建筑工业出版社.

中华人民共和国国家标准 (GB 50051—2013) 2013. 烟囱设计规范. 北京: 中国计划出版社.

中华人民共和国国家标准 (GB 50010—2010). 2015. 混凝土结构设计规范. 北京: 中国建筑工业出版社.

中华人民共和国国家标准 (GB 50003—2011). 2016. 砌体结构设计规范. 北京: 中国建筑工业出版社.

中铁西北科学研究院有限公司. 2008. 都江堰市奎光塔抢险加固工程设计. 技术资料.

周炳章, 夏敬谦. 1991. 水平配筋砖砌体抗震性能的试验研究. 建筑结构学报, (4): 31-43.

朱伯芳. 1998. 有限单元法原理与应用. 2 版. 北京: 中国水利水电出版社.

朱春良, 杨春田, 于淑琴, 等. 2002. 烟囱竖向地震响应的试验与研究. 特种结构, (13): 34-37.

Chapra A K. 2007. 结构动力学: 理论及其在地震工程中的应用. 谢礼立, 吕大刚, 等译. 北京: 高等教育出版社.

Abruzzese D, Miccoli L, Yuan J L. 2009. Mechanical behavior of leaning masonry Huzhu Pagoda. Journal of Cultural Heritage, (10): 480-486.

Akhaveissy A H, Milani G. 2013. A numerical model for the analysis of masonry walls in-plane loaded and strengthened with steel bars. International Journal of Mechanical Sciences, (72): 13-27.

Alcaino P, Santa-Maria H. 2008. Experimental response of externally retrofitted masonry walls subjected to shear loading. Canadian Metallurgical Quarterly, (5): 489-498.

Altin S, Kuran F, Anil O, et al. 2008. Rehabilitation of heavily earthquake damaged masonry building using steel straps. Structural Engineering and Mechanics, 30(6): 651-664.

Borri A, Casadei P, Castori G, et al. 2009. Strengthening of brick masonry arches with externally bonded steel reinforced composites. Canadian Metallurgical Quarterly, (6): 468-475.

Borri A, Castori G, Corradi M. 2011. Shear behavior of masonry panels strengthened by high strength steel cords. Construction and Building Materials, 25(2): 494-503.

Burland J B, Potts D M. 1995. Development and application of a numerical model for the leaning tower of Pisa//Proceedings of the International Symposium on the Pre-failure Deformation Characteristics of Geomaterials, Japan, (2): 715-738.

Carpinteri A, Invernizzi S, Lacidogna G. 2005. In situ damage assessment and nonlinear modelling of a historical masonry tower. Engineering Structures, (27): 387-395.

Casolo S. 1998. A three-dimensional model for vulnerability analysis of slender medieval masonry tower. Journal of Earthquake Engineering, (4): 487-512.

Chavez C M, Meli R. 2010. Numerical simulation of the seismic response of a Mexican colonial model temple tested in a shaking table. Advanced Materials Research, (133-134): 683-688.

Ditommaso R, Mucciarelli M, Parolai S, et al. 2012. Monitoring the structural dynamic response of a masonry tower: Comparing classical and time-frequency analyses. Bulletin of Earthquake Engineering, (4): 1221-1235.

Gambarota L, Lagomarsino S. 1997. Damage models for the seismic response of brick masonry shear walls. Part I: the mortar joint model and its applications. Earthquake Engineering and Structural Dynamics, (26): 423-439.

Hallquist J O. 1998. LS-DYLA Theoretical Manual. Livermore, California.

Kohnke P. 2011. ANSYS Theory Manual. Canonsburg, PA.

Li S C, Hu M J, Qian Y. 2013. Experimental research on the seismic behavior of enclosing masonry walls simulated the structure of an ancient masonry pagoda strengthened with steel straps. Applied Mechanics and Materials, (353-356): 1885-1891.

Li S C, Liu Y, Yuan J L. 2012. Parameters fitting on the dynamic behaviors of an ancient pagoda damaged by Wenchuan Earthquake. Wroclaw, Poland: 1709-1715.

Miltiadou-Fezans A, Tassios T P. 2013. Stability of hydraulic grouts for masonry strengthening. Materials and Structures, 46(10): 1631-1652.

Nolph S M, ElGawady M A. 2012. Static cyclic response of partially grouted masonry shear walls. Journal of Structural Engineering, (7): 864-879.

Resta M, Fiore A, Monaco P. 2013. Non-linear finite element analysis of masonry towers by adopting the damage plasticity constitutive model. Advances in Structural Engineering, (5): 791-803.

Riva P, Perotti F, Guidoboni E, et al. 1998. Seismic analysis of the Asinelli Tower and earthquakes in Bologna. Soil Dynamics and Earthquake Engineering, (17): 525-550.

Yuan J L, Yao L, Li S C, et al. 2008. Integrated modeling method for dynamic behavior of ancient pagodas//D'Ayala D, Fodde E. Structural Analysis of Historic Construction, London, CRC Press: 393-402.

Yuan J L, Li S C. 2001. Analysis and investigation of seismic behavior for multistory-pavilion ancient pagodas in China. WIT Transactions on the Built Environment, (7): 129-137.

Yuan J L, Li S C. 2013. Study of the seismic damage regularity of ancient masonry pagodas in the 2008 Wenchuan Earthquake. WIT Transactions on the Built Environment, (132): 421-432.

Yuan J L, Wang J, Lv H Z. 2007. Analysis and simulation on unequal settlement of ancient masonry pagodas. WIT Transactions on the Built Environment, (95): 459-468.

Yuan J L, Rong L, Fan H. 2015. Experimental research on dynamic behavior of the masonry pagoda based on soil - structure interaction. Advanced Materials Research, (1079-1080): 212-219.

附录 国保单位古塔所在地区的抗震设防依据

全国重点文物保护单位是中华人民共和国对不可移动文物所核定的最高保护级别 —— 中国国家级文物保护单位。自 1961 年起至 2013 年，国务院已公布了七批全国重点文物保护单位 (以下简称 "国保单位")，共计 4200 多处，其中古塔 (包含具有塔式特征的经幢)400 多处，分布在 29 个省 (市、自治区)。列为国保单位的古塔，均具有很高的历史和艺术价值，是我国建筑遗产的杰出代表，也是古建筑抗震保护的重点对象。

古塔的抗震保护目前尚无专门的规范作为依据，一般参照现行《建筑抗震设计规范》(GB 50011—2010) 执行。按照《建筑抗震设计规范》给定的我国主要城镇抗震设防烈度、设计基本地震加速度值和所属的设计地震分组，表 1 至表 29 列出了国保单位古塔所在地区的抗震设防基本数据。表 30 列出了各抗震设防烈度区中的国保单位古塔数量。

由表中数据可知，国保单位古塔均在抗震设防烈度 6 度及以上的区域内；其中，有 15 个省 (市、自治区) 的 90 处国保单位古塔位于 8 度设防区内，北京和宁夏的国保单位古塔以及云南的绝大部分国保单位古塔均位于 8 度设防区内；国保单位古塔的抗震鉴定和加固，将是我国古建筑保护工作的一项艰巨且重要的任务。

表 1 北京市国保单位古塔

批次	名称	时代	类型	所在地区	烈度	加速度	分组
1	房山云居寺塔	辽	组合式	房山区			
1	妙应寺白塔	元	覆钵式	西城区			
1	真觉寺金刚宝座塔	明	金刚宝座式	海淀区			
1	居庸关云台	元	过街塔	昌平区			
1	北海白塔	清	覆钵式	西城区			
1	颐和园多宝琉璃塔	清	组合式	海淀区			
3	天宁寺塔	辽	密檐式	西城区			
3	银山塔林	金至元	密檐式等	昌平区			
5	万佛堂及塔	隋、唐至明	花塔	房山区	8 度	$0.20g$	第二组
5	清净化城塔	清	金刚宝座式	朝阳区			
5	白云观罗公塔	清	亭阁式	西城区			
5	碧云寺金刚宝座塔	清	金刚宝座式	海淀区			
5	潭柘寺塔林	金至清	密檐式等	门头沟区			
7	良乡多宝佛塔	辽	楼阁式	房山区			
7	镇岗塔	金	花塔	丰台区			
7	万松老人塔	元、清	密檐式	西城区			
7	姚广孝墓塔	明	密檐式	房山区			
7	慈寿寺塔	明	密檐式	海淀区			

表2 天津市国保单位古塔

批次	名称	时代	类型	所在地区	烈度	加速度	分组
7	蓟县白塔	辽至清	组合式	蓟县	7度	0.15g	第二组

表3 河北省国保单位古塔

批次	名称	时代	类型	所在地区	烈度	加速度	分组
1	定州开元寺塔	宋	楼阁式	定州市	6度	0.05g	第三组
1	广惠寺花塔	金	花塔	正定县	7度	0.10g	第二组
1	赵州陀罗尼经幢	宋	经幢式	宁晋县	7度	0.15g	第一组
1	普宁寺四塔门	清	塔门	承德市	6度	0.05g	第三组
1	普乐寺阁城八塔	清	覆钵式	承德市	6度	0.05g	第三组
1	普陀宗乘之庙五塔门	清	塔门	承德市	6度	0.05g	第三组
1	须弥福寿之庙万寿琉璃塔	清	楼阁式	承德市	6度	0.05g	第三组
1	避暑山庄舍利塔	清	楼阁式	承德市	6度	0.05g	第三组
3	天宇寺凌霄塔	唐至宋	楼阁式	正定县	7度	0.10g	第二组
4	治平寺石塔	唐	楼阁式	赞皇县	6度	0.05g	第三组
4	开福寺舍利塔	宋	楼阁式	景县	6度	0.05g	第二组
4	龙兴观道德经幢	唐	经幢式	易县	7度	0.10g	第二组
4	天护陀罗尼经幢	唐	经幢式	石家庄市	7度	0.10g	第二组
5	临济寺澄灵塔	金	密檐式	正定县	7度	0.10g	第二组
5	幽居寺塔	唐	密檐式	灵寿县	7度	0.10g	第三组
5	源影寺塔	金	密檐式	昌黎县	7度	0.10g	第二组
5	普利寺塔	北宋	密檐式	临城县	7度	0.10g	第二组
5	涿州双塔	辽	楼阁式	涿州市	7度	0.15g	第二组
5	南安寺塔	辽	密檐式	蔚县	7度	0.15g	第二组
5	庆化寺花塔	辽	花塔	涞水县	7度	0.15g	第二组
6	解村兴国寺塔	唐	密檐式	博野县	7度	0.10g	第二组
6	万寿寺塔林	五代至清	亭阁式等	平山县	7度	0.10g	第二组
6	宝云塔	宋	楼阁式	衡水市区	7度	0.10g	第二组
6	修德寺塔	宋	花塔	曲阳县	6度	0.05g	第三组
6	庆林寺塔	宋	楼阁式	故城县	6度	0.05g	第三组
6	静志寺塔基地宫	宋	地宫	定州市	6度	0.05g	第三组
6	净众院塔基地宫	宋	地宫	定州市	6度	0.05g	第三组
6	天宫寺塔	辽	密檐式	唐山丰润区	8度	0.20g	第二组
6	圣塔院塔	辽	密檐式	易县	7度	0.10g	第二组
6	西岗塔	辽	密檐式	涞水县	7度	0.15g	第二组
6	兴文塔	辽	楼阁式	涞源县	7度	0.10g	第三组
6	柏林寺塔	元	密檐式	赵县	7度	0.10g	第一组
6	开元寺须弥塔	唐	密檐式	正定县	7度	0.10g	第二组
6	大佛顶尊胜陀罗尼经幢	金	经幢式	卢龙县	7度	0.15g	第二组

续表

批次	名称	时代	类型	所在地区	烈度	加速度	分组
7	南贾乡石塔	唐	密檐式	邢台县	7度	0.15g	第一组
7	佛真猞猁迤逻尼塔	辽	密檐式	宣化县	7度	0.15g	第二组
7	大辛阁石塔	辽	密檐式	永清县	7度	0.15g	第二组
7	永安寺塔	辽	密檐式	涿州市	7度	0.15g	第二组
7	伍侯塔	辽	密檐式	顺平县	6度	0.05g	第三组
7	澍鹫寺塔	金至元	组合式	阳原县	7度	0.15g	第二组
7	开化寺塔	金至明	密檐式	元氏县	7度	0.10g	第二组
7	双塔庵双塔	金至明	密檐式	易县	7度	0.10g	第二组
7	皇甫寺塔	金至明	密檐式	涞水县	7度	0.15g	第二组
7	半截塔	元	组合式	围场县	6度	0.05g	第一组
7	金山寺舍利塔	元	密檐式	涞水县	7度	0.15g	第二组
7	金河寺悬空庵塔群	元至明	密檐式等	蔚县	7度	0.15g	第二组
7	重光塔	明	楼阁式	赤城县	7度	0.10g	第三组
7	普彤塔	明	楼阁式	南宫市	7度	0.10g	第二组
7	邢台道德经幢	唐	经幢式	邢台市区	7度	0.15g	第一组

表4　山西省国保单位古塔

批次	名称	时代	类型	所在地区	烈度	加速度	分组
1	佛宫寺释迦塔	辽	楼阁式	应县	8度	0.20g	第二组
1	佛光寺祖师塔	北魏	亭阁式	五台县	8度	0.20g	第二组
1	晋祠舍利生生塔	宋(清)	楼阁式	太原市区	8度	0.20g	第二组
1	广胜寺飞虹塔	明	楼阁式	洪洞县	8度	0.30g	第二组
2	显通寺铜塔	明	组合式	五台县	8度	0.20g	第二组
5	阿育王塔	元	覆钵式	代县	8度	0.20g	第二组
5	明惠大师塔	五代	亭阁式	平顺县	7度	0.10g	第三组
5	觉山寺塔	辽	密檐式	灵丘县	7度	0.15g	第二组
5	泛舟禅师塔	唐	亭阁式	运城市区	7度	0.15g	第二组
5	大圣宝塔(原起寺)	宋	楼阁式	潞城市	7度	0.10g	第二组
6	妙道寺双塔	宋	楼阁式	临猗县	7度	0.15g	第三组
6	禅房寺塔	辽	密檐式	大同市区	8度	0.20g	第二组
6	三圣瑞现塔	金	密檐式	陵川县	7度	0.10g	第三组
6	文峰塔	明至清	楼阁式	汾阳市	8度	0.20g	第二组
6	永祚寺双塔	明	楼阁式	太原市区	8度	0.20g	第二组
7	郎寨砖塔	唐宋	密檐式	安泽县	7度	0.10g	第三组
7	先师和尚舍利塔	唐	密檐式	屯留县	6度	0.05g	第三组
7	北阳城砖塔	宋	密檐式	稷山县	7度	0.15g	第三组
7	巷口寿圣砖塔	宋	楼阁式	芮城县	7度	0.15g	第二组
7	闾原头永兴寺塔	宋	楼阁式	临猗县	7度	0.15g	第三组
7	张村圣庵寺塔	宋	楼阁式	临猗县	7度	0.15g	第三组
7	万荣稷王山塔	宋	密檐式	万荣县	7度	0.15g	第三组
7	中里庄八龙寺塔	宋	楼阁式	万荣县	7度	0.15g	第三组

续表

批次	名称	时代	类型	所在地区	烈度	加速度	分组
7	万荣旱泉塔	宋	密檐式	万荣县	7 度	0.15g	第三组
7	南阳村寿圣寺塔	宋	楼阁式	万荣县	7 度	0.15g	第三组
7	运城太平兴国寺塔	宋	楼阁式	运城市区	7 度	0.15g	第二组
7	上贤梵安寺塔	宋、明	楼阁式	文水县	8 度	0.20g	第二组
7	冠山天宁寺双塔	宋、明至清	楼阁式	平定县	7 度	0.10g	第二组
7	麻衣寺砖塔	金	密檐式	安泽县	7 度	0.10g	第三组
7	灵光寺琉璃塔	金	楼阁式	襄汾县	8 度	0.20g	第二组
7	浑源圆觉寺塔	金	密檐式	浑源县	7 度	0.15g	第三组
7	帖木儿塔	元	密檐式	阳曲县	8 度	0.20g	第二组
7	晋源阿育王塔	明至清	覆钵式	太原市区	8 度	0.20g	第二组

表 5　内蒙古自治区国保单位古塔

批次	名称	时代	类型	所在地区	烈度	加速度	分组
1	辽中京白塔(辽中京遗址)	辽	密檐式	宁城县	8 度	0.20g	第一组
2	万部华严经塔	辽	楼阁式	呼和浩特市区	8 度	0.20g	第二组
3	金刚座舍利宝塔	清	金刚宝座式	呼和浩特市区	8 度	0.20g	第二组
5	开鲁县佛塔	元	覆钵式	开鲁县	7 度	0.10g	第一组

表 6　辽宁省国保单位古塔

批次	名称	时代	类型	所在地区	烈度	加速度	分组
3	朝阳北塔	唐至辽	密檐式	朝阳市区	7 度	0.10g	第一组
3	崇兴寺双塔	辽	密檐式	北镇市	6 度	0.05g	第一组
3	辽阳白塔	辽至金	密檐式	辽阳市区	7 度	0.10g	第一组
5	广济寺塔	辽	密檐式	锦州市区	6 度	0.05g	第二组
6	云接寺塔	辽	密檐式	朝阳市区	7 度	0.10g	第一组
7	八棱观塔	辽	密檐式	朝阳市区	7 度	0.10g	第一组
7	白塔峪塔	辽	密檐式	葫芦岛市	6 度	0.05g	第三组
7	班吉塔	辽	花塔	凌海市	6 度	0.05g	第二组
7	东平房塔	辽	密檐式	朝阳市区	7 度	0.10g	第一组
7	东塔山塔	辽	密檐式	阜新市	6 度	0.05g	第一组
7	广胜寺塔	辽	密檐式	义县	6 度	0.05g	第一组
7	黄花滩塔	辽	密檐式	朝阳县	7 度	0.10g	第一组
7	金塔	辽	密檐式	海城市	8 度	0.20g	第二组
7	磨石沟塔	辽	密檐式	兴城市	6 度	0.05g	第三组
7	青峰塔	辽	密檐式	朝阳县	7 度	0.10g	第一组
7	双塔寺双塔	辽	组合式	朝阳县	7 度	0.10g	第一组
7	塔营子塔	辽	密檐式	阜新市	6 度	0.05g	第一组
7	无垢净光舍利塔	辽	密檐式	沈阳市区	7 度	0.10g	第一组
7	妙峰寺双塔	辽	密檐式	绥中县	6 度	0.05g	第三组
7	银塔	辽至明	密檐式	海城市	8 度	0.20g	第二组
7	沙锅屯石塔	金	密檐式	葫芦岛市	6 度	0.05g	第二组

表 7　吉林省国保单位古塔

批次	名称	时代	类型	所在地区	烈度	加速度	分组
3	灵光塔	渤海	楼阁式	长白县	6 度	0.05g	第一组
7	农安辽塔	辽	密檐式	农安县	6 度	0.05g	第一组

表 8　上海市国保单位古塔

批次	名称	时代	类型	所在地区	烈度	加速度	分组
3	松江唐经幢	唐	经幢式	松江区	7 度	0.10g	第二组
4	兴圣教寺塔	宋	楼阁式	松江区	7 度	0.10g	第二组
6	龙华塔	宋	楼阁式	徐汇区	7 度	0.10g	第二组

表 9　江苏省国保单位古塔

批次	名称	时代	类型	所在地区	烈度	加速度	分组
1	苏州云岩寺塔	五代	楼阁式	苏州市区	7 度	0.10g	第一组
3	栖霞寺舍利塔	五代	密檐式	南京市区	7 度	0.10g	第一组
3	瑞光塔	宋	楼阁式	苏州市区	7 度	0.10g	第一组
4	罗汉院双塔	宋	楼阁式	苏州市区	7 度	0.10g	第一组
6	崇教兴福寺塔	宋	楼阁式	常熟市	7 度	0.10g	第一组
6	海清寺塔	宋	楼阁式	连云港市区	7 度	0.10g	第三组
6	报恩寺塔	宋至清	楼阁式	苏州市区	7 度	0.10g	第一组
6	昭关石塔	元	过街塔	镇江市区	7 度	0.15g	第一组
6	莲花桥和白塔	清	覆钵式	扬州市区	7 度	0.15g	第二组
7	海春轩塔	唐	密檐式	东台市	7 度	0.10g	第二组
7	文通塔	宋	密檐式	淮安市区	7 度	0.10g	第三组
7	甲辰巷砖塔	宋	楼阁式	苏州市区	7 度	0.10g	第一组
7	月塔	宋	楼阁式	涟水县	6 度	0.05g	第三组
7	聚沙塔	宋	楼阁式	常熟市	7 度	0.10g	第一组
7	兴国寺塔	宋、明	楼阁式	江阴市	6 度	0.05g	第二组
7	甘露寺铁塔	宋、明	楼阁式	镇江市区	7 度	0.15g	第二组
7	万佛石塔	元	组合式	苏州市区	7 度	0.10g	第一组
7	秦峰塔	明	楼阁式	昆山市	7 度	0.10g	第一组
7	慈云寺塔	明	楼阁式	苏州市区	7 度	0.10g	第一组
7	惠山寺经幢	唐、宋	经幢式	无锡市区	7 度	0.10g	第一组

表 10　浙江省国保单位古塔

批次	名称	时代	类型	所在地区	烈度	加速度	分组
1	六和塔	宋	楼阁式	杭州市区	7 度	0.10g	第一组
3	闸口白塔	五代	楼阁式	杭州市区	7 度	0.10g	第一组
3	飞英塔	宋	楼阁式	湖州市	6 度	0.05g	第一组
5	湖镇舍利塔	宋	楼阁式	龙游县	6 度	0.05g	第一组
5	功臣塔	五代	楼阁式	临安市	6 度	0.05g	第一组
5	梵天寺经幢	五代	经幢式	杭州市区	7 度	0.10g	第一组

续表

批次	名称	时代	类型	所在地区	烈度	加速度	分组
6	松阳延庆寺塔	宋	楼阁式	松阳县	6 度	0.05g	第一组
6	普陀山多宝塔	元	宝箧印式	舟山市	7 度	0.10g	第一组
6	安国寺经幢	唐	经幢式	海宁市	7 度	0.10g	第一组
6	法隆寺经幢	唐	经幢式	金华市	6 度	0.05g	第一组
7	瑞隆感应塔	五代	楼阁式	台州市	6 度	0.05g	第一组
7	灵隐寺石塔和经幢	五代、北宋	楼阁式	杭州市区	7 度	0.10g	第一组
7	保俶塔	五代、明	楼阁式	杭州市区	7 度	0.10g	第一组
7	二灵塔	宋	楼阁式	宁波市区	7 度	0.10g	第一组
7	国安寺塔	宋	楼阁式	温州市区	6 度	0.05g	第一组
7	观音寺石塔	宋	楼阁式	温州市区	6 度	0.05g	第一组
7	护法寺桥和塔	宋	组合式	苍南县	6 度	0.05g	第二组
7	东化成寺塔	宋	楼阁式	诸暨市	6 度	0.05g	第一组
7	龙德寺塔	宋	楼阁式	浦江县	6 度	0.05g	第一组
7	南峰塔和福印山塔	宋	楼阁式	仙居县	6 度	0.05g	第一组
7	乐清东塔	宋	楼阁式	乐清市	6 度	0.05g	第一组
7	栖真寺五佛塔	宋	组合式	平阳县	6 度	0.05g	第二组
7	真如寺石塔	元	组合式	乐清市	6 度	0.05g	第一组
7	普庆寺石塔	元	楼阁式	临安市	6 度	0.05g	第一组
7	千佛塔	元	楼阁式	临海市	6 度	0.05g	第一组
7	绍衣堂和横山塔	元	楼阁式	龙游县	6 度	0.05g	第一组
7	龙兴寺经幢	唐	经幢式	杭州市区	7 度	0.10g	第一组
7	惠力寺经幢	唐	经幢式	嘉兴市区	7 度	0.10g	第一组

表 11　安徽省国保单位古塔

批次	名称	时代	类型	所在地区	烈度	加速度	分组
3	广教寺双塔	宋	楼阁式	宣城市	6 度	0.05g	第一组
5	水西双塔	宋	楼阁式	泾县	6 度	0.05g	第一组
6	蒙城万佛塔	宋	楼阁式	蒙城县	6 度	0.05g	第二组
6	振风塔	明	楼阁式	安庆市区	7 度	0.10g	第一组
7	黄金塔	宋	楼阁式	无为县	6 度	0.05g	第一组
7	太平塔	宋	楼阁式	潜山县	6 度	0.05g	第一组
7	天寿寺塔	宋	楼阁式	广德县	6 度	0.05g	第一组
7	长庆寺塔	宋	楼阁式	歙县	6 度	0.05g	第一组
7	仙人塔	宋	楼阁式	宁国市	6 度	0.05g	第一组
7	法云寺塔	宋	楼阁式	岳西县	6 度	0.05g	第一组

表 12　福建省国保单位古塔

批次	名称	时代	类型	所在地区	烈度	加速度	分组
1	安平桥 (桥口白塔)	宋	楼阁式	晋江市	7 度	0.15g	第三组
2	开元寺镇国塔、仁寿塔	宋	楼阁式	泉州市区	7 度	0.15g	第三组
3	释迦文佛塔	宋	楼阁式	南蒲县	7 度	0.10g	第三组
5	天中万寿塔	宋	宝箧印塔式	仙游县	7 度	0.10g	第三组
5	崇妙保圣坚牢塔	五代	楼阁式	福州市区	7 度	0.10g	第三组
6	关锁塔 (泉州港古建筑)	宋	楼阁式	石狮市	7 度	0.15g	第三组
6	六胜塔 (泉州港古建筑)	宋	楼阁式	石狮市	7 度	0.15g	第三组
6	圣寿宝塔	宋	楼阁式	长乐市	7 度	0.10g	第三组
6	无尘塔	宋	楼阁式	仙游县	7 度	0.10g	第三组
7	五塔岩石塔	宋	组合式	南安市	7 度	0.10g	第三组
7	龙华双塔	宋	楼阁式	仙游县	7 度	0.10g	第三组
7	罗星塔	明	楼阁式	福州市区	7 度	0.10g	第三组

表 13　江西省国保单位古塔

批次	名称	时代	类型	所在地区	烈度	加速度	分组
6	真如寺塔林	唐至元	亭阁式等	永修县	6 度	0.05g	第一组
6	大宝光塔	唐	亭阁式	赣县	6 度	0.05g	第一组
6	赣州佛塔 (玉虹塔、嘉祐塔、大圣寺塔等)	宋	楼阁式	赣州市 安远县	6 度 7 度	0.05g 0.10g	第一组 第一组
7	乘广禅师塔、甄叔禅师塔	唐	亭阁式	上栗县	6 度	0.05g	第一组
7	永福寺塔	宋	楼阁式	鄱阳县	6 度	0.05g	第一组
7	马祖塔亭	宋	亭阁式	靖安县	6 度	0.05g	第一组
7	大胜塔	宋至明	楼阁式	九江市	6 度	0.05g	第一组
7	锁江楼塔	明	楼阁式	九江市	6 度	0.05g	第一组
7	聚星塔	明至清	楼阁式	南城县	6 度	0.05g	第一组

表 14　山东省国保单位古塔

批次	名称	时代	类型	所在地区	烈度	加速度	分组
1	四门塔	东魏	亭阁式	济南历城区	6 度	0.05g	第三组
2	灵岩寺辟支塔	宋	楼阁式	济南长清区	7 度	0.10g	第三组
3	崇觉寺铁塔	宋	楼阁式	济宁市区	7 度	0.10g	第二组
3	龙虎塔、九顶塔 (千佛崖造像)	唐	亭阁式	济南历城区	6 度	0.05g	第三组
6	隆兴寺铁塔	宋	楼阁式	聊城市区	7 度	0.15g	第二组
7	永丰塔	宋	楼阁式	巨野县	7 度	0.10g	第三组
7	重兴塔	宋	楼阁式	邹城市	7 度	0.10g	第二组
7	兴国寺塔	宋	楼阁式	高唐县	7 度	0.15g	第二组
7	太子灵踪塔	宋	楼阁式	汶上县	7 度	0.10g	第二组
7	兴隆塔	宋至清	楼阁式	兖州市	7 度	0.10g	第二组
7	龙泉塔	明	密檐式	滕州市	7 度	0.10g	第二组
7	光善寺塔	明	楼阁式	金乡县	6 度	0.05g	第三组
7	翠屏山多佛塔	明至清	楼阁式	平阴县	7 度	0.10g	第二组

表 15　河南省国保单位古塔

批次	名称	时代	类型	所在地区	烈度	加速度	分组
1	嵩岳寺塔	北魏	密檐式	登封市	7 度	0.10g	第二组
1	祐国寺塔	宋	楼阁式	开封市区	7 度	0.10g	第二组
1	白马寺齐云塔	金	密檐式	洛阳市区	7 度	0.10g	第二组
1	汉魏洛阳故城永宁寺塔遗址	北魏	木塔遗址	洛阳市区	7 度	0.10g	第二组
2	修定寺塔	唐	亭阁式	安阳县	8 度	0.20g	第二组
3	风穴寺塔林	唐至清	密檐式等	汝州市	6 度	0.05g	第二组
3	净藏禅师塔	唐	亭阁式	登封市	7 度	0.10g	第二组
4	初祖庵及少林寺塔林	唐至清	亭阁式等	登封市	7 度	0.10g	第二组
5	宝轮寺塔	金	密檐式	三门峡市	7 度	0.15g	第二组
5	天宁寺三圣塔	金	密檐式	沁阳市	7 度	0.10g	第二组
5	妙乐寺塔	五代	密檐式	武陟县	7 度	0.15g	第二组
5	安阳天宁寺塔	五代	密檐式	安阳市区	8 度	0.20g	第二组
5	明福寺塔	宋	楼阁式	滑县	7 度	0.15g	第二组
5	永泰寺塔	唐	密檐式	登封市	7 度	0.10g	第二组
5	法王寺塔	唐	密檐式	登封市	7 度	0.10g	第二组
6	法行寺塔	唐至宋	密檐式	汝州市	6 度	0.05g	第二组
6	阎庄圣寿寺塔	宋	密檐式	睢县	6 度	0.05g	第三组
6	乾明寺塔	宋	楼阁式	鄢陵县	7 度	0.10g	第一组
6	泗洲寺塔	宋至明	楼阁式	唐河县	7 度	0.10g	第一组
6	尉氏兴国寺塔	宋至明	楼阁式	尉氏县	7 度	0.10g	第二组
6	商水寿圣寺塔	宋至明	楼阁式	商水县	6 度	0.05g	第一组
6	柴庄延庆寺塔	宋	密檐式	济源市	7 度	0.10g	第二组
6	胜果寺塔	宋	楼阁式	修武县	7 度	0.15g	第二组
6	宝严寺塔	宋	楼阁式	西平县	7 度	0.10g	第一组
6	崇法寺塔	宋	楼阁式	永城市	6 度	0.05g	第三组
6	百家岩寺塔	金	楼阁式	修武县	7 度	0.15g	第二组
6	许昌文峰塔	明	楼阁式	许昌市区	7 度	0.10g	第一组
6	悟颖塔	明	楼阁式	汝南县	6 度	0.05g	第一组
6	福胜寺塔	明	楼阁式	邓州市	6 度	0.05g	第一组
7	阳台寺双石塔	唐	密檐式	林州市	7 度	0.10g	第二组
7	兴国寺塔	宋	楼阁式	鄢陵县	7 度	0.10g	第一组
7	千尺塔	宋	楼阁式	荥阳市	7 度	0.10g	第二组
7	寿圣双塔	宋	楼阁式	中牟县	7 度	0.10g	第二组
7	凤台寺塔	宋	密檐式	新郑市	7 度	0.10g	第二组
7	五花寺塔	宋	密檐式	宜阳县	7 度	0.10g	第二组
7	玲珑塔	宋	楼阁式	原阳县	8 度	0.20g	第二组
7	广唐寺塔	宋	楼阁式	延津县	8 度	0.20g	第二组
7	大兴寺塔	宋	密檐式	内黄县	7 度	0.15g	第二组
7	兴阳禅寺塔	宋	密檐式	安阳县	8 度	0.20g	第二组
7	香山寺大悲观音大士塔	宋至清	楼阁式	宝丰县	6 度	0.05g	第一组
7	秀公戒师和尚塔	金	楼阁式	平舆县	6 度	0.05g	第一组
7	天王寺善济塔	宋	楼阁式	辉县市	8 度	0.20g	第二组
7	玄天洞石塔	元至明	楼阁式	鹤壁市	8 度	0.20g	第二组
7	高贤寿圣寺塔	明	楼阁式	太康县	7 度	0.10g	第一组
7	尊胜陀罗尼经幢	唐	经幢式	新乡市区	8 度	0.20g	第二组
7	陀罗尼经幢	五代	经幢式	卫辉市	8 度	0.20g	第二组

表 16   湖北省国保单位古塔

批次	名称	时代	类型	所在地区	烈度	加速度	分组
2	玉泉寺及铁塔	宋	楼阁式	当阳市	6 度	0.05g	第一组
3	广德寺多宝塔	明	金刚宝座式	襄樊市	6 度	0.05g	第一组
5	四祖寺塔	唐、宋、元	亭阁式	黄梅县	6 度	0.05g	第一组
6	柏子塔	唐	楼阁式	麻城市	7 度	0.10g	第一组
6	荆州万寿宝塔	明	楼阁式	荆州市	6 度	0.05g	第一组
6	钟祥文风塔	明	喇嘛式	钟祥市	6 度	0.05g	第一组
7	双城塔	宋	楼阁式	红安县	6 度	0.05g	第一组
7	无影塔	宋	楼阁式	武汉市区	6 度	0.05g	第一组
7	胜像宝塔	元至明	覆钵式	武汉市区	6 度	0.05g	第一组
7	郑公塔	元至明	密檐式	武穴市	6 度	0.05g	第一组

表 17   湖南省国保单位古塔

批次	名称	时代	类型	所在地区	烈度	加速度	分组
2	常德铁幢	宋	经幢式	常德市区	7 度	0.15g	第一组
5	邵阳北塔	明	楼阁式	邵阳市区	6 度	0.05g	第一组
7	慈氏塔	宋	楼阁式	岳阳市区	7 度	0.10g	第一组
7	花瓦寺塔	宋	密檐式	澧县	7 度	0.10g	第一组
7	廻龙塔	明	楼阁式	永州市	6 度	0.05g	第一组
7	新化北塔	清	楼阁式	新化县	6 度	0.05g	第一组

表 18   广东省国保单位古塔

批次	名称	时代	类型	所在地区	烈度	加速度	分组
1	光孝寺东、西铁塔	五代	楼阁式	广州市区	7 度	0.10g	第一组
3	云龙寺塔	唐	楼阁式	仁化县	6 度	0.05g	第一组
3	三影塔	宋	楼阁式	南雄市	6 度	0.05g	第一组
4	怀圣寺光塔	唐	圆柱式	广州市区	7 度	0.10g	第一组
5	元山寺福星垒塔	清	楼阁式	陆丰市	7 度	0.10g	第一组
6	慧光塔	宋	楼阁式	连州市	6 度	0.05g	第一组
6	龟峰塔	宋	楼阁式	河源市区	7 度	0.10g	第一组
6	六榕寺塔	宋	楼阁式	广州市区	7 度	0.10g	第一组
7	文光塔	宋至清	楼阁式	汕头市区	8 度	0.20g	第二组

表 19   广西壮族自治区国保单位古塔

批次	名称	时代	类型	所在地区	烈度	加速度	分组
7	妙明塔 (湘山寺塔群与石刻)	宋	楼阁式	全州县	6 度	0.05g	第一组

表 20 海南省国保古塔

批次	名称	时代	类型	所在地区	烈度	加速度	分组
4	美榔双塔	元	楼阁式	澄迈县	7 度	0.15g	第二组
7	斗柄塔	明至清	楼阁式	文昌市	8 度	0.20g	第二组

表 21 重庆市国保单位古塔

批次	名称	时代	类型	所在地区	烈度	加速度	分组
1	北山摩崖造象 (北山多宝塔)	宋	楼阁式	大足县	6 度	0.05g	第一组

表 22 四川省国保单位古塔

批次	名称	时代	类型	所在地区	烈度	加速度	分组
5	宝光寺舍利塔	唐	密檐式	成都新都区	7 度	0.10g	第三组
5	石塔寺石塔	宋	密檐式	邛崃市	7 度	0.10g	第三组
6	玉台山石塔	唐	覆钵式	阆中市	6 度	0.05g	第二组
6	彭州佛塔 (正觉寺塔、 云院寺塔、镇国寺塔)	宋	密檐式	彭州市	7 度	0.15g	第二组
6	无量宝塔	宋	密檐式	南充市区	6 度	0.05g	第一组
6	圣德寺塔	宋	密檐式	简阳市	6 度	0.05g	第二组
6	淮口瑞光塔	宋	楼阁式	金堂县	7 度	0.10g	第三组
6	鹫峰寺塔	宋	楼阁式	蓬溪县	6 度	0.05g	第一组
6	灵宝塔	唐至明	密檐式	乐山市区	7 度	0.10g	第二组
7	灵岩寺千佛塔	唐	覆钵式	都江堰市	8 度	0.20g	第二组
7	丹棱白塔	宋	密檐式	丹棱县	7 度	0.10g	第三组
7	旧州塔	宋	密檐式	宜宾市区	7 度	0.10g	第二组
7	中江北塔	宋	密檐式	中江县	7 度	0.10g	第二组
7	广安白塔	宋	楼阁式	广安市	6 度	0.05g	第一组
7	三江白塔	宋	密檐式	井研县	6 度	0.05g	第三组
7	荣县镇南塔	宋	楼阁式	荣县	6 度	0.05g	第三组
7	报恩塔	南宋	楼阁式	泸州市	6 度	0.05g	第一组
7	龙护舍利塔	元	密檐式	德阳市	7 度	0.10g	第二组
7	蓬溪奎塔	清	楼阁式	蓬溪县	6 度	0.05g	第一组
7	奎光塔	清	楼阁式	都江堰市	8 度	0.20g	第二组

表 23 云南省国保单位古塔

批次	名称	时代	类型	所在地区	烈度	加速度	分组
1	崇圣寺三塔	唐、五代	密檐式	大理市	8 度	0.20g	第三组
2	地藏寺经幢	大理	经幢式	昆明市区	8 度	0.20g	第三组
3	曼飞龙塔	清	组合式塔群	景洪市	8 度	0.20g	第三组
4	妙湛寺金刚塔	明	金刚宝座式	昆明市区	8 度	0.20g	第三组
6	水目寺塔	唐至明	密檐式	祥云县	8 度	0.20g	第三组
6	惠光寺塔和常乐寺塔	唐至清	密檐式	昆明市区	8 度	0.20g	第三组
6	佛图寺塔	唐	密檐式	大理市	8 度	0.20g	第三组
6	大姚白塔	唐	覆钵式	大姚县	7 度	0.15g	第三组
7	弘圣寺塔	唐至宋	密檐式	大理市	8 度	0.20g	第三组
7	勐旺塔及西北塔	明	组合式	临沧市	8 度	0.20g	第三组

表 24　西藏自治区国保单位古塔

批次	名称	时代	类型	所在地区	烈度	加速度	分组
1	布达拉宫达赖喇嘛灵塔	清至民国	覆钵式	拉萨市区	8 度	0.20g	第三组
4	白居寺白居塔	明	覆钵式	江孜县	7 度	0.15g	第三组
6	松卡石塔	唐	覆钵式	扎囊县	7 度	0.15g	第三组

表 25　陕西省国保单位古塔

批次	名称	时代	类型	所在地区	烈度	加速度	分组
1	大雁塔	唐	楼阁式	西安市	8 度	0.20g	第二组
1	小雁塔	唐	密檐式	西安市	8 度	0.20g	第二组
1	兴教寺塔	唐	楼阁式	西安长安区	8 度	0.20g	第二组
4	仙游寺法王塔	隋	密檐式	周至县	8 度	0.20g	第二组
4	岭山寺塔 (延安宝塔)	宋	楼阁式	延安市	6 度	0.05g	第一组
5	鸠摩罗什舍利塔	唐	亭阁式	户县	8 度	0.20g	第二组
5	泰塔	宋	楼阁式	旬邑县	6 度	0.05g	第三组
5	香积寺善导塔	唐	密檐式	西安长安区	8 度	0.20g	第二组
5	八云塔	唐	密檐式	周至县	8 度	0.20g	第二组
5	泾阳县崇文塔	明	楼阁式	泾阳县	8 度	0.20g	第二组
5	彬县开元寺塔	宋	楼阁式	彬县	6 度	0.05g	第三组
5	党家村文星阁 (党家村古建筑群)	清	楼阁式	韩城市	7 度	0.15g	第二组
6	精进寺塔	唐至宋	楼阁式	澄城县	7 度	0.15g	第三组
6	长安圣寿寺塔	唐	楼阁式	西安市	8 度	0.20g	第二组
6	长安华严寺塔	唐	楼阁式	西安市	8 度	0.20g	第二组
6	百良寿圣寺塔	唐	密檐式	合阳县	7 度	0.15g	第二组
6	昭慧塔	唐	密檐式	高陵县	8 度	0.20g	第二组
6	开明寺塔	唐	密檐式	洋县	6 度	0.05g	第三组
6	大秦寺塔	宋	楼阁式	周至县	8 度	0.20g	第二组
6	太平寺塔	宋	楼阁式	岐山县	8 度	0.20g	第三组
6	武陵寺塔	宋	楼阁式	永寿县	7 度	0.10g	第三组
6	神德寺塔	宋	楼阁式	铜川市区	7 度	0.10g	第三组
6	庆安寺塔	明	楼阁式	渭南市区	8 度	0.20g	第二组
7	法源寺塔	唐	楼阁式	富平县	7 度	0.15g	第三组
7	慧彻寺南塔	唐	密檐式	蒲城县	7 度	0.15g	第二组
7	净光寺塔	唐	楼阁式	眉县	8 度	0.20g	第二组
7	开元寺塔	唐	楼阁式	富县	6 度	0.05g	第三组
7	罗山寺塔	唐	楼阁式	合阳县	7 度	0.15g	第二组
7	清梵寺塔	唐	楼阁式	兴平市	8 度	0.20g	第二组

续表

批次	名称	时代	类型	所在地区	烈度	加速度	分组
7	报本寺塔	宋	楼阁式	武功县	8 度	0.20g	第二组
7	柏山寺塔	宋	楼阁式	富县	6 度	0.05g	第三组
7	崇寿寺塔	宋	密檐式	蒲城县	7 度	0.15g	第二组
7	重兴寺塔	宋	密檐式	印台区	7 度	0.10g	第三组
7	大象寺塔	宋	密檐式	合阳县	7 度	0.15g	第二组
7	福严院塔	宋	楼阁式	富县	6 度	0.05g	第三组
7	敬德塔	宋	楼阁式	户县	8 度	0.20g	第二组
7	万凤塔	宋	楼阁式	洛川县	6 度	0.05g	第三组
7	延昌寺塔	宋	密檐式	铜川市区	7 度	0.10g	第三组
7	汉中东塔	南宋	楼阁式	汉中市区	7 度	0.10g	第二组
7	鸿门寺塔	元	密檐式	横山县	6 度	0.05g	第一组
7	慧照寺塔	明	楼阁式	渭南市区	8 度	0.20g	第二组
7	北杜铁塔	明	楼阁式	咸阳市区	8 度	0.20g	第二组
7	清凉山万佛洞石窟及琉璃塔	宋至明	楼阁式	延安市	6 度	0.05g	第一组

表 26　甘肃省国保单位古塔

批次	名称	时代	类型	所在地区	烈度	加速度	分组
2	拉卜楞寺白塔	清	覆钵式	夏河县	7 度	0.15g	第二组
5	凝寿寺塔	五代、宋	楼阁式	宁县	6 度	0.05g	第三组
5	圆通寺塔	明、清	覆钵式	民乐县	7 度	0.15g	第二组
5	圣容寺塔	唐	密檐式	永昌县	7 度	0.15g	第三组
5	东华池塔	宋	楼阁式	华池县	6 度	0.05g	第三组
6	湘乐砖塔	宋	楼阁式	宁县	6 度	0.05g	第三组
6	延恩寺塔	明	楼阁式	平凉市区	7 度	0.15g	第三组
7	塔儿庄塔	五代	楼阁式	宁县	6 度	0.05g	第三组
7	栗川砖塔	宋	楼阁式	徽县	8 度	0.20g	第二组
7	白马造像塔	宋	楼阁式	华池县	6 度	0.05g	第三组
7	脚扎川万佛塔	宋	楼阁式	华池县	6 度	0.05g	第三组
7	环县塔	宋	楼阁式	环县	7 度	0.10g	第三组
7	肖金塔	宋	楼阁式	庆阳市区	7 度	0.10g	第三组
7	塔儿湾造像塔	宋	密檐式	合水县	6 度	0.05g	第三组
7	双塔寺造像塔	宋	楼阁式	华池县	6 度	0.05g	第三组

表 27　青海省国保单位古塔

批次	名称	时代	类型	所在地区	烈度	加速度	分组
1	塔尔寺八宝如意塔等	清	覆钵式	湟中县	7 度	0.10g	第三组
5	藏娘佛塔	宋	覆钵式	玉树县	7 度	0.15g	第三组
6	格萨尔三十大将军灵塔	宋、元	组合式塔群	囊谦县	7 度	0.10g	第二组

表 28 宁夏回族自治区国保单位古塔

批次	名称	时代	类型	所在地区	烈度	加速度	分组
1	海宝塔	清	楼阁式	银川市区	8 度	0.20g	第二组
3	拜寺口双塔	西夏	密檐式	贺兰县	8 度	0.20g	第二组
3	一百零八塔	元	覆钵式	青铜峡市	8 度	0.20g	第三组
6	承天寺塔	清	楼阁式	银川市区	8 度	0.20g	第二组
7	宏佛塔	宋	组合式	贺兰县	8 度	0.20g	第二组
7	康济寺塔	宋至明	密檐式	同心县	8 度	0.20g	第三组
7	鸣沙洲塔	明	楼阁式	中宁县	8 度	0.20g	第三组
7	田州塔	清	楼阁式	平罗县	8 度	0.20g	第二组

表 29 新疆维吾尔自治区国保单位古塔

批次	名称	时代	类型	所在地区	烈度	加速度	分组
3	苏公塔	清	圆柱式	吐鲁番市	7 度	0.15g	第二组
7	拜吐拉清真寺宣礼塔	清	组合式	伊宁市	8 度	0.20g	第三组
7	哈纳喀及赛提喀玛勒清真寺宣礼塔	清	八角柱式	塔城市	7 度	0.10g	第一组

表 30 各抗震设防烈度区中的国保单位古塔数量

抗震设防烈度	6 度 0.05g	7 度 0.10g	7 度 0.15g	8 度 0.20g	8 度 0.30g
古塔数量	120	129	64	89	1

索　引